电子商务系列教材

信息分析理论、方法与应用

夏立新　翟姗姗　叶光辉 等　编著

科学出版社

北　京

内 容 简 介

本书针对信息分析应用性和实践性强的特点，系统地论述信息分析的基本概念、原理、方法等内容，包括信息分析的理论、方法和应用三部分。理论部分概述信息分析的基础概念、流程和建模；方法部分介绍信息分析定性方法、信息分析半定量方法、信息分析定量方法，具体包括逻辑思维方法、专家调查法、德尔菲法、回归分析法、层次分析法、引文分析法、内容分析法、聚类分析法等；应用部分以竞争情报、专利信息、科技信息的分析与预测为主要内容，对信息分析与预测的特点、内容以及某些专用程序和方法进行深入的研究。

本书可作为高校信息管理与信息系统、信息资源管理、工商管理、图书情报档案、企业管理及经济学等专业的本科生、研究生的教材和教学参考书，也可供企业和政府有关部门的相关人员参考使用。本书配套习题请扫目录结尾处二维码。

图书在版编目（CIP）数据

信息分析理论、方法与应用/夏立新等编著. —北京：科学出版社，2022.7
电子商务系列教材
ISBN 978-7-03-072703-9

Ⅰ. ①信… Ⅱ. ①夏… Ⅲ. ①情报分析－高等学校－教材 Ⅳ. ①G252.8

中国版本图书馆 CIP 数据核字（2022）第 118285 号

责任编辑：闫 陶 / 责任校对：高 嵘
责任印制：彭 超 / 封面设计：苏 波

科 学 出 版 社 出版
北京东黄城根北街 16 号
邮政编码：100717
http://www.sciencep.com

武汉中科兴业印务有限公司 印刷
科学出版社发行 各地新华书店经销
*
2022 年 7 月第 一 版 开本：787×1092 1/16
2022 年 7 月第一次印刷 印张：16
字数：379 000

定价：80.00 元
（如有印装质量问题，我社负责调换）

"电子商务系列教材"
编 委 会

丛 书 序

近些年，国际竞争日益激烈，人才培养与人才争夺成为焦点。十八大以来，习近平总书记多次强调人才对创新的重要性，并指出创新是引领发展的第一动力。创新驱动实质上是人才驱动，要重视人才的培养。教育部"十三五"规划也提出，人才培养是国家可持续发展的重要驱动力，必须要优先发展教育，培养大批创新人才。

随着计算机、互联网以及云计算技术的飞速发展，我国逐渐进入信息化社会。信息技术渗入到各行各业，对个人生活、企业与政府的管理和运行均产生重要影响，尤其对企业经营活动的选择与组织产生着越来越关键的作用。数据、信息和知识已成为社会的主要资源，如何应用该类资源创造价值成为当代社会的主要课题。

因此，根据当今时代的要求与社会的发展，信息化与学科知识结合，逐渐衍生出电子商务与信息管理类相关的专业。高校长久以来承担着人才培养、发展科技与服务社会的重要职责，如何培养出符合时代发展的人才是高校始终思考的问题。新型复合人才的培养对高校教育提出了更高的要求，其中，教材在人才培养中起着至关重要的作用。教材不仅体现了丰富的专业知识和教学方法，也从侧面折射出教育思想的变革。为此，我们以教育素质为核心组织相关教材，力求处理好知识、能力与素质三者的辩证统一关系，实现教材内容和体系的创新。

我们根据高校课程设置，编写了电子商务专业本科专业的系列教材，同时对本套教材也提出了较高的要求。①系统性。本套教材注重系统性，便于读者对各知识层次有准确的理解，以帮助读者深入掌握相关知识模块，并构建知识体系。②前沿性。本套教材不断与时俱进，及时地将新理论、新技术、新成果与新趋势补充在教材中，使读者能紧随社会发展的脚步，掌握前沿知识。③实用性。结合实际，注意案例教学，本套教材由教学经验丰富的高校教师编写，了解本科生的实际教学与专业需求，并通过案例教学，加深学生对相关理论知识的理解与掌握。

本套丛书共21本，其中《信息素养修炼教程》和《创新理论与方法》帮助读者为后续的专业学习奠定基础，其余教材大致可分为三类。

第一类，电子商务类基础课程，包括《电子商务概论》《电子支付与网络金融》《电子商务安全》《市场调查理论与方法》《客户关系管理》《管理学》《管理信息系统》，共7本教材，主要是帮助读者掌握信息技术在商业领域的应用，了解商务过程中的电子化、数字化和网络化。

第二类，电子商务与信息管理相结合类课程，包括《信息组织》《信息经济学》《信息分析与预测》《信息采集学教程》《信息分析理论、方法与应用》，共5本教材，主要是帮助读者掌握信息技术在管理学与经济学等领域的应用。

第三类，电子商务技术类课程，包括《数据库系统实验》《云数据管理与服务》《大数据技术与原理应用教程》《数据结构（C/C＋＋）》《面向对象程序设计 Java》《数据分析技术》，共 6 本教材，主要帮助广大读者学习与掌握信息化的前沿技术。

在高校教师、专家学者、科学出版社的共同努力下，本套教材陆续出版并与读者见面。我们希望，凝聚我们多年教学成果的系列教材可以为我国信息化人才的培养贡献力量，推动我国信息化工程的建设。同时，对参与教材编写以及出版的各位专家学者表示感谢。

本套教材适用于电子商务、信息管理与信息系统、信息资源管理专业的本科生、研究生教学，也可供其他相关学科、专业教学使用，或作为有关人员的培训教材和自学参考书。我们的目标是尽善尽美，但限于我们的水平，书中难免有不妥和疏漏之处，恳请广大读者批评指正，帮助我们不断提高本套教材的质量。

编委会
于华中师范大学信息管理学院
2020 年 3 月

前　　言

　　在信息管理流程中，信息分析是一种较高层次的信息管理程序，它以信息采集、信息加工、信息组织和信息存储为基础，通过对信息资源的进一步分析、综合等，形成新的、增值的信息产品，最终为不同层次的科学决策提供信息服务。因此，信息分析作为信息管理与信息系统专业的核心主干课程，对于学生巩固信息采集、加工、组织与存储技能，掌握信息分析理论方法，提高信息服务能力具有重要作用。在实际应用中，信息分析已超出个人经验的范围，成为一种受重视的社会职业——信息分析师，其行业需求渗透到人类活动的各个领域，包括经济、科技、社会文化、军事和政治等各个层次。

　　随着人工智能、物联网、云计算、社交网络等信息技术的发展，数据呈井喷式增长，这使信息分析的研究环境发生了根本性转变。在研究视角上，通过相关关系算法分析海量数据，从而进行预测成为大数据时代的核心；在研究方式上，大数据催生了数据密集型科学，当前的科学研究越来越依赖于数据的聚集和分析，特别是海量数据分析；在研究方法上，科学研究由自上而下的实证研究方法转向自下而上的数据挖掘方法；在研究技术上，单机模式的算法和单一的处理技术不再适用于当前海量的异质数据，多源并行计算技术应运而生。为适应这些研究环境的变化，信息分析需要在原有的理论、方法体系基础上，与计算机科学、统计学、管理学等多个学科领域深入融合，才能从海量数据中迅速而准确地分析出有价值的信息。

　　本书是编者近年来在华中师范大学信息管理学院从事教学、科研和实际工作的基础上完成的。全书从理论、方法和应用三个方面，展示信息分析由理论到实践的过程。难度由浅入深，既有理论上的描述，也有方法上的介绍，更有应用中的分析。理论部分重点阐述信息分析的基础概念、发展历程、分析流程与理论模型；方法部分首先梳理信息分析的方法体系，其次着重从典型的定性方法和定量方法进行系统介绍；应用部分针对信息分析的具体应用，选取了竞争情报分析、专利信息分析和科技信息分析三个代表性应用领域进行论述。本书的特点主要体现在以下三个方面。

　　（1）注重基础，把握前沿。本书系统阐述信息分析一般理论，并重点关注信息分析研究环境的变化，吸纳近年来的新理论、新观点、新方法。

　　（2）案例丰富，启迪思维。书中案例既有经典案例又有基于现实情况的启发式线索，帮助读者理论与实践结合，以提高读者运用信息分析方法解决实际问题的能力。

　　（3）配套齐全，方便教学。本书提供配套的"教学资料包"，包括电子课件、教学大纲、案例更新包等。均是编者多年从事信息分析教学的经验积累，经过反复多轮教学实践检验。

　　本书的撰写分工如下：夏立新负责写作大纲的设计、全书的统稿，撰写第1、5、6、7、8章；翟姗姗撰写第2章；叶光辉、夏立新合作撰写第3、4章；叶光辉撰写9章；

翟姗姗、夏立新合作撰写第 10 章。周鼎、胡畔、毕崇武、刘星月、邹晶晶、杨元、夏彦彦、周梦蝶、陈茗、查思羽、郭致怡、曹琪、祁宁杰等同学承担了资料收集与整理工作。没有团队成员的通力合作，本书也难以顺利完成，在此表示衷心感谢！

　　本书在写作过程中，参考了国内外的文献。在此，向所有文献资料的作者表示衷心的感谢！由于编者水平有限，书中的疏漏在所难免，恳请各界专家和广大读者批评指正。

夏立新

2021 年 8 月于桂子山

目　　录

（本书配套习题请扫二维码）

第1章 信息分析基础

随着科学技术和生产力的高速发展,信息得到广泛传播,信息资源成为当今社会的核心资源。信息时代的到来,标志着人类社会进入崭新的发展阶段,在此情况下,信息分析的重要性便更加凸显。本章重点介绍信息分析的概念、类型、原理、特点和作用,并在此基础上探讨信息分析的发展前景。

1.1 信息分析的概念

1.1.1 信息分析的定义

信息分析作为一个科学概念,是信息管理理论与实践研究中不可回避的问题。在不同的历史阶段、不同的国家地区、不同的应用领域,信息分析存在多种不同的名称或提法。因此,信息分析的定义是不断发展完善并难以准确界定的,我们应该在特定的语境中对其加以讨论。目前国内外关于信息分析的定义多达数十种,本节将对其中较具代表性的观点进行介绍。

1)我国对信息分析的探讨

在我国,信息分析的领域主要由科技情报界进行界定,其相关概念包括情报研究、情报研究与预测、情报分析、情报分析与研究、信息分析、信息研究、信息分析与预测等。20世纪90年代中期以前,我国学术界主要使用"情报研究"这一提法。此后,随着"信息"一词使用范围的日益扩大,情报研究在研究对象、内容、方法和手段上较以往均有了很大不同,"情报研究"一词也逐渐被"信息分析"一词所取代。

(1)情报研究。情报研究是针对用户需要或接受用户委托,制订研究课题,然后通过文献调查和实情调查,搜集与课题有关的大量知识和信息,研究它们之间的相互关系和作用,经过归纳整理、去伪辨新、演绎推理、审议评价,使科技知识得以系统化、综合化、科学化、适用化,以揭示事物或过程的状态和发展(如背景、现状、动态、趋势、对策等)。

情报研究就是针对某个课题,从大量文献资料和其他各种有关情报中,经过分析、综合、研究,系统地提出有情况、有对比、有分析、有观点、有预测的情报研究成果,以提供用户参考使用。

情报研究是以情报为对象,对情报的内容进行整理、加工、鉴别、判断、选择与综合,得出新的情报的科学研究活动。它是整个情报活动中一种创造性劳动,是一种科学研究工作,属于思想库范畴。

情报研究通常指文献情报的分析与综合的过程,即对反映一定时期某一课题领域进展情况的文献情报进行分析和归纳，并以研究报告等多种形式提供的专题情报或系统化的浓缩情报，满足用户或读者的专门需要或全面了解该领域的现状和发展趋势的需要。

情报研究是根据特定目标，在已有情报中进行定向选择和科学抽象的研究活动，以揭示已知事物的内在变化规律及其与周围事物的联系，从而获取能够满足特定用户需求的新情报或情报集合。

情报研究是根据社会用户的特定需求，以现代的信息技术和软科学研究方法为主要手段，以社会信息的采集、选择、评价、分析和综合等系列化加工为基本过程，以形成新的、增值的情报产品，服务不同层次的科学决策为主要目的的一类社会化的智能活动。

（2）信息分析。信息分析是对大量纷繁无序的信息进行有针对性的选择、分析、综合、预测，为用户提供系统的、准确的、及时的大流量知识与信息的智能活动。

信息分析的抽象工作目标是从混沌的信息中萃取出有用的信息，从表层信息中发现相关的隐蔽信息，从过去和现在的信息中推演出未来的信息，从部分信息中推知总体的信息，揭示相关信息的结构和变化规律。

信息分析旨在通过已知信息揭示客观事物的运动规律，其任务就是要运用科学的理论、方法和手段，在对大量的（通常是零散、杂乱无章的）信息进行搜集、加工整理与价值评价的基础上，透过由各种关系交织而成的错综复杂的表面现象，把握其内容本质，从而获取对客观事物运动规律的认识。

信息分析是指以社会用户的特定需求为依托，以定性研究和定量研究方法为手段，通过对文献的收集、整理、鉴别、评价、分析、综合等系列化加工过程，形成新的、增值的信息产品，最终为不同层次的科学决策服务的一项具有科研性质的智能活动。

信息分析是情报研究范围的扩展和社会信息化发展的结果，是针对特定的需求，对信息进行深度分析和加工，提供有用的信息和情报。

信息分析是分析人员根据用户的特定信息需求，利用各种分析方法和工具，对搜集到的零散的原始信息进行识别、鉴定、筛选、浓缩等加工和分析研究，挖掘出其中蕴涵的知识和规律，并且通过系统的分析和研究得到有针对性、时效性、预测性、科学性、综合性及可用性的结论，以供用户决策使用。简而言之，就是通过有针对性的信息搜集，经过深入的分析研究，挖掘隐藏于信息中的情报，从而为决策服务。

信息分析是根据特定问题的需要，对大量相关信息进行深层次的思维加工和分析研究，形成有助于问题解决的新信息的信息劳动过程。一般以社会用户的特定需求为依托，以定性和定量研究方法为手段，通过对社会信息的收集、整理、鉴别、评价、分析、综合等系列化的加工过程，形成新的、增值的信息产品，是一种深层次或高层次的信息服务，同时也是一项具有研究性质的智能活动。

通过对比上述观点可以发现，"情报研究"和"信息分析"的研究对象都是信息，前者更侧重于信息自身的属性、形态、运动形式、载体形式以及信息的收集与存储等方面，而后者则更多地针对信息的加工处理、分析、评价与利用。无论是对"情报研究"概念的界定还是对"信息分析"概念的理解，它们一般都比较强调以下几点：①建立在用户需求的基础上并最终服务于用户；②对各种相关信息的深度加工，是一种深层次或高层次的信息服务，是一项具有科研性质的智能活动；③都要借助一定的方法和手段，经历一系列相对程式化的环节；④其最终成果应具有一定的预测性和前瞻性，以对用户的科学决策和实践活动起辅助甚至指导作用。

2）国外对信息分析的理解

信息分析在其他国家有不同的提法。例如，在日本，信息分析一般被称作"情报分析"或"情报调查"。情报分析广义上包括信息的搜集、选择、存储、检索、评价、分析、综合、提供等诸多功能，狭义上包括评价、分析、综合功能。情报调查主要是面向专门领域进行信息搜集、管理、分析、评价和提供，如科学技术领域的代理检索、技术动向调查、咨询服务等；情报调查活动的基础是文献资料的收集、存储、整理、检索、提供等资料管理活动。又如，在美国，从事信息分析工作的机构通常被称为"信息分析中心"，是为了搜集、选择、存储、检索、评价、分析、综合一个明确规定的专门领域或者与特定任务相适应的大量信息而特别建立的正式组织机构，其核心职能是以最可靠、及时、有效的方式为同行和管理人员编撰、归纳、整理、重组、显示适合的信息或数据。此外，在世界各国名目繁多的信息活动中，还存在着与信息分析的性质、对象、范围和内容相同或类似的其他提法。如苏联的信息分析与综合（information analysis and synthesis）、联合国向发展中国家推广的信息浓缩（information consolidation）、欧美国家工商企业中广泛存在的工商情报（business intelligence），以及近些年发展起来的技术跟踪（technology tracking）、数据分析（data analysis）、数据处理（data processing）、信息经纪（information brokerage）、技术监测（technology monitoring）、技术预见（technological foresight）等。

上述概念对信息分析的内涵及外延进行了较为清晰的描述。综合来看，信息分析尽管在不同国家和不同时期有不同的提法，但其实质含义是一致或基本一致的。同时，信息分析这一概念与许多概念都有一定的相关性，有些是包含关系，有些是交叉关系。正是这些复杂关系的存在，增加了对信息分析定义的难度。

3）本书对信息分析的界定

在理解"信息分析"的含义之前，需要对"信息"和"分析"这两个概念进行说明。"信息"是事物发出的信号所包含的内容，所谓的内容实质上是指事物的存在方式、运动状态和相互联系的特征。信息的外延相当广泛，广义来看，政治、经济、科技、社会、地理、军事等方面的信息，都应纳入信息分析的范畴。信息的内涵则较难界定，一般认为，信息包括自然信息、生物信息和社会信息；情报学中所论及的信息是指社会信息，其载体包括人脑、语言、文献、实物等。"分析"是指将事物由整体分解成各个部分或属性，它是与"综合"相对应的哲学范畴。在与"信息"一词搭配使用时，准确的方法论概念是"系统分析"，侧重于通过揭示复杂对象各组成部分的内在联系，研究和认识作为完整系统的整体。因此，在方法上和操作上，它强调从事物的整体性、相关性和结构性出发进行分析。

本书认为，信息分析是指采用定性、定量、半定量等研究方法，利用各类计算机辅助分析工具，对所搜集的大量社会信息进行整理、鉴别、提炼、浓缩、推理等深层次的加工活动，挖掘出事物本身的客观存在、内在变化规律及其与周围环境的相互联系，从而获得符合现实需要和具体工作深度的信息分析产品，最终为用户的科学决策服务。

1.1.2 相关概念的辨析

1) 信息分析与科学研究

信息分析是一种面向应用的科学研究，是科学研究的一个重要组成部分，也是科学研究的前提或基础。二者的区别主要表现在以下几个方面。

（1）研究对象的不同。自然科学和社会科学的研究对象分别是自然现象和社会现象，而信息分析的研究对象则是社会信息，包括人类对自然现象的认识以及工程技术、管理科学和社会科学知识。

（2）研究目的的不同。科学研究的目的是认识与揭示自然界、社会和人类思维的规律，而信息分析是针对特定的需求，通过对信息的收集、分析和加工，提供人们决策和行动的情报和智慧。科学领域一直存在着两种价值观传统：一种是本质主义，强调学术行为只对真理负责，只要对"本质"有所揭示，都是科学认识的进步；另一种是工具主义，强调理论的功能在于成功地指导实践，为实践提供合理的行动准则。按此说法，科学研究尤其是基础研究类似本质主义，而信息分析则更接近工具主义。

（3）研究过程的不同。手段上，科学研究一般需要一定的仪器设备及其他物质手段，而信息分析则是以文献调查和实地调查及其所得的文献和素材为研究手段。方法上，科学研究方法强调观察、实验、计算和分析，而信息分析则以查阅文献、实地考察、建模计算等定性或定量方法为主。

（4）研究性质的不同。这是信息分析与科学研究的一个重要区别。现代意义的信息分析尤其是商业信息分析，直接面向市场，通过出售信息分析产品或承担客户委托的信息分析项目获利，其活动是商业性的、经营性的；而科学研究是以追求可验证的知识为目的，具有公有性、无私利性等特点。科学研究尤其是基础研究不可能成为产业，而面向市场的信息分析是现代信息咨询与服务产业的重要组成部分。

（5）社会作用的不同。科学研究除纯理论研究之外，其成果可以直接转化为生产力，对社会的作用是直接的；而信息分析的成果需要经过用户使用之后才对科学技术和社会经济发展起到推动作用，对社会的作用是间接和潜在的。

2) 信息分析与软科学研究

在我国，软科学被认为是一类研究社会组织和管理的学科的总称，主要包括系统科学、管理科学、科学学、未来学、技术经济学等。它用现代科学的研究方法和手段，以阐明现代社会复杂的政策课题为目的，对包括科学技术和社会现象在内的广泛对象进行跨学科研究，为有关决策提供科学依据。软科学研究以涉及科技、经济、社会协调发展中的战略、政策、规划、方法、管理为研究对象，以实现决策科学化为目的，以系统分析为主要方法，同时综合运用其他学科的研究方法，具有研究方法的全性，其成果大多以方案、规划、对策等"软件"形式呈现。因此信息分析与软科学研究在研究对象、研究目标、研究特性、研究内容、研究方法、成果形式、功能、工作机制上均有所不同。

信息分析与软科学研究既有联系，也有区别。从两者的联系看，信息分析和软科学研究都涉及信息的分析和加工，都为决策和行动提供依据和参考；从二者的区别看，信息分析的研究范围更加广泛，而软科学则侧重对策研究。从发展上看，软科学研究以信息分析为基础，而信息分析借鉴软科学的对策研究方法是一种趋势。20 世纪 80 年代以来，我国信息分析工作的开展就是二者结合的结果，许多部委和省市信息分析机构的任务和性质也逐渐与软科学研究机构类同，在统计上属软科学机构之列。可以认为信息分析是软科学研究的重要方面，但又从事诸如跟踪研究、动态分析、学科评述、技术攻关、课题查新等一般不属于软科学研究范围之列的工作，所以信息分析又是有别于软科学研究的一类研究活动。

3）信息分析与咨询服务

咨询服务是咨询机构依靠所掌握的信息资源，综合运用专业知识、经验和技术，向公司、企业、政府部门、社会组织以及个人提供智力性成果服务，帮助解决决策、行动和管理中的问题。现代咨询业的发展已有 100 多年的历史，已形成包括公共政策咨询、管理咨询、工程咨询、技术咨询、社会专业咨询等内容的一个庞大的产业。

信息分析与咨询服务的相同之处在于，二者的基础活动都是信息的采集、加工、传递和反馈，都是为客户决策和行动提供智力支持服务，并且都是面向市场的商业信息活动（政府部门和企业内部的信息分析机构例外）。二者的区别在于，咨询服务更强调专业性，更依赖咨询人员的专业经验和具体研究去解决客户的实际问题。从发展趋势来看，信息分析正迅速融入咨询业而形成信息咨询业，成为咨询业的一支重要力量。

4）信息分析与竞争情报

竞争情报是关于竞争环境、竞争对手和竞争策略的信息研究，是市场竞争激化和社会信息化高度发展的产物，是信息分析工作的新发展。和信息分析一样，竞争情报也是针对用户的特定需求，以信息的采集、评价、分析和综合等系列化加工为基本过程，以形成新的增值的情报产品，为决策和行动服务的一种智能活动。但两者之间也存在着一些区别：①竞争情报以增强企业或集团的竞争实力为宗旨，具有全方位性和明确的目的性。②竞争情报以市场竞争为内容，以竞争对手分析为核心，具有强烈的对抗性和针对性。③竞争情报更关注动态信息的把握，强调快速反应性和时效性。④竞争情报直接为企业或集团的竞争决策和经营战略服务，攸关其生存和发展，具有明显的决策性和增值性。

1.2　信息分析的类型

信息分析涉及社会的方方面面，采用各种不同的研究方法。因此，根据不同的划分标准，可以将信息分析划分成多种类型。

1.2.1　按信息来源划分

根据原始信息的来源、类别或领域，可以将信息分析分为不同的种类。例如，政治信息分析、经济信息分析、社会信息分析、人物信息分析、科技信息分析、军事信息分析、专利信息分析、竞争情报分析和综合信息分析等。需要注意的是，由于客观事物之间存在着普遍联系，一项信息分析任务不可能纯粹由某一方面的信息构成，必然会涉及其他相关信息，所以，在进行具体的信息分析任务时，需要综合考虑所有相关领域的信息。本书后续章节将重点介绍竞争情报分析（第 8 章）、专利信息分析（第 9 章）和科技信息分析（第 10 章）。

1.2.2 按研究内容划分

按研究内容的不同，可以把信息分析分为比较型信息分析、跟踪型信息分析、评价型信息分析、预测型信息分析四类。

（1）比较型信息分析，是指通过比较两个或两个以上的事物，找出它们之间的异同，从而发现问题或规律，提出疑问或假设，最后制订解决方案。比较型信息分析是信息分析中最常见的类型，它的主要作用是揭示事物的水平和差距、认识事物的发展过程和规律、判断事物的优劣和真伪。比较既可以是定性的，也可以是定量的，还可以是定性与定量相结合的。

（2）跟踪型信息分析，是指通过长期跟踪研究特定对象而不断获取和更新基础数据和资料，是一项持续性的工作。跟踪型信息分析可分为技术跟踪型分析和政策跟踪型分析两大类。跟踪型信息分析可以掌握各个领域的最新发展趋势，及时了解新动向、新发展，从而做到发现问题、提出问题。

（3）评价型信息分析，通常是指通过详细、仔细地研究和评估，确定对象的意义、价值或者状态。评价的过程一般包括：①设定前提条件；②分析评价对象；③选定评价项目；④确定评价函数；⑤计算评价值；⑥进行综合评价。进行评价时要注意选择合适的变量和评价指标，还要注意评价对象的可对比性。

（4）预测型信息分析，是指利用已经掌握的情况、知识和手段，预先推知和判断事物的未来或未知状况。预测型信息分析涉及的范围非常广泛，大到为国家宏观战略决策进行长期预测，小到为企业经营活动提供短期市场预测。预测型信息分析工作的方法大致上可以分为定性预测和定量预测两大类。例如：采用回归分析、时间序列分析、投入产出分析等方法，可以对不同产业部门的产值、利润、就业人数、出口贸易等进行定量预测；而对于政策性强、时间跨度长、定量数据缺乏的预测问题，则更多地依靠专家的直觉和经验进行定性分析。

1.2.3 按分析方法划分

从分析方法的角度出发，可以将信息分析分为定性信息分析、定量信息分析和半定量信息分析三类。

（1）定性信息分析，是指根据社会现象或事物所具有的属性和矛盾变化，从事物的内在规定性来研究事物的一种方法或角度。定性分析方法一般不涉及变量关系，主要依靠从事信息分析的研究人员的理论和经验，采用逻辑思维来分析问题。进行定性研究，要依据一定的理论与经验，直接抓住事物特征的主要方面，将同质性在数量上的差异暂时略去。定性分析具有探索性、诊断性和预测性等特点，它不追求精确的结论，但常常能够厘清复杂现象、抓住主要问题、得出感性认识，是引导定量分析应用的前提。常用的定性信息分析方法有对比法、分析法、综合法、演绎与推理、因果关系分析法、头脑风暴法等。

（2）定量信息分析，是指对研究对象的数量特征、数量关系与数量变化进行分析的方法。一般地，定量信息分析是从研究目的出发，根据事物本身存在的内在规律，进行必要的简化假设，运用适当的数学工具，获得一个数学结构的数学建模方法。换言之，也就是运用数学符号和数学结构对实际问题所进行的近似描述，定量信息分析即为寻找关于研究对象的抽象、简化的数学结构的方法。通过建立数学模型可以表达数据的内涵，揭示事物的本质和发展趋势。常用的定量信息分析方法有时间序列法、回归分析法、聚类分析法、因子分析法、多元尺度法、结构方程建模等。

在大数据时代，伴随计算机技术的发展，面对海量的数据，计算机辅助的定量建模已经逐步成为定量信息分析的主流方法，数据挖掘、知识发现等技术的研究日益深入，应用也越加广泛，信息分析已经开始从简单描述和预测客观世界，向发现知识、运用知识和主动提供服务的方向转变，即从海量原始数据中挖掘出决策所需的深层次信息，转化成知识并提供服务，这些知识通常具备有效性、新颖性、潜在有用性等特点。基于数据挖掘和知识发现的定量信息分析，通常是集数据库和数据仓库技术、人工智能、机器学习、统计学、模式识别、信息抽取、可视化等为一体的交叉性研究方法。

（3）半定量信息分析，是指既包含定性分析，又包含定量分析的综合方法。在半定量分析中，定性分析把握信息分析问题的核心和方向，侧重于问题的宏观描述；定量分析为信息分析提供数量分析和加工的依据，侧重于问题的推理和求解。随着信息分析问题的复杂性的不断提高，半定量分析越来越普遍，常用的半定量分析法有德尔菲法、交叉影响法、内容分析法、层次分析法等。

1.3　信息分析的原理

1.3.1　不确定性原理

不确定性是一个动态概念，它是从未来出发说明事物的属性或状态是不稳定的和无法确定的。信息分析的不确定性主要体现在我们难以保证信息分析结果是否正确。按照信息分析的系统模型进行分析，其不确定性主要和 3 类要素相关：主体要素、客体要素、过程要素。

1）主体的不确定性

信息分析的一个重要特点就是由信息不完全所带来的不确定性。在这种情况下，信息分析人员的主观判断和信念便成了决定信息分析结果的重要因素。由于人们对未来只能进行预测，同时对过去几乎没有完全的了解，所以分析人员无法做出完全正确的判断或决策。此外，认知偏差也会影响信息分析人员的判断，具体表现为：①自己的期望、假设和先入之见会制约对信息的感知和处理等行为；②新的信息往往被先前印象同化，形成思维定式现象；③先前模糊不清的刺激会妨碍分析人员对后续信息的准确感知。

2）客体的不确定性

（1）信息的真伪和价值难以判断。信息在搜集、传递、生产和利用等过程中容易发生质量损耗，进而导致信息分析失误的现象。其中较具代表性的理论是信号和噪声理论。所谓信号是指预示某种行动或意图的征兆、线索或证据资料；而噪声是指会对真实信号产生负面影响的、误导性的、不相关的以及相互矛盾的信息的征兆。一方面，信号和噪声往往混杂在一起，致使信息通常模糊不清；另一方面，信号往往散布于不同的时间和地点，只有将一系列信号放在一起对比才能将既有猜测和疑惑转变为清晰的判断。因此，信息分析成功与否的关键在于信息分析机构或人员如何分辨出信号和噪声。

（2）敌对方的有意欺骗造成错误信息。在博弈系统中，对手的保密和有意欺骗会增加信息分析的不确定性。为了避免己方的行动时间、方向、方式和意图被对方的情报机构掌握，或者为了误导和干扰对方的判断，有意欺骗行为在各种博弈领域已是屡见不鲜。根据美国《国防部军语及相关术语》的界定，欺骗是指"运用控制、歪曲或者伪造信息等方法误导敌人，增强其固有的认知偏见，使其做出错误的反应"。欺骗可以借助物理、技术、行政等手段来实施。例如，伪装、无线电静默和严格保密等。有研究者对1914～1973年的93个战略性交战的战例进行了统计，发现其中有76个战例成功实施了欺骗。这个结果说明欺骗造成的突然性是导致情报分析失误的重要原因之一，而破解欺骗并非易事。

3）过程的不确定性

（1）信息收集的不确定性。信息分析主体无法完全掌握相关的原始信息、难以准确描述事态运行的状态与趋势、无法准确把握事态运行的方向等，这都将对信息分析的结果造成影响。

（2）信息处理的不确定性。一方面，信息处理存在主观不确定性。人在有机会获得更大利益的时候，可能会利用处理信息的便利为自己获取更大的利益。因此，人的心理活动和主观倾向会影响信息处理过程，使其表现出主观不确定性。另一方面，信息处理存在能力不确定性。信息处理能力的不足可能会使处理过程出现偏差，得出偏离实际的结论。此外，信息处理的客观不确定性也会影响决策结果。

（3）信息保存的不确定性。原始信息、处理后的信息、决策的结果、执行过程中的信息等均需要进行保存。信息保存面临许多的不确定性，例如信息丢失、信息扭曲等。信息丢失的可能情况有很多，难以具体描述，如失火烧毁保存信息的纸张、存储材料、书籍等。信息扭曲是指在信息保存过程中，压缩、存储、解压等对信息的扭曲，或者信息的类别属性发生变化（特别是与使用者的偏好不相符合），进而扭曲使用者对信息的理解。

由不确定性原理可知，信息分析在诸多环节都可能出错，其最后的结果也不一定是正确和可靠的。因此，传统逻辑推理的正确性标准不能作为信息分析评价的标准。我们在对信息分析进行评价时，要对其分析前提、过程和结论等作出可信度的判断，而这种可信度是以概率的形式表现出来的。

1.3.2　相关性原理

信息分析中的相关性表现为两类：一类是量的相关，可以运用统计和数据分析的方法来揭示；另一类是质的相关，或者说逻辑意义上的相关，可以运用语言文字等工具进行分析。信息分析从宏观结构上，可以视为一个三段论：前提（理由和根据）、结论（主张和判断）、支持关系（前提和结论之间的关系）。在信息分析的宏观结构中，三段论是一个引用自逻辑学的思维推理形式，但它和狭义的演绎三段论之间存在较大的差别：一是三段论指这个逻辑推理的结构由前提、支持、结论三个部分组成，可以从逻辑关系上区分出这三者；二是这三个部分都是复合的结构，可以包括众多的概念和命题。在此基础上，我们讨论信息分析的相关性，主要表现为以下几个方面。

（1）信息与主题的相关性。我们所搜集和分析的信息和分析的主题，或者要解决的分析问题之间是相关的。信息分析人员针对特定的问题，在特定的范围去搜集信息，而不是无目标地进行信息深加工。

（2）信息与信息的相关性。我们进行信息分析时要在已有的信息之间建立联系，找到信息与信息之间的相关关系，并将它们连接起来。

（3）理论与模型的相关性。在很多情况下，信息分析人员需要运用理论和模型来联系和解释现有的信息，同时从中发现目前尚未掌握的信息。

1.3.3　充分性原理

信息分析充分性的要求是，某个特定的前提集合如何通过适当的联系，表明结论是可接受的。它符合的不是一种形式的标准，而是一种和论证语境密切相关的语用标准。充分性原理主要体现在三个方面：信息的数量要求、信息的一致性或融贯性、信息的完备性或完整性。信息的数量要求并不存在确定的标准，而是很大程度上取决于信息分析的目的。例如，当现有信息可以得出一个确切的或者相对确定的判断时，可以认为信息数量是充分的。信息的一致性是指真实的信息之间不存在内部矛盾。信息的完整性是指关于分析对象的信息是全面的、成体系的，它针对不同的分析课题和对象有着不同的含义。针对信息分析对象，我们要力求收集与之相关的信息，注意涉及的所有方面，把握信息分析对象与其他事物之间关系的综合。

1.4　信息分析的特点与作用

1.4.1　信息分析的特点

1）研究课题的针对性与灵活性

研究课题的针对性体现在两个方面：一是研究课题来源和研究本身具有目的性，即研究人员要根据社会需要和特定的委托，确定研究课题和研究目标；二是最终产品对用户的适用性，例如，在产品的内容、制作方式和传递渠道上适合特定用户在不同的场合、时间的实际情况需要。信息分析课题是否有针对性，主要取决于情报机构是否有畅通的信息渠道。这种信息渠道至少包括两个方面：①研究人员能够直接接触各级主要决策者，及时了解他们正在决策什么和将要决策什么；②研究机构通过多种方式，使自己与国内和国际的情报系统建立有效的联系。信息分析人员只有及时了解各级决策者正在或者将要决策的目标，掌握国内外科学技术和经济发展的脉搏，才能使自己的工作具有较强的针对性。

同时，信息分析工作又具有一定的灵活性。在选择课题时，根据社会需要可以有多种选择，在一次选择中，又可以根据课题的性质、紧迫性与重要性及信息可获得性和人员与设备条件等做出抉择。对于委托研究项目，对委托方提出的研究课题和目标，要从全局和实际情况出发，对研究内容和目标进行必要的调整。收集信息与选择研究方法时，应根据工作条件课题要求、目标、费用与时间要求等进行灵活处理。在研究工作过程中，有时会发现新事物、新情况、新问题，以至于需要调整研究目标和研究方向。此时，研究人员需要在仔细核对综合平衡和向委托者进行充分说明之后，调整研究课题，使研究工作与目标更有价值。

2）研究内容的综合性与系统性

信息分析工作通过系统的加工整理，可以使分散的、片面的、无序的、零星的知识更加系统、有序和完整。这种系统性是从纵、横两方面来实现的。从纵的方面来看，要将有关课题的来龙去脉、发展经过、当前水平、存在问题、未来趋势等，按时间顺序进行研究，以掌握课题发展的全貌。从横的方面来看，要用系统工程的观点对与课题有关的政治、经济、社会、科技、军事等各个方面的问题进行综合考虑，这样才能对研究课题有全面的认识。

信息分析工作之所以表现出这种综合性和系统性，是因为现代科学研究相互渗透、相互交叉，而且政治、经济、社会、科技、军事等领域之间相互联系，任何一个事物的发展不仅取决于其自身的历史、现状和发展规律，也取决于各种外部条件及因素。因此，从事信息分析工作，要从研究事物的环境和内部组成开始，进行全面的综合性分析研究，并把事物的发展变化看作一个连续的过程。从现实社会的实际情况看，任何一个社会系统或社会问题都包含了多方面的因素，受到多种自然因素与社会因素的制约，有关的信息分析与预测工作必须充分考虑这种情况，从整体上进行综合性的研究。

3）研究成果的智能性与创造性

有一种观点认为信息分析工作不同于科学研究工作，只不过是信息的收集、整理、加工，并不产生新的知识。应该承认，信息分析确实与科学研究不同，但是任何信息分析工作都是致力于认识事物的特性和发现事物的规律，而事物的特性与规律并不一定直接、全面地体现在有关信息的表层含义之中，也就是说，不是一看就明白、一听就能有所收获的，需要经过深入地分析研究才能把握。这就要求信息研究人员具有较高的智能和知识水平、敏锐的观察力与准确的判断力，在工作中能运用智力劳动进行卓有成效的工作。因此，信息分析是对各种相关信息的深度加工，是一种深层次或高层次的信息服务，是一项具有研究性质的智能活动。

对于一项具体的信息研究工作来说，研究人员总是面对新情况、新问题、新事物，需要在全面收集有关信息的基础上经过创造性的智力劳动，然后提出对有关问题和事物的正确认识和看法，发现事物的规律和未曾被认识的方面，为人的认识与管理实践活动提供有创见性的、具有一定价值的指导意见。最终完成的信息分析产品是智力劳动的产物，是不同于原来信息的新的知识。因而可以说，信息分析工作具有鲜明的创造性，正是这种创造性特点使这一工作具有重要的社会价值。

4）研究工作的预测性与近似性

一项重大的决策是否正确，不仅要从执行这项决策当时的经济和社会效果来衡量，而且要预见到对未来可能产生的影响。决策只有建立在预测的基础之上，才是科学的决策。信息分析是科学管理的一个重要组成部分，信息分析要为决策提供依据，就不能不对未来作出预测，具有明显的预测性是信息分析工作的一个突出特点。

正是由于信息分析与预测是在事件发生之前对其未来状态的预计和推测，或者是对已发生事件的未知状态的估计和判断，这些预计和推测，尽管有科学的依据、科学的态度和科学的方法做基础，但毕竟是简约化后对事物发展变化实际情况的一种近似反映。由于受到各种不断变化着的因素的影响，同实际情况相比，信息分析与预测结果往往会出现一定的偏差，只是一个近似值。

5）研究方法的科学性与特殊性

信息分析工作是一项科学工作，它建立在科学理论与方法的基础上，具有科学研究活动的一般特性。具体表现在：①采用科学的研究方法。在具体研究工作中，信息分析使用数学方法逻辑方法、系统分析方法等多种定性、定量研究方法，并经常借助于电子计算机作为研究工具，研究的结果要通过科学手段进行检验，并在检验中修正和改进。②数据的客观性和结论的准确性。信息分析是以大量文献资料为对象的，它们客观地记录了各种数据和事实。根据这些客观事实和数据，信息分析人员进行客观分析，通过辨别真伪、去粗取精、去伪存真，从而得出正确的结论。③研究的相对独立性。信息分析工作虽然接受上级或用户的委托开展研究，但在研究过程中应保持相对的独立性，这是科学研究的基本要求，否则容易使信息分析工作受到"长官意志"或"唯用户是瞻"的影响，这样的信息分析工作就失去了科学性，得出的结论也就无法保证准确、可靠。

信息分析工作处于自然科学（重视实验手段）与社会科学（重视对文献的收集和利用）的接口，它并不具体研究某一自然物质或者某种自然现象，而是研究社会各个领域的发展战略和决策问题。研究内容决定了其研究方法的特殊性：①基本上不采用实验和试验手段；②收集的资料比一般科学研究要广泛而且系统，不仅要详细占有课题所涉及领域的资料，还要掌握与课题有关的地理环境、自然资源、科学文化水平等方面的资料；③作为对象，收集的不仅仅是文献，还包括实物信息、口头信息等；④收集方式多样化，不仅通过正规交流渠道获得文献和数据，还可以通过参观、访问、讨论会、发放调查表等其他交流渠道来收集信息。

6）研究过程的社会性

可以从以下三个方面来理解：①课题来源的社会化。信息分析工作的课题是多种多样、十分广泛的，来自社会的各个部门、各个行业、各个阶层，是面向整个社会的。②研究人员的社会化。由于课题的综合性因素，仅靠一个部门、一个机构的研究人员很难完成，只有依靠相关部门的力量共同完成，例如专职信息分析人员、兼职信息分析人员和专业技术人员通过密切合作的方式来进行信息分析课题的研究。③研究成果的社会化。一般来说，信息分析成果是直接提供给委托用户的，并不直接服务整个社会，但是从最终目的和结果来看，还是为社会进步、经济发展服务的。

1.4.2　信息分析的作用

在讨论信息分析的作用之前，先阐述一下信息分析的功能。

从信息分析的整个工作流程来看，信息分析具有整理、评价、预测和反馈四项基本功能。具体来说，整理功能体现在对信息进行收集、组织，使之由无序变为有序；评价功能体现在对信息价值进行评定，以达去粗、去伪、辨新、权重、评价、荐优之目的；预测功能体现在通过对已知信息内容的分析来获取未知或未来信息；反馈功能体现在根据实际效果对评价和预测结论进行审议、修改和补充。

这四项基本功能是密切相关的。整理和评价是信息分析的基础性功能，预测和反馈则是信息分析的特征性功能。整理和评价是预测和反馈的基础与前提，预测和反馈则是整理和评价的拓展和延伸。作为特征性功能，预测和反馈的共同作用点在决策上，即对于一个决策过程而言，预测用于初始决策，反馈用于跟踪决策实施或修正决策，所以也有研究者将这两项功能概括为决策功能。

信息分析在国民经济和社会发展第十四个五年规划中将发挥重要作用，这些作用概括起来说就是为决策服务，主要包括：为决策提供依据、论证和备选方案；对决策实施过程进行评价、反馈。决策有广义和狭义之分：广义的决策包括问题的提出、目标的确定、信息的收集和整理、方案的设计和实施等一系列过程；狭义的决策是指方案的选择。决策具有预测性、综合性、科学性的特点，而信息分析就是为决策服务的，其具体的作用体现在以下几方面。

1）在科学管理中发挥参谋和智囊作用

科学管理实际上就是科学决策的过程，决策就是将信息转化为行动的过程，而信息分析是实现和加速这种过程的一个重要因素。因此无论是宏观管理还是微观管理都必须实现科学化，而科学化的关键在于获得大量可靠的信息，特别是经过整理、鉴别、分析研究的信息，即信息分析成果。另一方面，信息分析工作只有紧密围绕国家、地方领导管理机构的有关发展战略和方针政策来规划计划、组织、管理等方面的重大课题，才能在各级领导的管理决策中发挥参谋和智囊作用。

例如，由国务院原科技领导小组办公室委托中国科技情报研究所完成的"中国高新技术的产业化"课题，在广泛调查国内外高新技术产业发展情况的基础上，通过比较研究的方法，借鉴外国成功的经验和汲取它们失败的教训，结合我国的具体情况，提出加快我国高新技术产业发展的宏观政策建议与战略设想，即多层次多元化发展战略，为我国政府在发展高新技术的决策上提供了重要的决策依据。再如，1992～1994 年，国家科委下属的中国科学技术促进发展研究中心，中国科学技术信息研究所和中国航天工业总公司科技信息研究所联合开展了关于我国国家关键技术选择的研究，围绕课题出版了专门介绍技术选择方法和途径的著作，并在国家有影响的杂志上发表了若干论文，引起了各地政府的兴趣，纷纷要求参与本地的关键技术选择，或对当地制定科技规划和计划进行指导。

2）在研究开发中担负助手作用

现代科学技术活动是以科学技术领域内的基础研究、应用研究和开发研究为核心的。这些活动都可以用研究开发（R&D）来表征。当前研究开发活动正日益成为企业、部门、行业、国家经济竞争力的焦点。研究开发活动始终离不开信息，尤其是经过分析加工的有序化的信息，这些信息对科研和生产的发展具有更大的启迪、借鉴和促进作用。因此，研究开发活动必然与信息分析工作紧密结合。大到国家重点科研项目、重大工程建设，小到企业技术引进、新产品开发等，都要求信息分析人员有针对性地、及时地开展信息分析活动，提供各种形式的研究成果。

例如，长江流域规划办公室技术情报室完成的"葛洲坝工程设计情报研究和情报综合服务"研究课题，对葛洲坝工程的设计、施工以及某些关键技术问题的解决发挥了重要作用。该课题成果 1986 年获湖北省科技进步一等奖和国家情报局一等奖。再如，大庆石油管理局的情报研究人员和科技人员共同完成的"国外砂岩油田开发技术调研"项目，对保证大庆油田长期稳定高产的注水开发技术赶超世界水平发挥了极大作用。

3）在市场开拓中起保障和导向作用

随着市场经济制度的确立和完善，市场就像一只看不见的手起着配置社会资源、分配经济利益等重要作用，市场的开拓在企业生存和发展中就显得至关重要，可以说企业的一切工作就是围绕市场、面向市场。要做到这一点，必须有充分的市场信息为保障。信息分析在市场开拓中的作用就体现在为企业提供内外部信息，帮助企业寻找识别和把握市场的机会。

例如，丰田公司早前定下汽车销量在 2010 年占世界份额 15%的经营目标，并根据每个车种重新布置和整合生产基地。为此，2003 年丰田公司投入 2000 亿日元与美国 IBM 公司联合开发全球范围内的从零件供给到产品销售的信息系统，这一系统管理丰田公司在 27 个国家和地区的约 60 个生产基地的开发、生产、采购、销售活动。利用这个系统，可以用约 250 位数值把诸如厂家名称、质量、价格、使用车种等信息表示成"零件号码"，在全球统一起来；同时经营管理和销售信息也都可以在同一个系统内进行统一管理，从而实现经营的效率化。

4）在动态跟踪与监视中起耳目和预警作用

信息分析的耳目和预警作用是指信息分析不仅要根据服务对象的实际要求来进行，而且要做到抢先一步，主动提出应当注意什么或应当做什么。为此，信息分析工作必须认真做到世界发展动态的全方位跟踪与监控，及时深入地分析研究。

例如，20 世纪 70 年代初期，当人们对公害的严重性还缺乏认识时，中国科学技术情报研究所及时发表了一份关于环境污染公害的研究报告。该报告分析列举了国外几大公害典型事件，如 1930 年比利时马斯河谷工业区和 1948 年美国多诺拉地区二氧化硫排放引起人员中毒的化学污染事件，1952 年伦敦燃煤污染导致 4 天内 4000 人死亡的烟雾事件，1960 年日本汞污染造成人员患水俣病事件，1963 年日本多氯联苯污染造成的米糠油事件等。该报告引起了有关部门和厂矿企业的重视，一些部门和厂矿企业在生产经营时开始将环保影响考虑在内。

1.5　信息分析的发展前景

1）信息分析面临的机遇和挑战

21 世纪是信息时代、数据时代、网络时代，也是知识经济时代。信息分析作为一种典型的信息深加工活动，在知识经济时代将大有可为。在社会信息化的过程中，信息技术飞速发展，全球网络化趋势不断加强，经济体制改革进一步完善，这些都给信息分析带来了前所未有的机遇。主要体现在：信息技术尤其是计算机技术、远程通信技术、数据库技术和网络技术的迅速发展和广泛应用，加强了信息搜集、分析、处理、加工和存储的能力；定量分析软件的成熟为信息分析进行定量研究提供了工具；网络化发展趋势加快了信息交流传递的速度，扩大了信息分析的来源，并为信息分析产品的发布和信息分析人员的交流建立了平台；市场经济体制的建立与完善，加快了经营市场化的进程，促使政府和企业决策由经验决策向科学决策转化，使信息分析和咨询服务的社会需求不断增加。

与此同时，信息分析的发展同样也面临着严峻的挑战：①陈旧的信息分析体制已不能满足知识经济和数字网络时代下社会发展和用户的需求；②面对社会信息量的激增，必须通过提高搜集、分析、处理、加工和存储信息的能力，增加信息的"吞吐量"；③面对新旧信息更迭加快的现状，必须加快信息分析工作的节奏，缩短从搜集信息到产生、发布信息分析产品的周期；④必须逐步提高定量分析的比重；⑤需进一步改善信息分析队伍的知识结构。

2）信息分析的发展趋势

随着科技、经济、社会的发展，人们对信息分析提出了越来越多、越来越高的要求，信息分析本身也在不断发展和演变，呈现出一些新的特征和发展趋势。

（1）信息分析方法多元化。信息分析本身并没有特有的方法，所以吸收和借鉴其他学科的分析方法显得尤为重要。信息分析人员从相关学科中引入分析方法，并在应用中对其进行拓展、改进和创新，形成自己的特色。同时，用户需求的多元化和多层次性，促使信息分析方法呈现出显著的多元化趋势。

（2）信息分析市场化和产业化。市场经济的发展，使得信息分析研究不再仅为政府部门服务，而成为以市场需求为导向、以满足用户需求为目的的市场行为。随着信息服务市场的规模持续扩大，信息分析的产业化趋势将更加明显。从国外的发展经验来看，美国的兰德公司、日本的野村综合研究所、英国的国际战略研究所等信息分析机构都已经实现了规模经营，其产业化程度很高。

（3）信息分析研究国际化。信息分析的国际化体现在信息分析服务的国际化和研究交流的国际化两个方面。随着信息的发展，尤其是互联网的广泛应用，信息分析研究的领域不断扩大，为各国之间信息分析研究的横向联系和协作研究等奠定了基础。

（4）信息分析手段现代化。随着现代信息技术的发展和科学研究方法的普及，计算机技术、网络技术、可视化技术等已经进入信息分析领域。各种数据库的建立，为信息分析研究奠定了良好的基础，而一些辅助性分析系统和应用软件也得到了广泛应用。例如，

Excel、SPSS、SAS 等统计分析软件可辅助分析人员进行程式化和非程式化的信息分析活动；SATI、CiteSpace、Ucinet、Pajek、VOSviewer 等文献计量和可视化分析软件可辅助信息分析人员进行关联分析；与数据库技术密切相关的、面向复杂信息分析与预测的、支持高层次决策的数据仓库、联机处理技术和数据挖掘等技术也日渐成熟。

（5）信息分析人员专业化和社会化。信息分析是智力密集型的跨学科、多层次、综合性的工作，其从业人员正逐步从专职情报人员向专业多样化和知识综合化的复合型人才发展。一方面，分析领域的综合化要求工作人员具有系统性思维能力；另一方面，行业服务的特点要求分析人员具有相关的行业知识和从业背景。目前，很多机构举办种类繁多的信息分析培训班，大多面向在职的行业人员，以提高他们的分析能力。

（6）信息分析领域拓展化。以前的信息分析主要是针对科技信息进行搜集和分析，为科研机构和科研人员提供服务。随着信息技术的不断涌现和计算机网络的日益普及，从网上获取信息越来越容易。同时，信息和技术、经济等紧密结合，使得信息分析领域进一步扩大。社会信息化的发展，使信息分析的领域拓展到社会各个方面。信息分析开始由单纯研究国内或国外转向国内外研究相结合，由单纯研究科技问题转向同时研究经济和社会问题，由主要面向政府部门所属机构和企业转变到面向整个市场，发展到为满足市场需求提供服务。

（7）信息分析机构多样化。信息需求的多样性和迫切性，导致信息分析机构的多样化。单一的信息分析机构已不能满足市场和用户的多样化需求，多样化的智囊机构、智库、信息服务机构和信息咨询机构等应运而生。

（8）信息分析规范化。这包括信息分析活动的规范化和信息分析管理的规范化，相关政策、法律、法规等的产生以及市场经济体制的完善，使信息分析逐步走向科学化、规范化、制度化轨道。

第2章 信息分析的流程

信息分析遵循一般的科学研究工作规律,信息分析的内容蕴含于整体流程的运作过程之中。具体来说,就是针对用户具体的信息需求和要求,规划和确定研究课题,制订课题研究的计划,明确研究的方向;展开信息搜集、整理、鉴别、分析和提炼活动;形成信息分析产品并对其加以评价和应用推广。

2.1 信息分析选题与规划

2.1.1 课题选择

选题就是选择信息分析的题目,明确信息分析的对象、内容和目的。信息分析首先碰到的问题便是选择什么课题和如何选择课题,这是整个工作中具有战略性意义的第一步。选题决定着信息分析的主攻方向和奋斗目标,规定着分析工作应采取的方法和途径,也激发研究人员去思考、学习和研究。

因此,选题是信息分析的基本功,是必需的基础工作。做好一个信息分析课题,要严格地挖掘选题,力求在质量上长足进步、在角度上把握方向。选题是一个创造性的思维过程,也是一项灵活的研究艺术。事实上,在社会生活中,各门学科中存在着大量可供选择的课题。

在实际工作中,信息分析选题的来源是极其广泛的。从课题所属领域来划分,有来自科研、生产第一线的微观课题,也有来自宏观决策中的宏观课题;从课题所属内容范围来划分,可分为以科技、经济、市场以及其他社会问题为内容的选题。本节从课题提出者的角度出发,将信息分析课题类型划分为两个方面:信息分析人员自己选定的课题和信息分析人员从外部获得的选题。

1)信息分析人员自己选定的课题

(1)从现实生活中选题:①现实需要。现实的需要是课题的首选目标。例如,20 世纪 30 年代初,美国经济处于大萧条的时期,如何摆脱经济困境不仅是人们普遍关心的问题,也是许多经济学家研究的热门课题。当前,我国正处于全面的发展转型期,经济、政治、社会等各领域的各个层面正发生着极为深刻的变化,也面临着大量的矛盾和冲突,存在各种需要认识和解答的问题,而这些都为信息分析提供了现实动力和题材来源。②实践项目。对研究者来说,从实践项目中总结问题具有重要的现实意义。一方面,它是现实中发生的事件,为信息分析提供了很好的素材,另一方面,事件中所暴露的问题可以成为研究人员今后努力的方向。此外,项目的评价是对现实问题的总结和归纳。从项目评价中总结研究问题,可以调整和完善相关方针、政策和管理程序,也可以从中吸取经验教训,再运用到未来的开发实践中去。③社会热点难点问题。信息分析应该关心当前社会存在的热点难点问题，诸如社会事件、经济发展、政策制定、社会福利、文化教育等方面的研究问题。研究者应该始终对社会热点难点问题保持高度的敏感性，从中找到适合自己的研究问题，深入挖掘这些问题背后的形成原因，进而提出对策或解决方案。

（2）从理论研究中选题。①反思过去研究的不足。很多研究报告的最后都会指出研究成果的不足和今后改进的方向，暗示未来可能的研究问题，为后续的研究提供了指引方向。因此，信息分析人员可以针对过去研究的不足探讨改进的办法和措施，也可以针对前人的改进意见进行新的研究，从而不断拓展和细化已有研究，产生新的研究问题。②弥补当前研究的空白。人们对事物的认识是在不断深化的。研究者可以在前人没有研究过的领域不断发掘新问题，也可以在前人已经研究过的领域不断发掘尚未研究的问题，还可以在前人研究过的问题上发掘新的假设、形成新的问题。

（3）从个人经历中选题。个人经历是人们接触或从事信息分析工作的实践记录，也是其认识的积累和感受的沉淀。这种经历形成了人们在各个领域观察各种事物、理解各种现象的基本视角和出发点。因此，对于以观察和理解社会现象为目的的社会研究来说，个人经历是研究选题的重要来源。除个人经验之外，个人经历还包括个人好奇心和个人兴趣：①个人好奇心。好奇心是研究的一个开端，也是最重要和最基本的要素之一。所有的研究问题都源于人们对现实未知世界的好奇。只有对人和周围世界产生了重大的疑问和好奇，人们才会积极地去探索和发掘未知的问题。有时候好奇心甚至会发生"多米诺骨牌"效应——人们在认知世界的过程中持续地发掘"令人好奇的问题"，不断地进行探索和研究。②个人兴趣。个人兴趣可能来自对新理论和新发现的追求，也可能来自职业需要和对信息分析问题的关心。如果说兴趣是发现问题的动力，那么抓住机遇则是发现合适的研究问题的前提。机遇在新发现产生的过程中往往有着重要的作用，我们应该对其有所警觉、做好准备，力求抓住机遇并从中获益。

（4）从不同学派、观点的学术争论中选题。科学研究是探索性和创造性的。人们常会对同一观点或理论产生分歧和争论，甚至形成不同的学派。例如，中国封建社会起点之争、经济决定论与文化决定论之争、市场调节与计划调节之争、社会主义代替资本主义与趋同论之争、国外马克思主义流派研究、西方马克思主义理论研究等。在这些学术争论中，不同的学派和观点都有许多问题值得探讨和研究。因此，关注学术之争，深入了解争论的历史、现状和焦点，是发现问题、选择研究课题的一条重要途径。

（5）从学科渗透、交叉中选题。事物都在普遍联系之中，各门学科也不例外。学科的渗透与交叉是现代科学在广度和深度上发展的必然趋势。以往人们侧重从学科的相对独立性出发进行研究，而现代科学在学科的渗透、交叉"地带"存在大量的新课题。这样的地带主要有：①比较学科，针对不同系统进行比较分析，探索它们之间的共同规律和特殊规律，如比较哲学、比较史学、比较法学、比较管理学中的课题；②边缘学科，在两个或两个以上不同学科的边缘地带经过相互结合而形成新的研究对象，如社会心理学、管理心理学中的课题；③软科学，以管理和决策为中心问题的高度综合性学科；④智能性学科，研究对象大多是与国民经济、社会和科技发展相关的复杂系统，如管理科学、领导科学、决策科学、预测学、政策学、战略学、咨询学中的课题；⑤综合学科，运用多学科的理论、方法和手段，从各个不同的方面进行立体研究的课题；⑥横断学科，在跨学科研究的基础上研究各事物中的某种共同属性；⑦超科学，在更高层次上研究一般规律，如科学学、哲学中的课题。

（6）从直觉思维、意外发现中选题。大量值得研究的选题，首先表现在人们最容易感觉到的各种社会现象中。对于错综复杂的社会现象，值得研究的课题层出不穷。能否从中选择恰当的课题，需要信息分析人员有勇于探索的精神和富有创造性的才能。这时，选题常常得益于信息分析人员的想象、灵感、直觉，以及对这些直觉思维、意外发现所带来的机遇的捕捉。

2）信息分析人员从外部获得的选题

（1）上级主管部门下达的课题。国家各级政府部门、企事业单位在制订规划时，常常会遇到许多问题，由于工作性质和所属领域的差异，这些问题涉及的范围也各不相同。有的问题是宏观的，带有战略性和先导性，关系到国家重大规划和决策的制定实施或者地方经济的发展；有的则是微观性的，只涉及某种产品的更新换代或者某项技术改造、市场开拓等。为了有效地解决这些问题，各级领导部门以课题的形式直接向其下属信息分析机构下达调研课题。这类课题针对性很强，不仅任务要求明确具体，而且时间性强，大部分是一次性任务，没有连续性。此外，各级领导部门有时也根据当前科学技术发展的特点以及当地的具体条件，向下属情报单位提出一些笼统的带有方向性的课题范围，信息分析人员按照这个方向去找突破口，确定具体的课题。

（2）信息用户委托的课题。在市场经济体制下，信息用户委托的课题正在逐年增多，这类课题是信息分析机构课题的主要来源。各级各类的信息用户由于进行科研、生产、教学、管理、营销推广等活动，常会出现解决实际生产中某个问题的需要，而我国企业的信息工作普遍比较薄弱，所以会以各种形式提出信息分析课题，委托信息分析机构帮助解决。典型做法是在信息供求双方之间的往来中，注入市场机制，以经济杠杆平衡供求比例、品种和质量。信息用户一般将这类课题以咨询委托书的形式提交给信息分析机构。咨询委托书的内容包括咨询内容和要求、形式、进度、经费等。这种信息供求模式具有灵活性、开放性、竞争性和高效性的特点，所以广受信息用户和信息分析机构的青睐。

对于不同的信息分析机构以及处于不同社会环境下的同一信息分析机构而言，上述各类课题并无固定的比例。但是，从我国半个多世纪的信息分析工作实践来看，其课题构成呈现出某些规律。例如：从机构性质来看，各级政府部门、企事业单位下属的信息分析机构一般接受上级主管部门下达的课题多一些，而具有独立法人地位的信息分析机构承担的课题绝大多数为用户委托的课题，规模庞大、系统性强、人员素质较高的信息分析机构自己选择的课题多一些；从经济体制和社会环境来看，在市场经济比较发达、用户信息意识比较高涨、社会信息化程度较高的地区，各级各类信息分析机构承担的用户委托类课题要多一些；从课题内容范围来看，为重大战略决策服务的宏观战略性课题多为上级主管部门所下达，为社会各类经济活动部门生产、经营和管理活动服务的微观课题多为用户所委托。由于不同来源的课题有不同的特点和要求，各级各类信息分析机构在制定课题来源策略时，应注意扬长避短，充分结合自身特点、用户需求和社会环境予以合理把握。

2.1.2　课题规划

信息分析课题选定之后就要拟定课题计划。课题计划是行动的指南和纲领，是课题任务全面而系统的筹划和安排。有了课题计划，就有了工作目标，就可以把整个研究过程有机组织起来，使课题组成员以及其他相关人员明确各自的任务及其与其他研究任务之间的协调关系，保证研究工作有条不紊地顺利进行。一般来说，课题越大、时间越长、参加的单位和人员越多，就越需要一个周密而详细的计划。

2.1.2.1　课题计划内容

一个完整的课题研究计划至少应该包含以下几个方面的内容。

1）课题目的

为了使课题组成员准确把握研究工作的目标和努力的方向，课题计划应以简洁而清晰的文字阐明课题的目的，如课题来源及意义、课题提出的背景、课题拟解决的主要问题、课题服务的对象、研究成果可能取得的效益等。

2）调查大纲

明确课题目的后，应制定详细的调查大纲。调查大纲的作用在于统一课题组成员对调查目标的不同理解，决定收集信息的范围和深度，使信息分析人员有条不紊地搜寻信息资料，防止调查过程中出现方向性错误和重复工作。调查大纲的内容主要包括：①调查方式。如文献调查方式、实际调查方式、网上调查方式、实地采访方式等。②调查范围。包括内容范围、地域范围和资料范围。内容范围应明确信息收集的对象，如需要弄清哪些情况，需要排除哪些无关信息和不良信息的干扰等；地域范围应明确可以从哪里得到所需的信息，如重点了解哪些国家的情况，了解国外哪些机构、哪些厂家的情况，调研国内哪些城市、哪些单位的情况等；资料范围应框定准备查找的资料类型、年代以及检索刊物的种类。③调查步骤。这一部分主要确定先调查什么和后调查什么。④调查广度与深度。由于资金、技术、人员、时间、课题要求等因素的影响，调查大纲内容涉及面的广度和深度因具体课题和环境条件的不同而有所差异。

3）研究方法和技术路线

信息整理和加工的方法很多，不同的方法有不同的特点，对信息采集有不同的要求。因此，在课题计划中，应根据课题的性质和研究条件预计可能采用的研究方法和技术路线。这样有助于提高信息分析阶段的工作效率。

4）预期目标及成果形式

在现代信息技术的支撑下，信息分析成果的表现形式是多种多样的。既有系统资料、调查报告、可行性论证、建议和方案，也有学术论文、学术著作、研究报告，还有工具书、软件、专利、产品等。既有文字形式的，也有声频、视频、图像及多媒体形式的。既有印刷形式的，也有电子化、数字化、网络化形式的。在课题研究开始之前，要根据调查目的和用户需求对成果形式、表现角度和提交方式等进行粗略估计，这对确定资料搜集范围、合理使用现有资源和科学安排时间等十分重要。

5）人员及任务分工

课题组应根据自身特点和课题研究的需要对课题任务进行具体的分工。一般先按单位分工，如主要承担单位应完成什么、协作单位应完成什么。这种分工不仅直接影响到日后的利益分成，而且关系到单位之间的合作效果。在单位分工的基础上，还应当将分工进一步深入到每一课题组成员,具体来说就是根据每一课题组成员的能力和知识结构(如语种、专业、兴趣、特长等),给每一课题组成员分配合适的、具体的工作任务,如谁是课题组组长、谁负责对外联络、谁负责翻译外文资料、谁采集数据、谁对数据进行分析处理、谁撰写课题成果报告等。只有责任清、任务明、分工细,才不会在以后的操作过程中发生纠纷。同时应注意,分工并不是分家,所有的课题组成员都应自觉地统一到课题组大旗下,服从组织调度,加强各成员之间的联系和合作。

6)完成时间和实施步骤

为了便于检查计划执行情况,一般按照信息分析工作的程序将整个课题研究活动分为几个阶段,并提出各个阶段的预计完成时间和计划实施步骤。这几个阶段包括:信息资料的收集、整理与评价阶段、信息分析产品的制作与评价阶段。

7)其他

除以上几项之外,整个信息分析工作所需要的人员、经费、技术、设备等条件也需要在课题计划中体现。在具体实践中,一些信息分析机构除了要求提交文字材料外,还要求提交一张格式化的课题计划表。课题计划表实际上是前述课题计划的一种变换形式,目的是使课题计划的相关内容醒目、清晰,以便于管理。计划表一般由各信息分析机构预制,需要时再领取和填写。表格内容一般包括:课题名称、课题编号和类别、课题负责人和参加人、课题目的、课题进度安排及人员分工、预期目标及成果形式、研究方法和技术路线、经费预算、课题创新之处与存在的问题等。某信息分析机构的课题计划表见表 2.1。

表 2.1 某信息分析机构课题计划表

课题名称			
课题编号		课题类别	
课题负责人		课题参加人	
课题目的			
课题进度安排及人员分工			
课题预期目标及成果形式			
拟采用研究方法和技术路线			
经费预算			
课题创新之处与存在的问题			
备注			

2.1.2.2 课题计划的实施与审查

1)课题计划的实施

课题计划拟订完毕后,应该积极组织实施。具体地说,就是根据人力、物力、财力、时间状况、课题特点、课题计划的要求等合理调配各类资源,以保证课题研究按进度保质保量、有条不紊地进行。

课题计划的组织实施工作应该由课题组组长亲自挂帅。课题组组长必须对课题研究的各种约束条件尤其是课题组及协作单位相关人员的专业、外语、业务能力、性格爱好、特长、缺点等情况有比较透彻的把握。除此以外，课题组组长还应具有较强的业务能力和组织领导才能，善于关心人、组织人和引导人，能够从全局的角度把握课题研究的方向。除了课题组组长外，课题组其他成员以及协作单位的成员也应该尽职尽责。一方面，要按照课题计划的安排和课题组组长的要求完成自己应该完成的任务；另一方面，要注意与课题组组长及其他成员进行及时沟通，控制研究工作的节奏。

2）课题计划的审查

对课题计划的实施情况进行检查和调整是促进和保证研究计划顺利实现的有效手段。通过检查，可以随时掌握情况，及时发现问题并加以解决，从而推动课题计划和目标的实现。课题计划的审查内容一般包括：①是否按进度实施计划；②是否按课题的目的、内容和质量要求进行；③各类资源调配是否恰当，有无资源浪费现象；④经费使用是否有阶段性超支行为；⑤课题研究中是否有新问题出现；⑥课题计划是否需要进行适当的调整和改进。

课题计划的审查周期一般因课题量的大小和完成期限的长短不同而有所差别。有的实行月度检查制，有的实行季度或年度检查制。不管是哪种类型的检查制，都应在检查完后及时进行小结，并将检查过程中发现的新情况、新问题向有关部门通报。如果是计划制订方面的问题，可在征得有关部门同意后对计划进行调整和改进；如果不是计划制订方面的问题，则应该从计划的组织实施角度入手，改进组织方式，调整实施策略。

2.2　信息收集、整理与评价

信息分析是建立在占有丰富可靠的信息资料基础之上的一项研究活动。因此，在进行信息分析之前，必须针对课题需要，进行广泛和必要的信息收集、整理，并对信息的可靠性、先进性、适用性等作出必要的评价。信息收集是信息分析的依据和基础，也是信息分析的重要程序之一，关系到信息分析最终的成败。

2.2.1　信息源及其类别

信息源是指人们在科学决策、研究开发、市场开拓等社会实践活动中借以获取信息的来源。它包含了两层含义：一是指信息及其发生源，包括各类信息及其产生和持有机构，如科研院所、生产企业、市场营销部门、政府机构、高校、图书馆、信息中心、电视台等；二是指信息及其赖以传播的各种物质载体或传输通道，如图书、期刊、产品样本、展销会等。

信息分析人员在开展信息搜集之前，必须对信息源的分布情况和特点、信息源的质量和规模、信息获取的难易程度、信息内容与用户需求之间的切合程度等进行深入、系统的调查。信息源的类型多种多样，按照不同的标准可以分成不同的种类。

（1）按产生领域及内容性质来划分，可分为科技信息源、管理信息源、生产信息源、金融信息源、市场信息源等。

（2）按生产过程及加工深度来划分，可分为原始信息源和加工信息源。原始信息源即一次信息源，它是人类社会实践活动中直接产生或得到的各种数据、概念、知识、经验及其总结。加工信息源则是有关机构根据社会的不同需求对原始信息源进行加工、分析、改编、重组后生成人们社会活动所需的各种信息源。根据其加工方式和深度的不同，又可分为二次信息源和三次信息源。

（3）按载体形式及存储方式划分，可分为文献信息源、实物信息源、口头信息源和网络信息源。文献信息源是指用文字、图像、符号、音频、视频等手段记录在一定的物质载体上进行广泛传播的信息；实物信息源是指存在于各种实物之中，人们通过收集、观察等形式进行传播的信息；口头信息源存在于人的大脑之中，是人类以口头语言所表述出来进而被直接消费或记录下来的信息资源；网络信息源是指互联网上一切以电子化、数字化形式存在并进行传递的信息。

2.2.1.1　文献信息源

文献是在存储、检索、利用或传递信息的过程中，可作为一个单元处理的，在载体内、载体上或者依附载体进行数据存储的信息载体。文献信息源又称为记录信息源，其特点是将信息内容借助载体记录下来，并通过保管、复制、传播等达到开发利用信息资源的目的。

1）按载体形式的不同进行划分

（1）印刷型文献。这是以纸张为主要载体，以手写、印刷为记录手段的传统文献信息源，包括手写、油印、铅印、胶印、木版印刷等几种形式。印刷型文献信息源的优点是阅读、携带、利用方便，是迄今为止人们最普遍、最乐于接受的一种信息源；其缺点是信息存储密度小、体积大、分量重、收藏和管理困难。

（2）缩微型文献。缩微技术涉及多学科、多部门，是一种综合性强且技术成熟的现代化信息处理技术。缩微型文献一般以感光材料为载体，利用照相设备和其他缩微设备将印刷型文献按照一定的缩小比例摄录在胶卷或胶片上，其产品包括缩微胶卷、缩微胶片、缩微卡片等几种形式。其优点是存储密度大、寿命长、易于还原拷贝和多功能使用、可作为法律凭证等；其缺点是易造成信息衰减、不能直接阅读（需要配备专用的显示还原设备）等。

（3）机读型文献。机读型文献是以磁性材料、光学材料或网络为载体的信息源。这类文献在存储时要将相关信息转换成计算机可以识别、理解和处理的二进制代码，输出时则需要还原这些代码的原貌，即将"机读信息"还原成"人读信息"。其优点是信息存储密度高、存取速度快，可借助高速信息网络实现远距离传输。

（4）声像型文献。这是运用录音、录像、摄影等技术将声音和图像直接记录在磁性或光学材料上的信息源，如唱片、录音带、录像带、电影拷贝、幻灯片等。其记录的对象主要是富有动感的声音和图像。这类信息源能给人以直观形象的感觉，因而用途广泛。其优点是可以逼真地再现事物和现象，在某些难以用文字描述和反映的场合有着独特的作用。

上述四种类型的文献信息源各具特色。印刷型文献是最基本、最广泛采用的信息源；机读型文献信息源所占的比例逐年增加，并在某种程度上代表着文献信息源的演变方向；缩微型和声像型文献信息源在一定时期的某些特殊场合内仍存在着难以替代的作用。

2）按发售途径及获取难易程度的不同进行划分

（1）白色文献。白色文献是通过正式渠道出版发行的文献，具备内容的公开性、发行范围的广泛性等特点。如图书一般由出版社出版并通过新华书店等系统发行，期刊常由杂志社出版并通过各地报刊发行部门向国内外公开发行。其优越性在于信息获取容易，用户可以很方便地通过书店、书摊、邮局购得，因而是一种非常重要的信息源。由于信息的经济价值通常只在非对称的信息环境里显现出来，而白色文献很容易获取，所以在很多情况下其经济价值要大打折扣，但这并不意味着白色文献没有利用价值。

（2）黑色文献。黑色文献是指不正式出版、发行范围狭窄、内容保密的文献，如军事情报资料、技术机密资料、个人隐私材料等。这些黑色文献受法律保护，只对负有保密义务的人开放，一般不允许复制。其缺点是保密程度高，非负有保密义务的人无法获取。所以信息分析活动一般不以黑色文献为信息源。但是，按照各国法律规定，黑色文献迟早会解密。从实践上看，有不少黑色文献已经解密了，就可以作为信息分析活动的信息源。

（3）灰色文献。灰色文献是介于白色文献和黑色文献之间的一类文献，是指不由营利出版者控制，而由各级政府、学术单位、工商业界所制作的各类印刷或电子形式的资料。灰色文献的特点是非正式出版，也非秘密文献，常见的类型有研究报告、学位论文、会议记录、技术规范与标准、企业内部出版物（厂报、厂刊等）、经济函件和商务通信、非官方公布的统计资料以及工商行会、学会、协会、政治和贸易团体的出版物等。另外，一部分黑色文献在解密之后也可以转化为灰色文献。

灰色文献所含信息通常是非常珍贵的原生信息，而且往往具备新颖性，因而是信息分析特别是竞争情报活动很有价值的信息源。但这类文献复本少，且不公开发行，因而获取较难，一般除在专门的图书馆或信息中心可以查到外，只有与作者本人联系才有可能获取。与白色文献相比，信息分析人员获取灰色文献通常要付出更大的代价。

此外，根据编辑出版形式的不同，文献信息源还可分为图书、期刊、报纸、研究报告、会议文献、政府出版物、数据库、商品资料（如商品广告资料、使用说明书、合格证书）、政府管理机构对外公开的档案（如工商企业注册登记通告、专利文献、标准文献、统计资料）、上市公司文件等类别。

2.2.1.2　实物信息源

实物信息是指以实物为载体的信息，存在于自然界与人工制品中，可通过实践、实验、采集、参观等方式交流传播。实物信息的载体有双重使用价值，一是体现于承载信息上，二是可以直接用于消费，满足人们的物质需求。可以看出，能够成为这类载体的实物主要是一些值得开发、仿制和使用的机器、仪表、零部件、元器件、标本、种子、苗木、试剂等。

实物信息之所以能成为信息分析活动的信息源，是因为其加工、制作凝聚了人类的思想、知识和智慧。通过对实物材质、造型、规格、色彩、传动原理、运动规律等方面的分析研究，人们可以猜度出研制、加工者原先的构思和加工制作方法，达到仿制或在其基础上进一步改进的目的。实物信息源主要具有以下几个方面的特点。

（1）信息成熟、可靠。实物所承载的信息本身已经经受实践的检验，而不是人们头脑中的一种设想或实验室里的产物。因此，只要条件相似，人们至少可以达到按此信息仿制实物的目的。

（2）信息内容丰富。实物所承载的信息是多方面的，有时同样是一件实物，科研人员可以从中挖掘出一个科学的原理或理论，技术人员可以从中琢磨出加工、制作的技术和诀窍，艺术家可以从中发现美感，市场营销专家可以探测出市场的走势，经济分析学家可以分析研制者们在加工制作过程中对经济性的深思熟虑。

（3）信息挖掘困难。一般来说，实物信息有显在和潜在之分，显在的信息容易获取，如实物的色泽、外部造型、外包装等；但潜在的信息通常难以挖掘，如实物的制作工艺、技术要求、指标以及其他十分关键的技术诀窍。在市场竞争条件下，出于贸易保护的需要，研制者们还往往人为地加大隐蔽力度，这对信息分析人员而言无疑是雪上加霜。然而，从实践上看，潜在的信息往往又更有意义。

（4）信息搜集、保管、传递困难。实物载体（如一台机器）在体积、重量上一般要比文献信息载体（如纸张、磁盘、光盘）大得多，而且其形态、性质、寿命、特点各异，无统一的规格，因此对其进行搜集、保管、传递都是相当困难的。

（5）容易引起知识产权纠纷。实物本身也是一种物质产品，其中蕴含着外观设计信息和技术信息。按照各国知识产权法的规定，外观设计信息（有些国家除外）以及具备新颖性、创造性和实用性的技术信息是专利法保护的对象。因此，如果实物产品所蕴含的外观设计信息或技术信息恰好处于专利法的保护期和保护域内，就会引起知识产权纠纷。

2.2.1.3 口头信息源

这种信息存在于人脑的记忆中，是人类以口头语言所表述出来进而被直接消费或记录下来的信息资源，一般通过交流、讨论、参加报告会和座谈会、参观访问或者个别访谈等形式获得。例如，听课、交流属于直接消费口头信息，会议记录、口述史学等则是被记录下来的口头信息。口头信息源主要具有以下几个方面的特点。

（1）内容新颖、传递迅速。大部分的口头信息均是刚刚发生或将要发生的事情。特别是在参加一些重大会议、与某领域具有很深造诣的专家交谈时，往往能及时获取有关领域的前沿动态信息。这些信息大部分以面对面或电话的方式直接传递，避免了编辑出版和发行的时间延迟，具有内容及时、高速传递的特征。

（2）含有文献信息源所没有的信息。人们可以在口头信息源中获得许多文献信息源所没有的信息，这主要有三种情形：第一，信息是容易记录的，但暂时来不及记录或不适合记录；第二，信息是难以记录的，如发言者说话时的语气、面对面交流中发言者的手势、面部表情、其他听者的反应等；第三，信息是临时生成的，例如在头脑风暴中，发言者受语言环境、听众反应的影响，产生许多有用的信息，其中有些甚至是智慧的火花，能够刺激伟大的发现和天才的创造。

（3）信息容易失真。口头信息在传递过程中，或多或少要经过几次语义和语用的转换。这是由于听者通常不是被动的听众，会自觉或不自觉地察言观色并对发言者传递来的信息进行改进（比如加入一些由动作或语境传递的信息、减去一些自认为无用或错误的信息、加上一些自认为应该加入的信息等），然后再将改进后的信息继续传给其他听众。

（4）信息搜集困难。口头信息是非记录信息，其搜集至少具备两个要件：一是发言者必须正在发言；二是信息搜集者必须是听众，要亲临口头信息交流现场。然而，由于时空以及其他物理障碍的限制，信息搜集者很难做到事必躬亲。口头信息搜集一般只能就近或顺便搜集，电话等现代通信工具的使用在某种程度上拓展了信息搜集空间，但它仍改变不了信息搜集困难的局面。

（5）信息保管困难。非记录性决定了口头信息是难以保管的。中国古代灿烂的文化中，就有许多文化信息因为没有记录而消失了。弥补的办法只能是设法利用纸、笔、录音机、录像机等辅助工具将这些口头信息记录下来。

（6）信息传递范围小。面对面方式的口头信息传递范围是很小的，通常只能在 10 米以内有效。远距离的传递不得不依靠众多"传信者"的支持，这不仅会增加负担，而且会造成信息失真。电话等现代通信工具的使用使口头信息的传递范围有所扩大，但仍无法与文献信息源相提并论。

2.2.1.4　网络信息源

由于网络信息在数量、结构、内涵、类型、载体形态、分布和传播范围、控制机制、传递手段等方面都与传统信息有显著的差异，而且网络信息数量非常庞大，在所有信息类型中所占的比例逐步加大，所以这里把网络信息单独作为一种信息类型来特别阐述。网络信息包括所有投入互联网络的电子化信息，具有数量巨大、类型多样、增长迅速等特点。同时，由于分布和构成缺乏组织以及信息的发布不需要经过严格的审查，网络信息具有很大的自由性和随意性。

网络信息种类多样。按信息形式划分，可分为文字、图像、声音、视频、动画、图表等；按人类信息交流的方式划分，可分为非正式出版信息、半正式出版信息和正式出版信息；按信息内容属性划分，可分为新闻信息、学术信息、娱乐信息、教育信息、科技信息、商务信息、体育信息、财经信息、法律信息等；按信息发布机构划分，可分为企业站点信息资源、学校及科研院所站点信息资源、信息服务机构站点信息资源、行业机构站点信息资源以及政府站点信息资源等；按信息资源组织形式划分，可分为文本信息、超文本/多媒体/超媒体信息、数据库信息、网站信息等。

2.2.2　信息收集原则与方法

信息收集即在课题规定的范围内从事所需信息的获取活动。信息收集是根据特定目的和要求将分散在不同时空域的有关信息采掘和积聚起来的过程。信息收集是信息资源得以充分开发和有效利用的基础，也是信息产品开发的起点。没有信息收集，信息产品开发就成了无米之炊；没有准确及时、先进可靠的信息收集工作，信息产品的开发质量也得不到必要的保证。由此可见，信息收集这一环节的工作好坏，对整个信息管理活动的成败将产生决定性的影响。

2.2.2.1　信息收集原则

1）全面性

全面性既包括空间范围上的横向扩展，又包括时间序列上的纵向延伸。从横向角度来看，只有把与某一问题有关的散布在各个领域的信息收集齐全，才能对该问题形成完整、全面的认识；从纵向角度来看，要对同一事物在不同时期、不同阶段的发展变化情况进行跟踪收集，以反映事物的真实全貌。

信息分析活动需要收集的信息是十分广泛和复杂的。因此，应针对所选课题的特点，全面收集各种相关信息。这里的"全面"有三层意思：第一，所收集的信息不仅要有强相关的，而且还要有一般相关的。如果这些还不能充分解决问题，那么某些弱相关的信息也可以考虑进来。第二，在信息收集过程中，不能为了迎合他人的观点或自己的主观愿望而仅仅收集正相关的信息，对于一些负相关的信息也应该积极收集，并在后续工作中加强跟踪分析和研究。第三，所收集的信息不仅要有国内的，也要有国外的；不仅要有本地区、本部门、本单位的，也要有相关地区、相关部门和相关单位的。从全面性考虑，信息采集入库一般从宽，即对那些不能确定有用但很可能有用的信息，应考虑收集，或者至少应记下搜寻的线索。

2）系统性

系统性即要求所搜集的信息能够反映特定的研究领域在国内外发展的基本状况，特别是对一些关键性、连续性较强的信息，要组织专人长期跟踪搜集积累。一般来说，宏观性和战略性的课题对信息搜集的系统性要求比较高。这是因为，这类课题的研究对象通常十分复杂，涉及科技、经济、政治、文化、社会、生态环境等多种因素，需要系统而深刻地分析、总结历史和现实信息。如果没有系统且完备的信息保障，其预测成果就很难与将来的实践拟合，进而也就谈不上对实践的指导。

3）针对性

随着科技、经济和社会的发展，信息的品种类型呈现出爆炸式增长的局面，并且形成了庞杂无序的信息汪洋，任何个人和组织都不会有精力涉足全部。另一方面，对于某一既定的信息分析机构或课题而言，真正相关特别是强相关的信息又往往只是沧海一粟。因此，任何一项信息分析活动都没有可能、也没有必要以人类实践的全部信息成果为搜集对象。信息选择的标准有两个，即看它是否针对信息分析机构的性质、任务和服务对象，以及是否针对所选课题的实际需要。原则上，缺乏针对性的信息应被视作"信息垃圾"，是不应采集入库的，原因是它扰乱人们的视线，浪费人们的人力、物力、财力和时间，甚至干扰信息分析成果。

4）真实性

信息分析的最终目的是服务于管理和决策，而真实可靠的信息则是科学决策的前提和基础。信息内容一旦失去了真实性，信息分析活动便无法正确地揭示事物发展过程中所固有的本质规律，更无法预测事物的未知状态或者事物发展的未来趋势。因此，在信息收集过程中，必须坚持严肃认真的工作作风，采用科学严谨的收集方法，认真地收集真实信息；同时进行分析、判断、鉴别、去伪存真、去粗取精等，严格地否定错误信息，杜绝传播虚假信息。此外，信息收集人员还应当抛却主观意志和个人情感等因素，不把主观当客观、不把个别当普遍、不把局部当整体。

5）科学性

信息搜集应采用科学的方法。针对文献信息源，应在充分了解各种信息源的信息分布和变化规律的基础上，根据实际需要进行恰当的选择。一般来说，信息密度大、权威程度高、获取成本低、信息价值高的信息源是首选的对象；针对非文献信息源，应当按照齐普夫最省力原则来设计信息搜集的路线与对象。一般来说，在成本相同的情况下，我们应优先考虑从名人那里获取口头信息、从驰名的厂家那里获取实物信息；在信息源质量相近或相同的情况下，我们应优先考虑选取成本最小（如路径最短、收费最低、获取最容易等）的搜集路线。

6）及时性

任何信息都有一定的生命周期，具有很强的时效性。因此，必须用最短的时间、最快的速度及时地对信息进行获取、收集，最大限度地发挥信息的效用，使信息能够在有效的时间范围内得到充分的开发与利用。同时，在信息收集过程中还要特别注意信息内容的新颖性，要尽量获得课题所属领域内的最新研究成果，包括新理论、新动态、新技术成就等。信息内容的新颖性有两层含义：一是指在当时所处的领域里是最新的；二是指相对于特定课题所涉及的特定用户及特定需求而言是新颖的。

7）计划性

信息收集是一项规模巨大、耗时费力的长期工作，既要立足于现实、满足当前需求，又要有一定的超前性和前瞻性，考虑到将来的发展。因此，信息收集人员事先要制订一个比较周密而详尽的信息收集计划，并且随时掌握社会发展动态，对未来的工作具有一定的预见性。信息收集计划一般要考虑"4W1H"，即为什么（Why）收集、谁（Who）收集、收集什么（What）、何时（When）收集以及怎样（How）收集，具体项目通常包括收集目的、内容范围和重点、经费预算、收集方式、收集对象、收集步骤、收集程度、组织分工、奖惩措施等。

2.2.2.2　信息收集方法

信息收集不仅依靠科学的收集流程及收集原则，还要有科学的收集方法。信息收集方法因信息源类型的不同而有所差别，针对不同的信息源应采用相适应的方法。本节将分别介绍文献信息源、口头和实物信息源、网络信息源的收集方法。

1）文献信息收集

（1）借阅。借阅是指用户向文献信息收藏机构或个人借取所需文献信息的方法。一般来说，国家有专门收集文献信息的图书馆、档案馆、情报机构等。用户向文献信息收藏机构借阅所需文献信息是应用最广泛的信息收集方法之一。

（2）购买。一般对于重要的图书、期刊、报纸及数据库等信息源采用购买方式收集。购买有预订购买和现场购买两种方式。预订购买一般根据出版发行部门或数据库商编印的征订目录购买。其优点是使出版、发行、图书馆三个部门能做到计划出版、计划发行、计划补充，文献选择性强，订到率高；缺点是征订目录内容过于简单，且经常带有广告色彩，容易发生错购或漏购。现场购买就是到出版物的销售处或书市现场直接采购。其优点是：可凭文献内容、价值进行取舍，质量可靠，到书速度快。缺点是：受货源与市场调节的制约，易出现重复采购。

（3）交换。交换通常是在等价、互惠、对口的原则基础上进行信息源交换，以达到互通有余、调剂无缺的目的。交换形式主要有：①双边交换，即有交换意向的双方之间直接交换信息源；②多边变换，即以第三者如交换书目中心、协调机构等作为媒介交换信息源；③集中式交换（服务中心式交换），即在一定地区内，由某一机构集中人力、财力统一办理信息源交换；④国内交换，即一国之内的信息源交换，包括临时性一次交换和长期性固定交换；⑤国际交换，即不同国家间的信息源交换；⑥等量交换，即信息源数量对等交换；⑦等价交换，即信息源价值对等交换。

（4）征集。征集通常是对非正式出版的内部资源，如档案文献、地方文献、古旧书刊、革命史料、作家手稿等，采用主动发函、上门访求或在报刊上发表征书启事、广告等方式进行收集。

（5）复制。复制包括抄录、复印、缩微复制、录音复制、网上下载复制等。一般适用于罕见信息源，如绝版书、孤本书、善本书、外文原版书、缺期报刊、残缺丛书、重要内部资料等。

（6）检索。信息检索是目前收集信息最主要的方法，其检索方法主要有三类：①系统检索法，是根据文献的内容特征（如学科、主题）或外部标识（如著者、题名），通过检索工具或数据库全面系统地收集信息的一种方法；②追溯检索法，是指以已知文献（或信息）所引用的参考文献或链接为线索进行追溯查找，进而逐步收集信息的一种方法；③浏览检索法，是指广泛浏览有关资料，从而收集所需信息的一种方法。此外，信息检索一般有手工检索、计算机检索和网络检索三种方式：①手工检索主要是通过信息服务部门收集和建立的文献目录、索引、文摘、参考指南和文献综述等来查找有关的信息；②计算机检索是信息检索的计算机实现方法，其特点是检索速度快、信息量大；③随着互联网的发展，基于网络信息收集系统自动完成的网络信息检索已成为一种重要的趋势。

2）口头和实物信息收集

非文献信息如口头信息和实物信息，大多未经过系统化处理，未用文字或代码进行记录，所以难以收集利用。一般通过社会调查进行收集，社会调查指一切以信息收集为目的的社会实践活动的总称，主要包括以下几种方式。

（1）观察法。观察法又名实地考察法、现场调查法，是信息分析人员深入现场参观考察或参加现场活动而进行的社会调查方法。例如，实地参观、参加会议（如学术报告会、经验交流会、学术研讨会、座谈会、贸易洽谈会、订货会、产品展销会、信息发布会、博览会）、出国考察、演唱会等。信息收集人员在现场，可直接利用感官和仪器及时捕捉到一些难以明确表达或难以传递的信息。例如通过现场调查，可以观察到文献资料上无法看到的现象（如现场表演、靶场试验、生产过程、辩论场面、实物展览等），也可以直接目睹国内外发展动态。另外，通过现场收集的信息大部分是第一手信息，具有直观、形象、真实、生动、可靠的特点。例如：通过直接测量获取生产车间生产流水线的立体布置；通过直接观察记录获取生产现场工作仪表动态显示的数据；通过亲自操作和使用设备或技术体验其价值等。

（2）访谈法。访谈法又名采访法，是通过收集访问对象的信息，并与之直接交谈而获得有关信息的方法。访谈的关键是准备问题并引导访谈对象积极回答。因此，采访前要做好充分的准备，包括认真选择访问对象、充分了解访问对象、系统收集有关业务资料和相关背景资料等。访谈法包括直接面谈和间接访谈两种形式。直接面谈是访谈法的传统方式，即信息分析人员与受访者面对面地交谈。这种访问调查形式的优点是灵活性好、信息交流和反馈直接迅速，可以捕捉到由动作、表情等形体语言传递的信息，适用于讨论复杂的问题；缺点是费用高、受时空的约束较大。此外，随着互联网的不断发展，各类实时互动的全天候交流软件如 QQ、博客、微信、微博等层出不穷，促使电话访谈和网络访谈等间接访谈形式的出现，极大地提升了访谈法的质量和效果。其优点是受时空约束和影响作用小，可以避免直接面谈时可能出现的尴尬局面；缺点是不能捕捉由动作、表情等形体语言传递的信息。

（3）实验法。实验者通过主动控制实验条件（包括对参与者类型的恰当限定、对信息产生条件的恰当限定和对信息产生过程的合理设计），可以获得在真实状况下用问卷调查法或观察法无法获得的某些重要的、能客观反映事物运动特征的有效信息，还可以在一定程度上直接观察研究某些参量之间的相互关系，有利于对事物本质进行研究。实验方法也有多种形式，如实验室实验、现场实验、计算机模拟实验、计算机网络环境下的人机结合实验等。

（4）问卷调查法。问卷调查法是一种包含统计调查和定量分析的信息收集方法，重点考虑所收集信息的内容范围和数量、所选定调查对象的代表性和数量、问卷的设计、问卷的回收率控制等问题。问卷调查一般包括问卷设计、选取样本和实施调查三个步骤。开展问卷调查之前要设计调查方案，涉及调查目的、调查内容、调查对象、调查项目、调查表、调查时间和地点、调查方式和方法、调查人员、经费预算和安排等。调查问卷的关键是调查表的设计，包含被调查者的基本信息（如性别、年龄、职业、受教育程度、民族、婚姻状况、所处的社会群体及规模结构等）、行为信息（如被调查者在购物、旅游、服务、生产实践、科学研究等活动中反映出来的行为信息）和态度信息（被调查者对本人或他人的能力、兴趣、意见、评价、情感、动机等方面的态度，如科研人员对科研条件的评价、消费者对计算机产品捆绑销售的看法、网络用户对因特网安全的感受、体育迷对足球明星的态度等）。问卷调查一般采用邮寄问卷、入户问卷、网络问卷等方式进行。问卷调查法具有调查范围广、费用低等特点；其缺点是调查对象无法控制，问卷有效回收率难以保证，被调查者的态度对调查效果具有决定性影响等。

（5）样品调查法。样品调查是搜集实物信息常用的方法。被调查对象不是人，也不是场所，而是某件实物样品，如机器、零部件、试剂、种子、标本、文物、乐器等。样品调查的内容包括样品存放线索的获取、样品实物信息的挖掘等，其样品获取途径包括购买、接受馈赠、租借、互换等。一般来说，显在实物信息可通过拆卸、重组、观察、测量、实验分析方式获取，潜在实物信息的挖掘则要借助反求工程技术的帮助。不同的实物样品，其显在实物信息与潜在实物信息的比例是不一样的，例如服装样品以显在实物信息居多，可通过直接观察其款式、花色、面料、辅料等获取；仪器设备样品以潜在实物信息居多，需要请技术专家或技术人员对其进行拆卸测量和剖析才能了解其设计、结构、用材、尺寸、成分、造型等信息。样品调查是获取实物信息最主要的方法，在商品市场信息分析、竞争情报研究中有着极其广泛的应用。

（6）专家评估法。专家评估法是指以专家作为收集信息的对象，依靠专家的知识和经验，由专家对问题作出判断、评估和预测的一种专项调查形式。专家评估法通过召开专家座谈会（如头脑风暴法）和发放专家调查表（如德尔菲法）等形式进行，以座谈、讨论、分析、研究、征询意见等方式获得专项调查资料，并在此基础上找出问题症结所在，提出解决问题的方法。在数据缺乏、新技术评估和非技术因素起主要作用的情况下，专家评估法是行之有效且唯一可选的调查方法。

3）网络信息收集

网络信息源是一种特殊的文献信息源，同时具有许多非文献信息源的特征。网络信息的收集已经成为信息工作人员以及普通大众应当掌握的重要技能，其收集方法包括以下几种。

（1）访问网页。访问网页即平时说的上网冲浪，通过对网页的搜索、浏览，发现对自己有用的信息。网民一般有自己经常使用的网站，熟悉网站的内容体系，可以快速获得自己所需的信息。

（2）网络数据库。网络数据库是跨越电脑在网络上创建、运行的数据库，它将数据存放在远程服务器上，用户通过因特网直接访问，也可通过 Web 服务器或中间商访问，是一种重要的网络资源。网络数据库具有以下特点：收录范围广、数据量大、类型多样，能够实现异地远程检索，易于使用，数据更新快等。

（3）搜索引擎。搜索引擎是一种引导用户查找网络信息的工具。搜索引擎一般包括数据收集机制、数据组织机制和用户利用机制。数据收集机制用人工或自动的方法，按一定的规律对网络上的资源站点进行搜索，并将搜索到的页面信息存入搜索引擎的临时数据库；数据组织机制对页面信息进行整理以形成规范的页面索引，并建立相应的索引数据库；用户利用机制帮助用户以一定的方式利用搜索引擎的索引数据库，获得用户需要的网络资源。

（4）网络爬虫。网络爬虫（也称网页蜘蛛，网络机器人等）是按照一定的规则，自动抓取万维网信息的程序或者脚本。传统的通用搜索引擎，在辅助人们检索信息时也存在着一定的局限性，如难以理解用户复杂的检索目的和需求、难以进行非结构化数据的检索、难以支持根据语义信息提出的查询等。对于信息分析工作者来说，在收集社会媒体的内容信息时，相比搜索引擎检索，使用网络爬虫工具往往能够获得更符合自己检索目的与需求的数据信息，如网络矿工数据采集器作为一款面向个人及专业用户的数据采集软件，可采集各类网页数据和下载各类文件，同时还提供了数据加工工具。此外，还可以通过 C、R、Python 等语言编写简单的网络爬虫程序。

2.2.3 信息整理方法与过程

从各种渠道收集而来的原始信息往往是杂乱无章、真伪共存的，并不能直接应用于信息分析活动。因此，信息分析人员必须首先对这些原始信息进行整理，形成条理化、层次化、有序化的高级信息产品，使之成为便于研究的形式表达并存储起来。信息整理的目的是减少信息混乱程度，其具体的工作主要包括分类、筛选、阅读、序化等。此外，针对不同类型的信息源，其整理方法也有所不同。

2.2.3.1　文献信息整理

文献信息整理是对文献信息进行去粗取精、分析综合、序化组织的过程。文献信息常用的整理方法如下。

1）分类筛选

分类是根据课题需要，将收集到的信息按一定标准分类，并剔除部分错误信息或无用信息的过程。不同的研究课题有不同的分类方法。例如：基础科学类课题可分为基本概念、研究对象、发展概况、研究方法、实验手段、研究结果、存在的问题、应用前景、与相关学科的关系等；技术科学类课题可分为产品和工艺设计背景、研制目的及要求、发展概况、产品结构性能、设计原理、技术路线、用途及经济效果评价、与国民经济发展的关系等；方针政策类课题可分为政策制定的要求和依据、政策内容及范围、社会影响及效果、存在问题、对策措施等。

在分类的基础上便可进行筛选，即根据课题研究需要，从收集到的信息中把符合既定标准的一部分挑选出来，将错误或无用信息剔除的过程。这是对初选信息的鉴别和优化，是对信息资源的进一步过滤和深层次的控制，其主要任务是"去粗取精""去伪存真"，使信息具有针对性和时效性。筛选的主要方法如下。

（1）比较法，通过比较，判定信息的真伪，鉴别信息的优劣。

（2）分析法，通过分析信息内容，判断其正确与否，及其质量高低、价值大小等。

（3）核查法，通过对有关信息所属领域所涉及的问题进行审核来优化信息质量。

（4）引用摘录法，按被引用的次数来判断信息质量的高低。

（5）专家评估法，即请有关专家判定某一专深信息的质量。

2）阅读摘录

对原始信息进行分类和筛选以后，阅读和摘录便成为信息整理的又一重要环节。这一过程一般分为浏览、略读、精读和摘录。浏览指不需逐字逐句阅读，只是从整体上看个大概，对一些有价值或感兴趣的内容做个标记；略读是简单了解文章的全貌，进行不求甚解的阅读，对一些重要章节和段落做到心中有数，以便于精读；精读是在略读的基础上有重点地进行理解性的阅读，要求逐章逐段地仔细阅读、边读边想，必要时还应字斟句酌、反复琢磨，准确掌握文章的精髓，掌握文章的主旨；摘录是把文章有关信息摘写下来的过程。对于文章中的重点难点，可做上各式各样的记号，或在文章空白处写下自己的批注；对于文章中的重要观点、事实和数据，可随时记录下来，尽量具体但又不要繁杂，不要断章取义，不要改动原文，并应注明原文，以便备查和引证。

3）序化处理

经过前两个步骤处理后的信息还需进一步的序化处理，把所有信息排列成为一个有序的整体，才能为信息分析人员获取所需信息提供方便。经常用到的信息排序方法如下。

（1）分类组织法。分类组织法是依照类别特征组织并排列信息概念、信息记录和信息实体的方法。例如：将农业信息分为种植业、林业、畜牧业、渔业信息等，其中种植业又可分为粮食、棉花、油料、蔬菜等；也可将农业信息分为生产信息、技术信息、政策信息、供求信息等；还可将农业信息按区域分类，分为湖北、甘肃、宁夏等地区农业信息。

（2）主题组织法。主题组织法是按照信息概念、信息记录和信息实体的主题特征来组织排列信息的方法，如主题目录、主题文档、书后主题索引等。

（3）字顺组织法。字顺组织法是按照揭示信息概念、信息记录和信息实体有关特征所使用的语词符号的音序或形序法来序化信息的方法。各种字典、词典、名录、题名目录等大多采用字顺组织法。

（4）号码组织法。这是按照信息被赋予的号码次序或大小顺序进行排列的方法。某些特殊类型的信息，如科技报告、标准文献、专利说明等，在生产发布时都编有一定的号码。

（5）时空组织法。时空组织法是按照信息概念、信息记录和信息实体的时间、空间特征或其内容所涉及的时间、空间特征来组织排列信息的方法。

（6）超文本组织法。超文本组织法是一种非线性的信息组织方法。它的基本结构由结点（node）和链（link）组成。结点用于存储各种信息，链用于表示各结点（即各知识单元）之间的关联。

4）改编重组

信息改编与重组就是对原始信息进行汇编、摘录、分析、综合等内容浓缩加工活动，即根据用户需要将分散的信息汇集起来进行深层次加工处理，提取有关信息并适当改编和重新组合，形成各种集约化的优质信息产品。按加工深度不同，信息改编与重组的方法主要有汇编法、摘录法和综述法三种。

（1）汇编法。汇编是选取原始信息中的篇章、事实或数据等进行有机排列而形成的，如剪报资料、文献选编、年鉴名录、数据手册、音像剪辑等。

（2）摘录法。摘要是对原始信息内容进行浓缩加工，摘取其中的主要事实和数据而形成的二次信息资源。

（3）综述法。综述是对某一课题在一定时期内的大量相关资料进行分析、归纳、综合而形成的具有高度浓缩性、简明性和研究性的信息资源。

2.2.3.2　口头和实物信息整理

口头和实物信息的整理可从形式整理和内容整理两个方面进行。

（1）形式整理。一般不涉及信息的具体内容，只是根据某一外在依据对信息进行分门别类的整理和初级组织，其整理依据可分为三种：①按具体来源或信息类型分类整理，例如是通过座谈会还是访谈获得的信息；②按使用方向分类整理，例如是围绕正在进行的项目进行有针对性的信息收集整理，还是对跟踪对象进行信息的日常收集整理；③按内容线索或部分要点分类整理，例如是属于政策类、研究类还是技术类信息。

（2）内容整理。主要是在信息资料分类的基础上进行数据的汇总、观点的归纳和总结等，分别称之为分类整理、数据整理和观点整理：①分类整理，是在形式分类的基础上，深入分析信息需求和研究目的，将收集到的信息按一定标准分类，剔除错误信息或无用信息，选出符合既定标准的信息，对信息进行初步的鉴别和优化；②数据整理，是对一些连续性的数据进行比较、鉴别、换算、订正和补遗等，对于传感器实物信息来说这一步尤为重要，是进行统计分析和数据挖掘的基础；③观点整理，要注意各种观点和事实的比较，尤其对于口头信息来说，对观点与事实进行剖析、列举、归并和去重等是重要的整理工作。

2.2.3.3　网络信息整理

网络为人们提供海量信息的同时，"信息爆炸""信息垃圾"等问题也不可避免，导致信息的质量和可靠性难以保证。因此，网络信息的整理工作显得尤为重要。这项工作一般分为以下几个步骤。

（1）明确信息来源。网络信息的来源主要包括网址、域名等。明确信息来源，一是可以剔除来源有误的无效信息，二是可以对信息进行二次检索以免漏掉重要信息。

（2）浏览信息，添加文件名。网络图片、文件等下载时多沿用原网站提供的由数字或字母构成的文件名，难以辨识和组织，所以需要浏览相关信息，添加文件名。

（3）分类。从因特网上收集到的信息往往非常凌乱，必须通过分类整理才能进一步分析利用。分类方法可参看文献信息的序化处理方法，也可根据研究目标建立自己的分类查询系统。

（4）内容筛选与数据清洗。在浏览和分类的过程中，对内容进行初步的筛选。数据清洗则是发现并纠正数据文件中可识别的错误，包括检查数据一致性、处理无效值和缺失值等。数据清洗一般是由计算机而不是人工完成，如通过统计或聚类方法自动检测属性错误等。但应该注意的是，有些信息单独看来是无用信息，综合许多单独信息后才有可能发现其价值，这需要在信息的分析处理环节进一步辨别。

2.2.4　信息评价标准与内容

除了进行信息整理，信息人员还需要对信息进行评价。这不仅关系到原始信息的有用性，而且直接影响到最终信息分析产品的质量。信息评价主要是对所搜集到信息的可靠性、先进性和适用性等进行评价。

2.2.4.1　可靠性

信息的可靠性主要指信息能够客观、真实地反映科学研究与生产实践活动。原始信息的可靠性一般包括四个方面的含义：真实性、完整性、科学性和典型性。在具体评价时，有一些经验可供参考。一般来说，知名学者、专家与科技人员所提供的信息比较准确；著名学府、著名科研机构或出版单位出版的文献可信度大；具有一定密级的、秘密的或内部的资料比公开的资料更具有可靠性；图纸、标准、专利文献等比一般书刊可靠性大；科技书刊比一般新闻报道和消息的可靠性大；官方来源的信息比私人来源的信息可靠性大；专业研究机构比一般社团的信息资料可靠性大；引用率高的文献可信度高；发表在正规报刊上的文献可信度高；论据充分、逻辑严谨的文献可信度高等。

下面以文献信息源为例说明信息可靠性评价的具体内容。

（1）作者身份。知名专家、学者发表的文献比较完整成熟，水平较高；专职研究人员受过较系统、严格的科研基本功训练，具有深厚的科研功底，所发表的科技文章可靠性较强。

（2）文献类别。期刊论文、会议文献、专题报告等经过层层严格筛选和评议，较为成熟可靠；专利文献、标准文献要求较高，可靠性高于一般书刊；学位论文、试验报告具有一定的可靠性，但一般不够成熟和完善；科技图书一般成熟可靠，比新闻消息可靠性强。

（3）出版机构。官方机构和政府出版的出版物较为可靠。著名高校、研究机构、权威出版社的出版物质量较高；大公司的出版物比小公司的出版物要完整可靠。

（4）被引情况。文献若被他人反复引用，说明得到了一定程度的认可，可靠性较强。

（5）引文情况。文献中所引用的参考资料，如果比较全面，且权威性高，说明作者文献调研比较周详，可靠性较强。

（6）文献内容。如果文献内容本身论点鲜明、论据充分、数据翔实、逻辑严密、结构严谨，则可靠性较强。

（7）信息密级。机密信息可靠性一般强于公开信息，但弱于绝密信息。

（8）实践情况。已实际采用或被实验证明能达到预期目的的信息一般可靠性更强。

2.2.4.2 先进性

信息的先进性有多方面的含义。在时间上，信息的先进性表现为信息内容的新颖性；在空间上，则可以按地域范围分为多个级别，如世界水平、国家水平、地区水平和行业水平等。

从发表的时间上看，内容相同或相近的一组文章中，新近发表的文章往往代表先进的水平；从信息的内容上看，只要在某一方面是新的，如技术手段或方法有所改进、提高，技术应用范围有所扩大等，就可以认定其具有先进性；从经济效果来看，可以与采用该信息前的各方面情况进行比较后做出评价，如产量是否提高、品种是否增加、质量是否改进、成本是否降低、劳动生产率是否提高等。先进性是一个相对的概念，是与原有基础相比较而言的，在具体实践中，可采用一些易于操作的指标进行评价。例如，对于文献信息的先进性，一般从以下几个方面进行鉴别。

（1）文献外部特征。例如，考察文献类型、出版机构和文献发表时间。一般认为，在研项目的试验小结、最近更新的数据库、新近出版的研究报告等所含信息的先进性较强；权威出版机构出版的文献水平较高，具有很好的先进性；近期发表的文献信息的先进性较强。

（2）文献计量学特征。根据文献数量变化所反映的某一领域的发展阶段和水平，以及文献半衰期的变化所体现出来的文献信息老化规律，可判断信息是否新颖。

（3）文献内容特征。根据文献内容，如理论上是否提出了新的理论、观点、假说、发现等，应用上是否提出了新的原理、设计、方法等来判断信息是否具有先进性。

（4）信息实践效果。根据文献信息对实践的贴近程度和超前水平以及信息使用后所产生的经济效益、社会效益和环境效益的大小可判断信息是否新颖。其中，经济效益可通过产量、品种、质量、生产效率等指标进行衡量。

2.2.4.3　适用性

适用性是指原始信息在一定条件下对信息接收者来说可以利用的程度。一般来说，原始信息的适用性取决于特定的研究课题和信息用户，包括研究课题的背景、内容、难易程度、研究条件，以及信息用户的信息吸收能力、条件、要求等。

原始信息的适用性评价是在可靠性和先进性评价的基础上进行的，通常可通过考察信息发生源和信息吸收者的相似性、信息的实践效果和战略需要等来进行评价。首先，具备吸收条件相似性的原始信息一般是适用的，反之是不适用的；其次，评价原始信息是否适用于信息分析课题和信息用户的需要可以从实践中得到印证，实践证明具有良好的经济、社会和环境效益的信息一般是适用的，反之是不适用的；最后，信息分析课题多带有前瞻性，它不仅要解决当时、当地存在的问题，而且要服从国民经济和社会发展第十四个五年规划的长远需要。因此，判断原生信息是否适用，除了要考察其是否适应当时、当地的需要，还应当考察其是否在未来适用。

2.3　信息分析产品的制作与评价

2.3.1　信息分析产品的类型

信息分析产品是指信息分析人员加工后可直接交付给用户的最终产品。信息分析产品类型多样，目前国内对信息分析产品类型划分的角度较多。例如：有的将其分为综述、述评、专题报告、学科总结、情况反映类产品、系统资料类产品等；有的将其分为综述性研究报告、述评性研究报告、预测性研究报告和数据性资料；有的将其分为动态简报、水平动向报告、综述、述评、预测报告、可行性研究报告、专题调研报告、背景报告、专用数据集以及建议、对策与构想报告等。本书根据信息分析的内容及其制作特点，将信息分析产品划分为消息类产品、数据类产品和研究报告类产品。表 2.2 是对这 3 类信息分析产品的比较。

表 2.2　信息分析产品类型比较表

类型	特点	代表产品
消息类产品	客观真实、简明扼要、一事一报	动态、快报等
数据类产品	资料汇编性成果，资料丰富、全面、系统且准确	年鉴、手册、要览、指南、人名录、数据库等
研究报告类产品	通过系统整理和分析研究，最终得出研究结论	综述性研究报告、述评性研究报告、预测性研究报告、评估性研究报告、背景性研究报告等

2.3.1.1　消息类产品

消息类产品是最简单且最常见的一种信息分析产品，其主要任务是跟踪监视和及时报道特定领域在国内外发展的最新水平、动向和趋势，具有明显的推荐性质，颇受各级领导部门的欢迎。它是通过对大量国内外相关信息的精心挑选、鉴别而提炼得来，并将其中最为重要且影响深远的信息以快速简洁的方式报道给有关用户。

消息类产品的内容主要是科学技术和国民经济的发展状况，某学科或某专业出现的新进展、新苗头和新方向等。因此，消息类产品内容客观真实、文字简明扼要，其篇幅一般为 500～800 字；同时，消息类产品注重一事一报，其服务对象主要是领导机关和管理部门的领导、决策人员及有关部门的专业人员。消息类产品除了零星的动态报道之外，还包括针对某一问题的简要汇总、判断和分析，常见的形式主要有快报和动态两种。

消息类产品尽管比较简单，但它反映情况极为迅速，能帮助领导和相关专业人员及时了解最新信息。因此，它的作用是其他类型的信息分析产品无法替代的。

2.3.1.2 数据类产品

数据类产品是信息分析部门在日常积累和全面调查的基础上，综合汇总各国或某国、某地区有关学科、专业、产品、机构或人员的情况，经过加工整理和分析研究而形成的一种资料汇编性成果。它以资料丰富、全面、系统和准确见长，因此用户可以清楚地了解有关方面的基本概况、发展水平和动向，以及国内外、单位内外的差距。数据类产品的类型很多，主要包括年鉴、手册、指南、人名录和数据库等。

1）年鉴

年鉴分为综合性年鉴和专业性年鉴，其内容一般为一年之内与年鉴主题有关的各种事物的发展状况，或汇编某些方面的重要资料，或统计数据等。综合性年鉴搜集资料范围广，涉及专业领域多，反映多行业多专业领域在某一年份内的动态，如《上海年鉴》和《中国统计年鉴》等；专业性年鉴只刊载某一专题领域的年度总结和资料汇编等，如《中国农业年鉴》和《国际贸易统计年鉴》等。由于年鉴资料丰富，而且往往是连续逐年编辑出版，所以有较强的参考价值。

2）手册

手册是简要概述某一学科、专业或领域的基本知识，罗列有关数据、计算公式以及专业机构等内容的数据类报告。手册有综合性手册和专业性手册之分。前者大多是有关政治、时事、文化、生活等方面的基本知识，如《世界人文地理手册》《各国国家机构手册》等；后者分为两种，一种是提供某专业领域基本知识的手册，如《物理学手册》《大学数学手册》等，另一种是实际工作中需要查阅的、以常用数据为主的资料性手册，如《机械设计手册》《五金·交电·化工商品实用手册》和《导弹结构强度计算手册》等。

3）指南

指南类资料主要指某一行业或某一专业领域机构的简要介绍或名称大全，内容涉及这些机构的地址、负责人、工作人员数量和构成比例、生产管理能力、产品种类和产量、研究经费、主要研究方向等，如《日本大学研究所要览》《中国高新技术开发区要览》等。

4）人名录

人名录主要介绍所收人物的姓名、籍贯、生卒年月、生平简历和主要贡献等。它有综合性人名录和专科性人名录之分，有专供查找已故历史人物的回溯性人名录和供查找当代人物的现时性人名录之分，如《当代中国社会科学家》和《中国人民解放军将帅名录》等。

5）数据库

数据库是一种便于计算机处理、检索和远程传递的信息集合，可以实现一次输入、多次使用。它的出现标志着信息分析报告的编写、传递、提供的手段走向现代化。近年来，中国也涌现出一大批信息分析方面的数据库。

数据类产品作为信息分析的成果形式，一般专门提供给特定范围的用户使用，但当这类数据的使用价值很大，能提供给社会公众参考利用，并且公开利用不会损害其特定范围用户的利益时，它可以公开正式出版或向社会开放。这时，数据类产品就转化为工具性文献，既可作为开展相关信息分析活动的基本素材，也可成为社会各界人士查找原始资料、常用术语和数据的工具。

2.3.1.3　研究报告类产品

研究报告类产品是围绕某一课题，在一定的时空范围内，全面系统地搜集文献和非文献资料，然后对积累的信息进行系统整理和分析研究以得出结论，进而撰写的一种信息分析报告。根据课题提出者的要求与分析研究的深度，研究报告可分为综述性研究报告、述评性研究报告、预测性分析报告、评估性研究报告和背景性研究报告等。

1）综述性研究报告

综述性研究报告（简称综述）是指针对某领域在某一段时间内的大量素材进行归纳、整理、分析和加工而形成的一种信息分析报告。它的特点是对所涉及课题的有关数据、情况和资料做客观的概括性描述，基本上不加编写者本人的见解，不提具体的建议，但有素材取舍倾向。综述题目比较具体，所谈问题比较集中，较为系统地反映了相关课题领域的最新资料、发展历史、当前状况及发展趋势。

综述能帮助用户了解课题领域在国内外的发展水平及趋势、存在问题及解决办法等，有助于确定主攻方向，制定工作规划和决策。根据具体内容的不同，综述可分为综合性综述、专题性综述和文摘性综述三类。综合性综述是指对某一学科或专业的情况做出综合叙述；专题性综述是指对某种技术、某种产品所做的综合叙述；文摘性综述是指把某一学科、专业或专题在某段时间内发表的文献内容扼要摘录出来，它既有一般综述浓缩原始文献内容的作用，又能起到文摘索引的作用。

2）述评性研究报告

述评性研究报告（简称述评）是指针对某一研究对象，全面系统地总结各种有关情况、观点和数据，并结合有关政策进行分析评价或提出建议，进而形成的一种信息分析报告。述评的特点是述与评结合，要求述得充分、评得恰当，既要指出课题的当前水平、动态和存在问题，又要指出发展前景和可能会遇到的困难。述评除有一般综述的内容之外，还需要有评论性的文字，既要求对课题的历史、现状、动向、先进性、可靠性、可行性和发展趋势等进行对比、分析和评价，还要求编写者提出自己的观点与看法。述评有综合性和专题性之分，前者总结和评价某学科或某专业的总体情况，后者则是针对某技术、设计、工程或产品等具体问题进行综合评价。

述评是一种重要的信息分析报告，它比综述更高一级，对决策者和管理者确定业务发展方向和制定工作规划，对专业人员解决业务问题，对科研人员选择研究方向等都有一定的指导意义。高质量的述评常常是确定部门或系统工作路线和政策的重要依据。

3）预测性研究报告

预测性研究报告是针对某个课题的发展前景或趋势进行科学推测而形成的一种信息分析报告。撰写合格的预测性研究报告有相当的难度，它一般需要搜集大量的数据，进行现状调查和文献调查，运用逻辑思维方法和数理分析方法，建立数学模型，并借助电子计算机等现代技术手段，有时还要求信息分析人员充分发挥科学想象能力。预测性研究报告的内容一般包括推测研究对象的发展方向、发展规模和可能会出现的问题，以及未来发展中各环节之间的关系变化甚至准确时间等。

预测性研究报告重在由已知信息推出未来信息。目前，预测性研究已发展成为一门独立的学科——预测学。国内外都有专门的研究机构从事各类社会、经济、科学技术和军事等领域问题的预测工作。近年来，中国各级信息分析机构也逐渐介入这一领域，开始联合或独立完成各种预测研究，并产生了一定数量的高质量预测性研究报告。

4）评估性研究报告

评估性研究报告是在掌握有关课题的大量已知信息的基础上，运用现代评估技术，对课题的水平、方案、能力和效益等进行分析评估所形成的一种信息分析产品。这类产品的种类很多，例如水平评估、方案评估、能力评估、效益评估、可行性研究和实力比较等。评估性研究报告的目的不在于由原生信息推出事物发展变化的未来状态，而是为了方案（项目和人才等）优选，或为了准确把握现状。因此，这类产品在对原生信息作出必要阐述后，应将重点放在比较上。

5）背景性研究报告

背景性研究报告是针对某项任务展开背景调查所形成的一种信息分析产品。背景性研究报告在国外，特别是在日本比较流行。背景性研究报告的主要目的是使任务顺利完成，具有宽广的、全面的参考基础，常被用于规划与战略的制定、出访与外交谈判等重大活动之中。

信息分析产品类型很多，上面所列举的仅仅是目前信息分析实践中常见的一些类型。对于既定的信息分析课题，究竟以何种形式提交信息分析成果是一个值得关注的课题。传统的信息分析成果主要表现为文本形式，而这种状况已不能适应迅速发展的现代信息社会的需要。在信息技术的支撑下，信息分析成果已经突破了单一的文本形式，集图、文、声于一体的多媒体产品正在不断出现，信息分析产品的载体形式正在向多样化方向发展。

2.3.2　信息分析产品的制作

信息分析产品的制作是对信息分析结果的全面总结。产品质量的高低，一方面依赖于整个信息分析过程及其产生的结果，另一方面也与信息分析人员在产品制作过程中对制作方法和技巧的把握程度有关。不同的信息分析产品有不同的制作方法和技巧。

2.3.2.1 消息类产品的制作

消息类产品内容简洁、新颖，报道迅速、及时，因此其制作应注意选材新颖、主题集中、篇幅短小和结构完整。一般来说，完整的消息类产品由导语、主体、结尾和背景材料四部分组成，但并非每一消息类产品都必须具备这四个部分。

（1）导语。导语是消息类产品的第一段或第一句话。它要求用简洁的文字把某一事实中最重要、最新鲜、最能引起读者兴趣的内容展现出来。导语没有固定的模式可循，但从实践效果看，好的导语应能同时起到揭示内容和吸引读者两方面的作用。因此，在撰写导语时，应注意内容的写实性和语言的形象性。

（2）主体。主体是消息类产品的主要部分。它要求用简洁的文字解释导语，并展开某一事实的内容。根据内容的不同，撰写主体可按照逻辑顺序，根据事物的内在逻辑联系来安排；也可以按时间顺序，根据事件发生的先后顺序来安排。在按逻辑顺序撰写时，应注意阐明事物内部的主次、因果、并列、点面关系，不可混作一团。但在具体操作上，可以灵活把握，例如：在揭示事物内部的点面关系时，可以先"点"后"面"、以"点"带"面"，也可以先概括"面"的情况，再具体落实到"点"上；在按时间顺序撰写时，可以由远及近，也可以由近及远，但切忌写成流水账。不论采取哪种方式，都要注意主题突出、条理清楚、层次分明，不可空泛议论。

（3）结尾。为了使所报道的事实更加全面和充实，有些消息类产品有结尾。精彩的结尾可以深化主题，起到画龙点睛的作用。结尾一般要注意和导语相呼应，其写作形式不拘一格：可以是小结式的，将前面所揭示的内容进行归纳总结，以加深读者印象；可以是留白式的，给读者留下思考的余地；可以是号召性的，唤起读者的响应；也可以是预示性的，指出事物可能的发展方向。不论采用什么方法结尾，都要力求新鲜、自然，避免画蛇添足。

（4）背景材料。背景材料是指与事实有关的附属材料，如对比性材料、说明性材料、注释性材料等，目的是介绍事实发生的历史条件、环境和原因。提供背景材料可以使主题更加鲜明、突出，容易为读者理解和掌握。运用背景材料要注意简明扼要、恰到好处，不能喧宾夺主。背景材料可放在导语之后，也可以见缝插针、巧妙安排。

2.3.2.2 数据类产品的制作

目前，数据库已成为数据类产品的主体。按照所含信息内容类型的不同，数据库主要有数值型数据库和图像型数据库两种类型：数值型数据库是以自然数值形式表示、计算机可读数据的集合；图像型数据库存储的数据不是自然数值或字符，而是图形或图像信息。数据库类型多种多样，但其制作过程都包括系统分析、结构设计、数据录入与校核、系统试运行、成品包装几个步骤。数据库制作的关键是原始数据的清洗以及数据库内容的审查、加工整理、管理与维护。

（1）原始数据的清洗。在数据准备录入数据库之前，需要对原始数据进行清洗。因为每条数据记录进入数据库之前往往会由标引人员进行标引，提取相关的技术要素。不同标引人员因知识背景的不同，难以对原始数据进行较好的把握，在选词时往往存在用词习惯的差异，容易造成数据内容的不完整和错误等。

（2）数据库内容的审查。为了防止因数据冗杂和错误影响交流、共享、利用，有必要对已经录入数据库的数据内容进行审查。首先要进行形式审查，主要审查数据是否属于收录范围、是否与已有数据重复等。其次要对质量进行审查，也就是要对数据内容的可靠性、权威性、价值大小等进行一定的判断。

（3）数据库内容的加工整理。数据库建设的目的是方便检索利用和有效保存。需要对审查后的数据内容进行分类与标注，需要考虑录入数据条目的数量、质量及其间的关联才能系统管理与揭示内容，尽量用多维属性标签标注出来以方便检索利用。

（4）数据库内容的管理与维护。创建数据库是一种需要密集劳动的任务，但只需创建一次就够了，更多的时间则主要用来收集数据资源、维护数据资源集，特别是更新数据记录，防止记录出错。一条过时或不准确的数据几乎对任何人都没有意义，而且可能会误导使用者。因此，分配足够的人力来进行数据库的日常维护工作是非常重要的。

2.3.2.3　研究报告类产品的制作

研究报告类型及表现手法的多样性决定了其制作的具体方法和表现形态的差异性，目前还没有形成一个普遍可循的模式。

1）研究报告的结构

从结构上来看，研究报告一般由题目、序言、正文、结论、参考文献、附录等部分构成。

（1）题目。题目是研究报告不可或缺的部分，是对研究报告内容的高度概括和提炼，应具有简洁、醒目、新颖和引人入胜的特点。根据需要，可以采用单标题、主副标题或冒号并列标题等表达研究报告的内容。

（2）序言。序言主要交代研究报告制作的原因、目的、意义、背景、方法以及阐明课题的基本情况，如研究状况、水平等。一般来说，序言是为分析和论证主体做铺垫的，应注意简明扼要。

（3）正文。正文是研究报告的核心部分，主要包括信息分析的依据和数据、分析和论证的方法以及详细分析、论证的过程。不同类型的研究报告，其侧重点也不一样。

（4）结论。结论是对研究报告主要内容的总结，是对报告中重要的观点、结论、建议、方案、展望等进行的精练叙述。

（5）参考文献。研究报告最后要列出撰写这篇报告时所参考过的文献目录，目的是提高用户对于研究报告的信赖程度，同时也为别人进行类似课题研究提供线索。

（6）附录。在研究报告中，通常把一些经常引用的图、表、数据以及技术经济指数等重要资料作为附录，统一集中放在参考文献的后面。

2）研究报告的制作

研究报告的制作一般分为构思、撰写初稿、修改与定稿三个阶段。

（1）构思。构思是在撰写初稿前对整个研究报告的通盘考虑和酝酿。构思的目的是理清思路，使观点、建议、思想等能够准确、清晰、完整地表达出来。提纲是构思的主要工作，是研究报告的骨架。通过拟定提纲，可以使内容条理化、主题明确化，可以防止信息的杂乱无序、重复、遗漏等弊端。特别是对分头制作的大型研究报告，有了提纲就相当于有了幅蓝图，可以防止因信息不充分、不对称而产生的各种问题。

（2）撰写初稿。初稿是提纲进一步具体化的结果，是研究报告的雏形。初稿应围绕主题展开，并注意材料取舍的合理性和论证过程的严密性。对于多人合作的大型研究报告，还应注意前后协调，确保术语、观点和提法等不出现严重的分歧和矛盾。

（3）修改与定稿。初稿只是"毛坯"，从形式到内容都十分粗糙，因此需要修改。修改的过程实际是纠正错误、充实和完善内容的过程，初稿经过反复修改并经课题组负责人确认后，才能最后定稿。

2.3.3　信息分析产品的评价

随着信息分析活动的普遍展开，作为信息分析劳动成果的信息分析产品也不断增多，信息分析产品在科技、经济、社会活动中的作用也日益扩大。因此，对信息分析产品进行评价具有一定的必要性和迫切性。

信息分析产品的评价是信息分析工作的延伸，是对信息分析产品价值和使用价值的衡量和判定。信息分析的最终目的是将分析报告应用于实际，满足用户需求。一份好的信息分析产品必须经得起时间与实践的双重检验。

2.3.3.1　评价标准

信息分析产品的评价标准主要包括以下 8 个方面。

（1）针对性。针对性是指信息分析产品要针对不同的用户需求，显现出自己的特色，即针对不同的需求，产品要显现其针对性，以满足用户特定的信息需求。针对性越强，对信息分析产品的评价就越高。

（2）准确性。准确性是指信息分析产品内容的可靠程度，是信息分析产品科学性的一个方面。准确性越高，价值越大，对信息分析产品的评价就越高。

（3）创造性。信息分析工作是一种创造性劳动。这种创造性主要体现在：提出准确预测、提出真知灼见或解决方案、对方案进行令人信服的论证等。创造性越强，对信息分析产品的评价就越高。

（4）新颖性。新颖性是指信息分析产品与国内外行业同类产品相比较的水平。新颖性包括选题新颖、观点或方案新颖两个方面。新颖性越高，对信息分析产品的评价就越高。

（5）加工程度。加工程度包括信息加工的深度和难度两个方面。加工深度是指信息分析人员研究问题的深度和产品揭示问题的深度。加工难度可以从两个方面来评价：一是产品本身的复杂程度，包括课题范围、信息收集难易、研究方法和手段的难易程度等；二是完成课题所投入的人力、物力、财力的多寡。加工深度越深，加工难度越大，对信息分析产品的评价也越高。

（6）制作水平。信息分析产品的制作水平主要体现在产品表达的逻辑性和文字水平上。逻辑性是指推理的严谨性、论证的充分性，以及研究报告结构的条理性。产品表达的文字水平是指用词准确、行文流畅、简练。信息分析产品制作水平越高，对其评价越高。

（7）效益性。信息分析产品的效益性包括社会效益和经济效益。社会效益包括对社会系统的效益和科技效益，如改善社会关系、优化就业结构、促进技术进步等。经济效益是指对提高社会生产力的事业的影响，如提高劳动生产率、降低成本、综合利用资源所带来的经济收益。效益性越高，对信息分析产品的评价就越高。

（8）其他指标。例如产品利用频度、用户评价情况、课题意义、时间性等指标。

2.3.3.2　评价方法

信息分析产品的评价方法主要包括定性经验法、定量分析法和综合评价法。

1）定性经验法

定性经验法是指通过问卷调查、访谈、座谈及专家打分的方式来评价信息分析产品，其特点是基于评价主体主观印象对信息分析产品做出评价。主要有两种方法：

（1）专家直接观测法。由相关领域的专家对信息分析产品大概了解的基础上，与其他相关信息分析产品比较而得出评价结果。这一方法的优点是便于操作；缺点是凭印象评价，评价过程不可避免地会受到专家个人、地区、意识形态和学科的主观干扰，缺乏一定的科学性。

（2）用户评议法。用户是信息分析产品的最终检验者。用户凭借自身的经验和知识对信息分析产品进行评价，并提供相关反馈信息及改进建议等。这种方法能直接获得信息分析产品的需求信息，但评价结果往往是零碎消极的，且主观性强。

2）定量分析法

定量分析是依据一些易于识别且可计量的指标对信息分析产品进行量化评价，是建立在数学、统计学、运筹学、计量学、计算机等学科的基础之上，通过数学模型和图表等方式，从不同角度对信息分析产品进行量化评价。

3）综合评价法

综合评价法即定量与定性相结合的评价方法，以定量分析为主，力求突破单纯依靠主观定性评价方法的瓶颈，以构建全面的定性加定量的评价指标体系来进行综合评价。

第3章　信息分析建模

在认识事物的过程中，人们对于一些较为复杂的研究对象，难以直接进行分析和实验，往往需要建立一个相似的模型来代替实际的对象，通过对模型的研究来揭示原型的本质和规律。这是一种科学认识的普遍方法，也是进行理论思维的重要手段。系统掌握模型方法，对提高信息分析的抽象能力和解释能力具有重要意义。本章首先对模型与模型方法进行阐述；接着，介绍信息分析建模的一般过程；最后，分别用典型定性模型和定量模型进一步说明了信息分析模型的建立及应用。

3.1　模型与模型方法

3.1.1　模型与模型方法的概念

模型一词源于拉丁文的"modulus"，意为尺度、样本、标准。随着历史发展，模型的内涵不断被扩展。简而言之，模型是人们为了某种特定目的而对认识对象所做的一种简化描述。这种描述可以是定性的，也可以是定量的；有的借助于具体实物或其他形象化手段，比如地球仪、船模等，有的则通过抽象形式来表达，比如理想气体微观模型、化学分子的空间结构模型等。与模型相对应的被认识对象即是现实原形，模型是对这种现实原型的抽象或模拟，可以将模型看作原型的物质或观念上的类似物。

按照上述定义，模型的外延相当广泛。大到科学技术中的一切概念、公式、定律和理论都属于模型的范畴，例如，达尔文的进化论即是关于生命演化过程的一种模型，它采用"自然选择"的原理，成功阐明了生物界亿万年漫长历史中的进化机制。小到日常生活中使用的自然语言等，在一定意义上也可以看作是某种现实原形的一种模型。具体来说，组成语句的词代表了一定事物，而把这些词连接起来所组成的语句，则是从某一角度表达了它们的性质、特征或相互关系，它们无一例外地是对具体的描述对象进行了不同程度的简化，从这个意义上来说，语言本身也是一种模型。

由于现实客体的高度复杂性，人类认识世界和改造世界的过程中需要使用多种方法。维纳就曾指出模型方法在这一过程中的重要性：世界的任何实际部分都不可能这样简单，以致不用抽象就能为人们所理解和控制。所谓抽象，就在于用一种结构上相类似但又比较简单的模型来取代所研究的世界的那一部分，所以模型在科学研究中的程序中是最为需要的。20世纪30年代以来，相似理论的诞生为模型方法奠定了理论基础，使其迅速发展成为一种普遍的科学研究方法。特别是随着科学的抽象化发展，模型方法以其固有的形象化特点在理论思维中的重要作用日益突出。

　　模型方法是主体通过构建模型来研究客体的方法。显然，模型方法是一种间接的研究方法，它并不是直接对客观的认识对象进行研究，而是借助于已经对该对象进行了科学抽象或加工处理后建立起来的模型，通过对它的研究或使用，以获得对客观对象科学的认识。人们之所以不直接研究客体，而是将其抽象为模型进行研究，主要是因为现实世界中研究对象的复杂性、不可逆性、不可分解性和难操作性。

　　人们在研究客体时，为了摆脱种种次要的、偶然的联系，以认识事物的内在本质，也都在自觉或不自觉地使用着模型和模型方法。可以说，各种各样模型的应用贯穿于科学发展的始终，出现在人类认识的多个方面。例如，在信息科学领域中，科学家们为研究用户的信息行为，构建了用户信息行为模型，该模型包括主体（具体特定信息需求的个体或组织）、客体（存在于社会信息交流系统的各类信息资源）、匹配（实现用户信息需求与信息资源相关性判断的方法、技术、形式及影响因素）。任何具体的用户信息行为均可以看作是以上三个要素所构成模型的具体化。再如，物理学家在研究物质的微观结构时，一直采用模型的方法来形象描述原子核，先后提出了液滴模型、核壳层模型、群体运动模型等多种互相补充的模型。

3.1.2　模型与原型的关系

　　在模型方法中，模型与原型是相对应的两个概念。如果把现实世界中的某些事物叫作现实原形，那么模型就是对这种现实原型的抽象或模拟。这种抽象或模拟不是简单的"复制"，而是强调原型的本质，刻画出主要的关系和特征，用以解释原型。因此，模型既反映原型，又不等于原型。它们存在以下关系。

　　1）相似关系

　　原型与模型之间具有相似性是建立模型的前提。相似关系的内涵因研究目的不同而有所差异。在某些研究中，它要求模型的各个变量与所对应的原型的各个变量都必须是相似的。这个要求显然非常严格，在实际的研究中要建立与原型完全相似的模型是困难的。因而，在具体的研究中，只要模型能再现原型的本质，满足特定的研究目的即可。相似关系可以是外形结构的、内部物理机制的、功能行为的或者数量变化的相似。

　　2）简化关系

　　模型作为研究手段，是为了便于运用已有的各种知识和方法，伸展主体的各种特性，所以要求模型与原型相比，具有明显的简单性。一般说来，模型所对应的原型越复杂，模型也就越复杂。但是，当模型与原型一样复杂时，它便失去了价值。维纳指出：倘若模型比原始系统结构更加复杂并且更难付诸实践，那么这个模型就没有体现出一种进步。需要强调的是，模型只是为某种特定研究目的而建立的，只要求它能反映出研究指向的主要因素即可。对同一原型的不同研究目的而言，要一劳永逸地建立适用于各种要求的模型是不可能的。

　　3）替代关系

　　建立模型的目的，在于通过对模型的研究来间接地揭示原型的性质和规律，即可以通过对模型的研究来代替对原型的研究。在模型方法中，人们按照特定的研究目标，再现原型客体的某种本质特征，来推知客体的某种性能和规律。

4）外推关系

运用模型方法解决问题时，研究者暂时将模型当作客观事物本身，使得研究变得相对简单，但研究的最终目的是原型而不是模型，研究模型只是研究原型的手段。因此，必须将从模型中得出的结论外推到原型上，从而间接地获得对原型的认识，其研究才有意义。

3.1.3　模型的分类

按照不同的分类标准，可以将模型分为不同的类别。目前，关于模型的分类尚未形成统一观点，本节仅介绍几种使用较多的分类方法。

3.1.3.1　按对研究对象的了解程度分类

按对研究对象的了解程度分类是把实际的研究问题比喻成一只箱子，通过建立模型来揭示它的奥秘。

（1）黑箱模型。如果问题的机理极其复杂，人们对研究对象的内部规律还所知甚少，甚至一无所知，几乎无法加以精确的定量分析，这样的模型就被称为黑箱模型。黑箱主要指生命科学和社会科学领域中一些机理很不清楚的现象。

（2）白箱模型。对研究对象的内部规律和机理了解得比较清楚即称为白箱模型。白箱模型是在能够依据目前所掌握的知识，了解所研究的对象的内部运动变化规律的情况下，运用数学工具建立的能够明确反映输入信息与输出信息内在联系的模型。这种模型具有高度的透明度，其物理直观性很好。例如，力学、热学、电学等一些机理相当清楚的学科描述的现象以及相应的工程技术问题，这方面的模型大多已经基本确定，还需要深入研究的主要是优化设计和控制。

（3）灰箱模型。灰箱模型介于白箱模型与黑箱模型之间，它所针对的研究对象是那些知识背景不完全清晰的问题，一般难以完全提取模型暗含的规律性信息及经过训练学习的知识。例如，生态、气象、经济、交通等领域中机理尚不十分清楚的现象，在建立和改善模型方面都还存在不同程度的工作需要完成。

黑箱模型、白箱模型和灰箱模型之间没有明显的界线。从人类认识的规律来看，所有的科学问题都是作为"黑箱"的问题开始的，随着人们研究的深入，研究问题逐渐出现了由"黑箱"到"灰箱"再到"白箱"的转变。

3.1.3.2　按模型建立的目的分类

按建模目的进行分类，可将模型分为描述模型、优化模型、决策模型、预报模型等。其中，描述模型是描述研究对象特征的模型，常用于探究"是什么"的问题；优化模型的目标是在原有问题的基础上寻找改进的方向；决策模型是用于经营决策的模型；预报模型用于对研究对象的发展趋势作出科学合理的推断。对于同一个对象，由于建模目的的不同，可以有多个不同的模型。

3.1.3.3　按模型表示原型的运动状态分类

按模型表示原型运动状态的性质来划分，可以将其分为静态模型和动态模型。

1）静态模型

静态模型是指过程的各个有关变量在静态时（即模型与时标无关）的关系。在此情况下，各变量不是时间的函数，不随时间变化。它可用一个函数来表示，即

$$y = f(x_1, x_2, \cdots)$$

这里 y 是因变量，$x_1, x_2, \cdots$ 是自变量。

2）动态模型

动态模型是指过程的有关变量在动态过程中的关系。此时各变量不是恒定不变的，而是时间的函数，可以用这些变量的各阶导数之间的关系来描述。

例如，在研究电极状况时，静态模型用于研究电极内部的温度分布情况，动态模型则常用于研究温度和应力变化导致电极硬断的临界条件，即条件发生变化时电极的状态。

3.1.3.4　按模型替代原型的方式分类

模型替代原型的方式主要有两种，一种是物质方式，另一种是思维方式。因此，可将模型划分为物质模型（形象模型）和思维模型（抽象模型）。

1）物质模型

在物质形式的模型中，按照模型来源可以将其划分为天然模型和人工模型。简单来说，模型来源属于天然存在物的便是天然模型，模型来源属于人工制造物的便是人工模型。

（1）天然模型。天然模型即寻找一种天然存在的与客体在主要性能上具有相似性的实物，作为客体的替代物来进行研究。最为典型和运用得最多的是生物模型。一方面，非人类生物常具有人类所没有的许多奇妙的器官和功能，使人们想到模仿该生物的某种器官来构思和建造能够服务于人类的某种产品或工程。例如，飞鸟曾是飞机设计的雏形。另一方面，非人类生物又常具有与人类类似的器官和功能，所以在研究人体的时候，常常需要以其他生物作为模型，即借助于生物模型来获取和深化对于人体的认识。

（2）人工模型。人工模型即制造一种人工的与客体具有某种本质相似性的实物，运用这种模型来进行模拟实验或模型实验。人工模型在工程技术中和科学研究中大量使用。如波浪水箱中的舰艇模型用来模拟波浪冲击下舰艇的航行性能，风洞中的飞机模型用来试验飞机在气流中的空气动力学特性。模型在工程技术中显示出必不可缺的巨大作用，这已为人们普遍了解。

2）思维模型

对要研究的客体，按照一定的研究目的，经过科学的分析而抽象出它的本质属性和特征，构造一种思维形式的模拟物，即思维模型，常表现为理想的、数学的、理论的形态。在近现代科学认识活动中，经常运用这种抽象的科学模型来进行分析、推理和演算，从而获得关于客体的规律性知识。根据思维模型的不同特点，可将其分为理想模型、数学模型、理论模型以及半经验半理论模型。理想模型强调的是模型的抽象性；数学模型强调的是模型的数学基础；理论模型强调的是模型的理论基础；而半经验半理论模型强调的是模型的

来源，既包涵理论成分，又包涵经验成分。

（1）理想模型。理想模型是对客体所做的一种科学抽象，也是一种简化和理想化。实际客体都是具有多种属性的，然而当它作为特定的研究对象，针对某种目的，从某种角度进行研究时，有许多没有直接关系的属性和作用便可不予考虑。例如，我们从力学角度研究引力作用下物体的位置移动时，只需考虑质量这一最重要的属性，抽象出质点模型。科学研究离不开科学抽象，理想模型作为科学抽象的结果，在各门科学中比比皆是。

（2）数学模型。数学模型是对所研究的问题进行一种数学上的抽象，即把实际问题用数学的符号语言表述成一个待解的数学问题。建立数学模型的基本点就是要寻求这一实际问题与某种数学结构的对应关系。建立模型时要寻找的数学结构可能是数学科学中原来就有的，也可能是由研究者根据实际需要来创立的。由于科学研究对象之日益复杂，对已有数学结构综合交错的运用，以及广泛使用电子计算机，直接用计算机语言来模拟实际问题，建立计算机仿真模型，已成为当今数学模型发展的特征和趋势。

（3）理论模型。理论模型是对所研究的对象领域中的基本问题及其有关问题，在积累了相当多的科学事实和经验知识的基础上，系统地进行分析和综合，提出基本概念，据此推理，对这一领域中的一系列重要问题作出理论上一以贯之的回答和说明，并且提出新科学预见。这样的理论模型通常表现为一种科学学说。

（4）半经验半理论模型。在建立理论模型时，如果其中含有明显的或相当数量的经验成分，实际上就是形成了一种理论加经验的模型。运用这种半经验半理论模型可以进行半定量半定性的研究。这种半经验半理论模型，在科学技术中大量地使用，尤其对于复杂系统的研究。像生物体、人体以及社会系统等，实际上只有采用这种模型进行定量分析与定性分析相结合的综合研究方法才最有效。

3.1.3.5　按模型的应用领域分类

模型方法的原理适用于一切学科，模型的应用也广泛分布于各个领域。根据应用领域的不同，可将模型划分为人口模型、交通模型、生态模型、医学模型、经济学模型等。这些模型均是针对某一类问题，人们总结出来的解决方案。其中，对于同一个问题，也可以使用不同的模型加以解决，这就是为什么我们会看到同样的模型名称，但具体构成却大相径庭。例如，经济学在表示市场定位时，就构建了若干个不同的市场细分模型。

3.1.4　模型的特点

在对世界的认识和改造过程中，人们建立了多种模型。这些模型通常具有以下特点。

1）客观性

模型是用来研究原型的手段，所以必须能够在某种程度上反映系统的本质特性，否则便不能作为原型的模型。模型要符合客观事实，具体问题具体分析，不要轻易忽略某些因素，不要怕模型复杂而随意简化。总之，模型要客观、正确地反映待解决问题的实质。

2）抽象性

较高的抽象性是模型的一个重要特征，它反映出客观世界物质多样性中的同一性，所以在一些情况下建立起来的模型往往适用于其他的原型。模型之所以具有抽象性，一是因为任何原型都有非常复杂的特性和层次，实际上很难做到完整无遗；二是因为研究原型的目的总是特定的，无须面面俱到，因此在建立模型时必须进行合理的抽象。

3）简化性

模型是研究原型的依据，如果过于复杂，将无法充分地发挥模型的作用，所以在合理抽象和真实描述系统特性的前提下，模型应尽可能简化，以便节约模型的试验和运行的时间成本和费用。例如，在建立数学模型时，可以采用低阶项就不要采用高阶项，可以采用静态模型就不要采用动态模型。

4）适应性

适应性是指在原有建模条件（如性能参数、系统约束条件）发生变化时，不需要修改或重建，模型仍是原型的合理抽象和真实描述。大量数学模型表现出了较强的适应性，例如，在某些因素难以估量的情况下，不少数学模型中设置了虚拟变量，以适应变化的建模条件，通过分析寻求其真实的意义。

5）预见性

在模型的抽象过程中，舍弃了大量次要的细节材料，突出了事物或过程的主要特征，所以更便于发挥逻辑思维的力量，使得模型的研究结果能够超越现有条件，指示研究的方向形成科学的预见。例如，门捷列夫发现了元素周期率，并根据其中各种元素的关系预言了当时还没有发现的一些元素。此后，这些元素被化学家们相继发现，证实了门捷列夫的预言。

3.2　信息分析模型建立的一般过程

3.2.1　信息分析建模的基本原则

信息分析模型的质量将直接影响信息分析的精度和效率，信息分析建模是信息分析的首要环节。一般来说，建立信息分析模型应该遵循以下原则。

1）相似性与简单性相统一

模型既是研究对象，又是研究工具。一方面，模型是客体的代表或替身，是主体进行研究的直接对象。模型作为研究对象，是为了能够把对模型的研究结果有效地应用到现实中。因此，必须要求模型与原型具有相似性。另一方面，模型是主体所创建的、用来研究客体的工具或手段。模型作为研究手段，是为了便于运用已有的各种知识和方法，伸展主体的各种才能，所以要求模型与原型相比，具有明显的简单性。在建立模型时要使相似性与简单性有机地统一起来。

从相似性来说，我们不可能也不必要要求模型与原型全面相似，建立模型时，要在尽可能周密地进行具体分析的基础上，分清主次。敢于和善于舍弃次要的无关大局的细节，抓住本质性的东西，从而找到解决问题的关键。

从简单性来说，就是要化繁为简、化难为易，使复杂事物有可能通过比较简单的模型来进行研究。对于客体所处的状态、环境和条件做出一些合理的简化假设，以便能够运用已有的科学知识和科学工具，或便于创造新的科学方法，使模型成为有效的研究手段。

模型必须具有简单性，才能够实行操作，实际发挥作用。但是简化不是主观随意的、必须合理和适度，以不丧失模型与原型的本质上的相似性为原则。也就是说，必须坚持简单性与相似性相统一的原则，这是建立科学模型的第一要义。

2）可验证性原则

如果一个模型不具有可验证性，就不是一个科学模型，是没有方法论意义的。相似性与简单性相统一原则中，模型是否具有与原型本质上的相似性？模型是否具有合理的简单性？这些都是需要加以验证的。

模型遵守的可验证性原则主要体现两方面：首先，模型必须具有可操作性，能够根据一定的操作流程，取得具体的研究结果；其次，通过将该结果与实际情况进行对比，可以发现模型的缺陷，并对模型进行修正，如果模型经受住了检验，就说明模型具有可验证性。模型的验证，通常需要一个过程，有时需要经历相当长的时间。随着人类的深入探究，模型在流动、更新，一些正确的模型被证实，一些错误的模型被抛弃，一些不完善的模型被修正，一些新的模型不断产生。

3）多种知识和方法的综合运用

从客体提炼出适当的模型是一项创造性的工作，没有刻板的程序和固定的方法，需要研究者综合灵活地使用多种多样的知识和方法。

塑造一个有效的科学模型，既要严格地以原型为依据，从事实出发，又要广开思路，敢于提出大胆设想，它是多种知识、多种思维和多种方法相结合的产物。牛顿说：没有大胆的猜测就做不出伟大的发现。在建模时，研究者要充分发挥理论思维的能动作用，敢于超越现实，大胆地去猜测和推断；也必须充分发挥科学抽象和逻辑推理的力量，进行严谨的归纳和演绎。总之，要使经验方法与理论方法结合，逻辑思维与非逻辑思维并用。

3.2.2　建模时应注意的主要问题

在建立信息分析模型时，除了需要遵守上述原则，还应注意以下几个关键问题。

1）对实际问题的分析和理解

建立信息分析模型的目标是为了解决实际的问题，所以，建模时应考虑的首要问题就是对实际问题的分析与理解。提炼模型必须以观察和实验为基础，在对客体进行深入细致的考察之后，才能用模型去反映它。例如，线性规划模型适用于解决的问题面很广，因此不可能有一个统一的建模标准，尽管如此，其建模过程还是有规律可循，即根植于实际问题，通过对实际问题的分析、理解，明确决策变量是什么，目标是什么，有哪些资源限制条件，问题中的数据是属于约束条件还是目标，最后根据变量、常数、约束条件、目标的关系构造出相应的模型。此外，只有在对现实原形充分理解的基础上，才能构造出科学合理的模型。例如，1953 年，克里克和沃森设计出了核酸分子的模型，揭示了生物遗传机制的奥秘,他们取得成功的重要原因在于他们十分注意把研究关于核酸结构的资料汇总起来,将模型建立在扎实的科学资料研究的基础上。

2)定性与定量的选择

并非通常人们所认为的那样,定量模型比定性模型的精确度高,分析效果更好,应被优先选用。实际上这是一个误区,定性与定量的选择关键还是取决于分析对象和应用领域。当信息资料或数据稀缺时,采用定性模型比定量模型的精度要高也是可能的。并且,定量模型在辨识和预测趋势转折点的特点方面往往要依赖定性方法进行判断。而定性模型具有较强的主观性,分析结果往往会有较大偏差,因而通常需要定量方法进行修正。总之,定性模型与定量模型都很重要,两者不可偏废。当然,在信息分析建模过程中,定性和定量并不是相对的,越来越多的研究者注意到定量和定性结合的模型所具有的威力。

3)从系统视角构建分析模型

正如恩格斯所说:当我们深思熟虑地考察自然界或人类历史或我们自己的精神活动的时候,首先呈现在我们眼前的是一幅由种种联系和相互作用无穷无尽地交织起来的画面。因此,在构建模型时,要将待解决问题看作是一个整体过程,从整体观念出发,深刻地理解它的局部以及整体与局部的内在关系,研究系统、要素、环境三者的相互关系和变动规律。如若脱离了系统视角,则无异于盲人摸象,难以构建出科学合理的信息分析模型。模型研究中涉及多种因素,这些因素之间存在复杂的关联关系,以系统视角构建分析模型的关键思想在于能够注意到各个因素之间的相互影响而不是将其分割开来。层次分析模型既是一种典型的从系统视角出发的分析模型,也是一种常见的系统分析工具,它通过将研究对象看作一个完整的系统,再综合运用分解、比较判断等思维方式,将系统分解成若干部分进行分析,并将各部分关联起来,实现对研究对象的相关决策。

4)避免对数学方法的不恰当追求

第二次世界大战后,由于电子计算机的产生和广泛应用,对模型法特别是数学模型的运用产生了极大的推动作用。随着各门科学从经验科学发展到理论科学,从定性分析发展到定量计算,数学模型在信息分析模型中的作用日益显著。尽管如此,在信息分析所面对的实际问题中,几乎没有完全纯粹的只用现成数学知识就能解决的。信息分析人员不仅要用到数学,而且还要用到别的学科、领域的知识,甚至工作经验和常识。实际上,数学模型只是一种辅助工具,只有在对复杂的实际问题进行分析之后,发现其中可以用数学知识来描述的关系或规律,才能把实际问题转化成数学问题。因此,仅靠数学知识难以解决实际建模问题,对纯数学方法的崇拜是非常偏颇的。

3.2.3　信息分析建模的一般步骤

在解决实际问题时,建模的过程与具体的分析问题息息相关。问题性质不同、建模目的不同,需要建立的模型也不尽相同,所以并没有一个适用于一切信息分析模型建立的固定模式。为了方便读者理解信息分析建模的过程,本节按一般的情况,总结了信息分析建模的一般步骤,如图3.1所示。

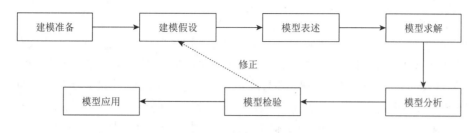

图 3.1 信息分析建模的一般步骤

1）建模准备

要针对某一研究问题建立模型，首先必须对该问题有一个比较清晰的了解。建模准备阶段即是要了解问题的实际背景，明确建模目的，收集整理研究对象的各种信息，弄清实际对象的特征，情况明才能方法对。

2）建模假设

研究问题的原型都是复杂的、具体的，这样的原型，如果不经过抽象和简化，会对人们的认识产生阻碍，也无法准确把握它的本质属性。这就要求我们在充分了解原型特征和建模目的的基础上，作出必要的合理的简化，并用精确的语言做出假设，这是建立模型至关重要的一步。

不同的简化和假设会得到不同的模型。假设做得不合理或过分简单，会导致模型的失败或部分失败；假设做得过于详细，则可能很难甚至无法继续下一步的工作。所以，一定要善于辨别问题的主要方面和次要方面，果断抓住主要因素，忽略问题的次要方面。在简化和假设时，还需注意以下问题：首先，假设一定要符合研究对象的实际，不可脱离实际；其次，假设一定要准确并适应于模型建立、求解、检验和应用过程；此外，各个假设之间不应互相矛盾。

3）模型表述

在信息分析建模的表述阶段，即是在假设的基础上，进一步利用恰当的符号、图表或数学结构对变量之间的关系进行表征，构造出刻画实际问题的模型。在构造模型时，究竟采用何种方式，要根据问题的特征、建模目标以及建模者的知识结构而定，同一实际问题也可以构造出不同的模型，一般而言，在保证模型精度的前提下，所用的建模方法越简单越好。

4）模型求解

在信息分析模型表述完成后，针对模型中存在的参数，可以根据已知条件和分析模型的特征和结构，选取合适的算法，特别是编写计算机程序或运用软件包，借助计算机完成对模型的求解。

5）模型分析

模型分析侧重于分析模型是否符合理论规范，即根据建模的目的要求，对模型的求解结果，利用相关知识结合研究对象的特点进行变量间依赖关系分析、稳定性分析，进行误差分析、模型对数据和参数的稳定性或灵敏性分析等。如果不符合要求，就需要修改模型，直到符合要求。

6）模型检验

模型分析符合要求后，还需将模型分析的结果"翻译"回到客观实际中，用实际现象、数据等检验模型的合理性和适用性。这一步对模型的成败非常重要，必不可少。如果检验结果不符合或部分不符合实际情况，并且肯定在模型建立和求解过程中没有失误的话，那么问题通常出现在模型假设上，这时应该修改假设条件，重新建立模型，循环往复，不断完善，直到检验结果达到某种既定的标准。目前计算机技术为模型分析和检验提供了先进的手段，利用这项技术可以节约大量的时间成本和人力成本。

7）模型应用

模型应用是建模的宗旨，也是对模型最客观公正的检验。尽管模型应用的方式因问题的性质和建模的目的而异，但一个成功的信息分析模型，必须能够完成特定的分析任务，以解决实际问题。

总之，建模过程是一个从实际问题出发，抽象到模型，然后再将模型分析结果与现实对应，回到实际问题的过程。还需要说明的是，并非所有信息分析建模都要经过以上步骤，而且有时各步骤之间的界限也并不那么分明，以上建模步骤应该根据具体问题灵活掌握。

3.3　信息分析的典型定性模型

定性模型不仅在准确数据难以获得时非常的有效，而且还能实现深入细致的分析。信息分析中的很多实际问题都能通过定性模型进行解读。本节将介绍波特五力模型和 GE 矩阵模型两个典型模型，并重点阐释其建立步骤和应用实例。除此之外，一些常用的定性分析模型，如竞争对手分析模型、PEST 模型、SWOT 模型、专利技术功效矩阵模型、MPEST技术角度模型等，将在本书后续章节中进行介绍。

3.3.1　波特五力模型

3.3.1.1　波特五力模型简介

波特五力模型由迈克尔·波特于 1979 年在其发表的论文《竞争力如何塑造战略》（*How Competitive Forces Shape Strategy*）中提出，论文一经发表，便备受关注，历史性地改变了企业、组织乃至国家对战略分析的认识。1980 年，波特在其出版的《竞争战略》一书中完善和发展了这个模型。波特提出：任何行业，无论在本国还是国际，无论是一个产品还是一项服务，竞争的规则就蕴藏在五个竞争力量（行业内竞争者现在的竞争能力、潜在竞争者进入的能力、替代品的替代能力、供应商的讨价还价能力、购买者的讨价还价能力）当中。他断言，这五种力量组成了竞争的全貌。最初，它们可能会被动地理解为竞争的基本内容。但是经过波特的深入剖析，展示给大家的却是一个易于理解并利于企业参与市场竞争的框架模型。对于战略制定者而言，在执行任何可能影响一个公司战略地位的战略时，这五种力量发挥着必不可少的杠杆作用。他认为，企业最关心的是其所在行业的竞争强度，正是这五种竞争力量的集合力影响着竞争强度并决定了企业在行业中最终获利的潜力。并且，这些力量的强弱在不同行业中会有所差别，还会随着行业的发展发生变化。近四十年来，波特五力模型被广泛地应用到了各行各业的竞争环境分析中，已经成为企业战略制定者们耳熟能详的商业概念之一。

波特五力模型在产业经济学与管理学之间架起了一座桥梁，将大量不同的因素汇集在一个简便的模型中，以此分析一个行业的基本竞争态势。如图 3.2 所示，该模型将决定竞争的五种力量归结为：①供应商的讨价还价能力；②购买者的讨价还价能力；③潜在竞争者进入的能力；④替代品的替代能力；⑤行业内竞争者现在的竞争能力。

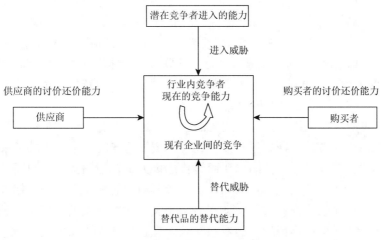

图 3.2　波特五力模型

3.3.1.2　波特五力模型的建立步骤

1）明确竞争力量来源

明确五种力量的来源是构建波特五力模型的基础，所以，在构建模型之前，应首先明确以下五点：①供应商，即那些向行业提供产品或服务的企业、群体或个人，也包括劳动力和资本的供应商；②购买者，即该行业的客户或客户群，包括该行业的客户和寻求低成本以提高其自身利润或获取更好货源的分销商，希望为其消费者获得更多好处的政府机构或其他非营利性组织，或希望以较低价格买入优质产品的个人消费者；③潜在竞争者，即可能进入该行业的企业，这些新进入者通常拥有新的生产能力和新资源，并且希望在已有市场中赢得一席之地；④替代品，即是与现有产品或服务功能相似、同样能满足消费者需求的其他产品或服务，两个处于不同行业的企业，也可能由于生产的产品互为替代品，从而产生相互竞争行为；⑤行业内竞争者，即狭义的竞争者，指行业内提供同一类型产品或服务的企业。

2）建立波特五力模型

在明确供应商、购买者、潜在竞争者、替代品和行业内竞争者的具体对象后，可以据此建立出如图 3.2 所示的波特五力模型。

3）波特五力模型分析

根据建立的波特五力模型，分析五种竞争力量对企业的竞争威胁，从而确定可获得的机会和应考虑的威胁，尽可能地增强自己的市场地位。主要包括以下五种竞争力量。

（1）供应商的讨价还价能力。供应商影响行业中现有企业营利能力与产品竞争力的方式主要为提高投入生产要素的价格、降低产品的质量、减少产品的性能等。简而言之，企业希望从供应商那里采购来的原材料"物美价廉"，而供应商希望把"物美价廉"的原材料供应企业。"物美价廉"和"物美价廉"之间的讨价还价，构成了来自供应商的压力。一般来说，满足下列情况的供应商会具有较大的讨价还价力量：其一，供方行业为一些具有比较稳固市场地位而不受市场激烈竞争困扰的企业所控制，比如水、电、通信等一些具有垄断性质的供应商，其产品的买主很多，以至每一单个买主都不可能成为供方的重要客户；其二，供应商提供的产品具有一定特色，市场中难以找到其替代品甚至没有替代品，若买主脱离该供应商，将出现成本增高甚至难以找到货源的情况；其三，供应商能够方便地实行前向联合或一体化，而买主难以进行后向联合或一体化。比如供应商能够通过 B2B、B2C 的电子商务模式、电视直销、目录直销等方式，建立自营的渠道，这对作为买方的经销商而言，形成了讨价还价的压力。

（2）购买者的讨价还价能力。行业内的企业总是期望提供"物美价廉"的产品，增加自己的收益，而买方总是期望采购到"物美价廉"的产品，这就构成了来自购买商的压力。一般来说，符合下列条件的购买商讨价还价力量较强：其一，购买者从卖方购买的产品占了卖方销售的很大比例；其二，购买者所购买的基本上是一种标准化产品，购买者不需要锁定一家供应商；其三，购买者转换其他卖方购买的情况下转换成本较低；其四，购买者所购买的产品或服务容易被替代，在市场上充满供货商的竞争者；其五，购买者有能力实现后向一体化，自行制造或提供卖方的产品或服务，而卖方不可能前向一体化。

（3）潜在竞争者进入的能力。新进入者的加入，会带来对市场占有率的要求，这必然会对现有的竞争者构成威胁，严重的话还有可能危及这些企业的生存。潜在新进入者的威胁，往往由进入壁垒和退出壁垒决定。行业的进入壁垒，指潜在进入者入侵该行业的阻碍。进入壁垒的主要表现是规模经济和报复行为。规模经济是指当逐渐增加规模时，企业的边际效益要增加的这样一种现象，如果新进入者进入时规模经济很小，它们就会处在不利的成本地位。报复行动是指现有行业内现有企业采取的报复行动，其预期越高，对潜在进入者越不利。行业的退出壁垒，指潜在进入者退出该行业的阻碍。从行业利润的角度来看，最好的情况是进入壁垒较高而退出壁垒低，在这种情况下，新进入者将受到抵制。反之，进入壁垒低而退出壁垒高是最不利的情况，在这种情况下，可能导致企业之间竞争激烈，相当多的企业会因竞争不利而陷入困境。

（4）替代品的替代能力。这种源自替代品的竞争将以各种形式影响行业中现有企业的竞争战略。首先，现有企业产品售价以及获利潜力的提高，将由于存在着能被用户方便接受的替代品而受到限制；其次，由于替代品生产者的侵入，使得现有企业必须提高产品质量，或者通过降低成本来降低售价，或者使其产品具有特色，否则其销量与利润增长的目标就有可能受挫；再次，源自替代品生产者的竞争强度，受产品买主转换成本（指使消费者不愿转而使用另一种产品或者服务的成本）高低的影响。总之，替代品价格越低、质量越好、用户转换成本越低，其所能产生的竞争压力就强；而这种来自替代品生产者的竞争压力的强度，可以具体通过考察替代品销售增长率、替代品厂家生产能力与营利扩张情况来加以描述。

（5）行业内竞争者现在的竞争能力。大部分行业中的企业，相互之间的利益都是存在一定冲突的，各企业的目标都在于使得自己的企业获得相对于竞争对手的优势，这就构成了现有企业之间的竞争。这种竞争力量是企业所面对的最强大的一种力量。一般来说，在以下情况下会出现激烈竞争：其一，行业进入壁垒较低，竞争者数量众多，而且规模和实力相对均等；其二，行业成长缓慢，市场趋于成熟，竞争主要集中在现有客户上，而不是创造新客户；其三，竞争者提供几乎相同的产品或服务，用户转换成本很低；其四，退出壁垒高，退出竞争要比继续参与竞争付出的代价更高。

3.3.1.3　波特五力模型的缺陷与改进

在经济全球化、信息网络化的今天，企业面临的竞争日益激烈。波特五力模型仍然是企业进行行业竞争分析、制定竞争战略的基础。但是，关于五力模型的实践运用，还存在一些争议和问题。

首先，波特五力模型忽视了五力之间的相互作用。在《竞争战略》一书中，波特认为环境因素将分别作用于五个竞争力来影响竞争，而不是将它本身看作是一种作用力。而事实上，许多环境因素与已有的五个竞争力存在相互作用。例如，政府的作用力、较重要的政治事件、自然环境重大变化的作用力。它们不仅具有较强地独立作用于五种竞争力中的一种竞争力的特点，而且更具有与五种竞争力相互作用的特点。这种与五力因素相互作用的环境作用力往往不能通过原有的模型反映出来，基于此，部分学者提出在五力模型中加入环境作用力因素，并将其与其他作用力之间的相互关系表现出来。

其次，在波特五力模型中，并未专门考虑需求的数量或需求的增长。该模型假设在多数竞争环境中，需求都是足够大，所以企业在市场中是有利可图的。然而，各行业之间在其特征和结构方面存在很大差别，行业竞争分析首先要从整体上把握行业中最主要的经济特性。在任何行业，需求的数量或需求的增长都是最主要的经济特性之一。需求的数量反映了市场规模，需求的增长反映了市场增长速度以及行业在成长周期中目前所处的阶段。

针对波特五力模型存在的问题，学者们进行了多次改良，陆续提出了新的理论模型，如安迪·格鲁夫的六力分析模型、企业竞争九力分析模型等。

六力模型在波特五力模型的基础上考虑了企业之间的合作关系，从而衍生出了第六力，即为协力业者的力量。协力业者是指与自身企业具有相互支持与互补关系的其他企业。他们通常拥有共同的利益，彼此间相互支持。但任何环境的改变，都可能改变协力业者间的平衡共生关系，使得同路伙伴形同陌路。

企业竞争九力分析模型以波特五力模型为基础，是一个在企业竞争力"资源观"下，对企业内部的静态属性与其外部的动态属性进行系统分析的工具。它将竞争力作为企业资源，通过对九种竞争力的整体分析，使企业充分利用自身优势和环境机会，实现自我认识。

波特五力模型以及这些改进模型，虽然在要素上有所差异，但其核心都是在考虑竞争对手的基础上分析影响竞争力的几种因素，从而判断企业或产业的竞争水平，为分析产业竞争力提供了清晰的解决思路。

3.3.1.4 波特五力模型的应用实例

任何事物都具有两面性，尽管波特五力模型存在一些局限，但其巨大的应用价值不可否认。实践证明，波特五力模型是战略管理史上的一个重要里程碑，并且目前许多行业和企业仍在使用这个模型分析其竞争力。本章以一个案例"基于波特五力模型的快递企业竞争力研究"来说明波特五力模型的具体应用。

随着互联网技术的广泛应用，电子商务业发展迅猛，极大地推动了快递业的兴起，使得快递业在整个物流行业中成为关注度最高的细分领域，但与此同时，也给快递业带来了巨大的竞争压力。在该案例中，研究者通过对快递市场发展现状的分析，应用波特五力模型对快递市场竞争结构进行深入分析，构建了如图 3.3 所示的快递业五力竞争结构模型，明确了快递业所处的竞争环境。

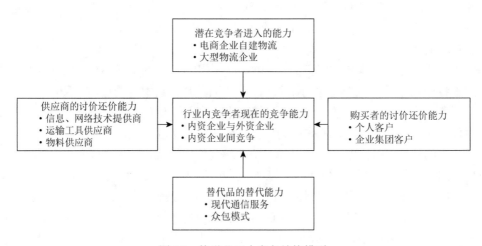

图 3.3　快递业五力竞争结构模型

1）供应商的讨价还价能力

根据快递的概念对快递企业的供应商进行辨别，可将其分为：为快递服务产品提供现代信息、网络技术的主体；提供现代交通工具的主体；快件包装所需的物料提供商。在此基础上，进一步分析这三类供应商的讨价还价能力。

（1）信息、网络技术提供商。随着顾客对快递服务的安全性、时效性和个性化要求越来越高，快递行业正由劳动密集型向资本、技术和管理密集型转变，因此快递业急需信息和网络技术的提供商为其提供网络技术升级解决方案，网络等信息技术市场目前处于供不应求阶段，快递业处于劣势地位。

（2）运输工具提供商。快递企业运营过程中，在运输环节必然要依赖运输工具，快递所需要的运输工具有飞机、汽车、电动车和三轮车。对于运输所需飞机供应商，其具有一定的垄断性质，有较强的话语权；快递企业与供应商的议价能力与快递企业购买的数量有关，快递企业部分采用租赁车辆运输，或企业间采用共同配送方式，且货车的使用年限较长，因此快递企业对汽车的购买频次低，批量少。

（3）物料提供商。快递企业的物料主要是包装材料，包装材料虽然单价低，但快递企业对包装材料的需求量很大，在经营成本中的比重较大。快递企业与物料提供商的议价能力主要与购买物料的数量有关，购买量越大，与物料供应商的议价能力越强。

2）购买者的讨价还价能力

对于提供服务的快递企业来说，其需求方主要是分布在各个行业的个人消费者和企业消费者，不同的需求方，其议价能力有所区别。普通个人顾客快递单次的需求数量较少，频次较低，是快递价格的接受者，不具备很强的议价能力；随着经济的发展，部分行业对快递业务的需求不断增长，使用快递的比例越来越高，如电子商务、制药、汽车配件等行业，由于快递服务供给者数目增多，这些企业客户可选择性增大，议价能力也日渐增加。

目前快递业最大的顾客是电子商务类企业，快递企业对电子商务快件的依赖度达到75%左右，而且依赖度每年都在提升，"三通一达"等快递企业对电商快件的依赖度高达90%，然而，目前电商对快递几乎是100%的依赖。因此电商企业也不是完全牵制着快递，他们彼此促进，又彼此制约。

3）潜在竞争者进入的能力

快递业发展初期，由于其利润高、进入门槛低，使得很多企业在没有达到注册资本以及营业执照的情况下就可以进入快递市场。自从 2009 年国家出台了新《邮政法》和《快递经营许可管理办法》，快递行业的进入壁垒在一定程度上有所提高。目前快递业进入资本时代，快递企业已呈现出"微利化""无利化"趋势，想进入快递行业已非易事。目前，潜在竞争者进入的威胁主要来自两方面：其一，部分大型电商企业进入快递市场。目前京东、苏宁、1 号店、亚马逊等纷纷自建物流体系，抢食快递业；其二，其他物流企业也已进入快递行业。例如，航空企业的东航快递公司，从事零担运输的德邦物流也成立了德邦快递，天津港集团的"泰通快递"等，均压缩快递业市场份额。由于快递业已具有规模，且现有快递企业拥有一定的知名度，因此新进入者暂时对快递业的威胁较小，但其发展势头不容小觑。

4）替代品的替代能力

对快递企业的顾客而言，其需要快递企业为其提供将货物从一地运往另一地服务，要求将信息或者实物以尽可能快的速度传递到目的地，所以很难产生替代。目前随着现代信息科技的发展，通信服务中的一些服务对快递业产生一定的替代作用，电话、传真、电子邮件等信息类产品对快递企业信件类业务有一定的影响。互联网的发展导致大众沟通成本大幅下降，使"众包模式"成为可能，但目前仍处于尝试阶段，规模较小，且其最开始也可能只是对同城快递件有少量的替代。简而言之，众包模式可能会在未来对快递业产生部分替代，但目前对快递业的威胁很小。

5）行业内竞争者现在的竞争能力

目前我国快递业有三大市场主体，按照快递企业所属成分分为外资快递、国有快递和民营快递。外资企业主要是以 UPS、DHL、FedEx、TNT 为代表的四大外资巨头企业；国有企业主要包括 EMS、中铁、民航等；民营快递主要代表企业有顺丰速运、申通快递、圆通快递、中通快递、百世快递、韵达速递、宅急送、天天快递等。目前快递业同行间的竞争日趋激烈，为了抢占市场份额，价格战一直是同行间竞争的主旋律，快递业呈现出微利化局面。目前来自行业竞争者的威胁主要是：其一，内资快递与外资快递企业的竞争。相比于外资快递企业，民营快递企业利润微薄。尽管如此，外资快递企业也面临着一定的压力。新《邮政法》中规定，外商不得投资经营信件的国内快递业务，而信件等文件递送占据国内快递的比例比较大。并且，外资企业定位是高质量和快捷的服务，价格相对较高，而我国快递企业纷纷通过价格战争取市场份额，这让外资企业很难获得先机。其二，内资快递企业间的竞争。目前，内资快递企业众多，研究者从市场价格、网络覆盖范围、企业资金水平、服务水平分析了各企业的特点，结果表明大部分企业在某一因素方面都有一定的优势。

综上，该案例应用波特五力竞争模型，从五个力量要素分别对快递市场竞争结构情况进行了分析，从中可以看出，快递业目前所处的竞争环境比较激烈。其一，快递业与其供应商和需求方的议价能力较弱；其二，随着国家相应政策的出台，以及快递业市场存在的规模经济壁垒和资金壁垒，使得新进入者对快递业的威胁降低；其三，同行业间的同质竞争已是老生常谈的话题，为了争夺市场份额，不惜降低利润的模式毕竟不是长久之计；其四，对于替代品的威胁来说，目前替代品对快递业的威胁较小。

3.3.2　通用矩阵模型

3.3.2.1　通用矩阵模型简介

通用矩阵模型是美国通用电气公司于 20 世纪 70 年代开发的投资组合分析模型。该模型将每一个战略业务单位的经营优势情况和外部行业情况结合在一起进行分析，目的是描述不同的战略业务单位的竞争状况，并帮助指导各战略业务单位之间合理地配置资源。

通用矩阵模型对企业进行业务选择和定位具有重要的价值和意义。在需要对市场吸引力和战略业务单位的竞争地位做广义而灵活的定义时，可以以通用矩阵模型为基础进行战略规划。按市场吸引力和业务竞争实力两个维度评估现有业务，两个维度上可以根据不同情况确定评价指标，将每个维度分三级，分成九格以表示两个维度上不同级别的组合，如图 3.4 所示。如果经营单位位于矩阵的右下角，则表明其在没有吸引力的行业中、处于竞争地位相对较弱的位置，可以考虑进行业务缩减。如果经营单位位于矩阵的左上角，则表

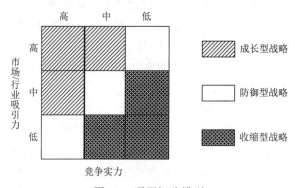

图 3.4　通用矩阵模型

明其在吸引力较高的行业中、处于竞争地位相对较强的位置,可以考虑加大投资。如果经营单位处于矩阵左下到右上的中间对角线部分,则表明其在行业吸引力和竞争地位二者的综合方面处于中等的位置,可以考虑进行业务平稳发展。

3.3.2.2　通用矩阵模型与波士顿矩阵模型

通用矩阵模型是为了克服波士顿矩阵模型的缺点而开发出来的,其最大的改进就在于采用了更多的指标来衡量两个维度。虽然通用矩阵模型也提供了产业吸引力和业务实力之间的类似比较,但不像波士顿矩阵模型用市场增长率来衡量吸引力、用相对市场占有率来衡量实力这种单一指标的评价方法,通用矩阵模型使用数量更多的因素来衡量这两个变量,纵轴用多个指标反映市场吸引力,横轴用多个指标反映企业竞争地位,同时增加了中间等级。由于通用矩阵模型使用多个因素,可以通过增减某些因素或改变它们的重点所在,所以通用矩阵模型能够适应更加具体的意向或某产业特殊性的要求。

具体来说,通用矩阵模型比波士顿矩阵模型在以下三个方面表现得更为成熟。

(1)市场吸引力代替了市场增长率被吸纳进来作为一个评价维度。市场吸引力较之市场增长率显然包含了更多的考量因素。

(2)竞争实力代替了相对市场份额作为另外一个维度,由此对每一个业务单元的竞争地位进行评估分析。同样,竞争实力较之相对市场份额亦包含了更多的考量因素。

(3)如图 3.4 与图 3.5 所示,通用矩阵模型有 9 个象限,而波士顿矩阵模型只有 4 个象限,这使得通用矩阵模型分析更准确。

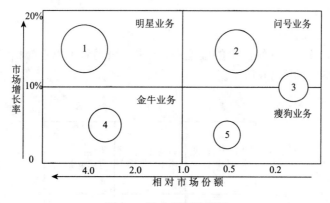

图 3.5　波士顿矩阵模型

3.3.2.3　通用矩阵模型的建立步骤

1)确定战略业务单位

根据企业的实际情况,或依据产品、地域对企业的业务进行划分,形成战略业务单位,并针对每个战略业务单位进行内外部环境分析。

2)确定评价因素

确定市场吸引力(外部因素)和企业竞争力(内部因素)的主要评价指标。市场吸引力和企业竞争力的评价指标没有通用标准，必须根据企业所处的行业特点和企业发展阶段行业竞争状况进行确定。但是从总体上讲，市场吸引力主要由行业的发展潜力和盈利能力决定，企业竞争力主要由企业的财务资源、人力资源、技术能力和经验、无形资源决定。为了使分析更加准确，确定评价指标的同时还可确定每个评价指标的权重。

3）评估内外部因素的影响

从外部因素开始根据每一因素的吸引力大小对其评分。若一因素对所有竞争对手的影响相似，则对其影响做总体评估，若一因素对不同竞争者有不同影响，可比较它对自己业务的影响和重要竞争对手的影响。在这里可以采取五级评分标准（1 = 毫无吸引力，2 = 没有吸引力，3 = 中性影响，4 = 有吸引力，5 = 极有吸引力），然后也使用五级标准对内部因素进行类似的评定（1 = 极度竞争劣势，2 = 竞争劣势，3 = 同竞争对手持平，4 = 竞争优势，5 = 极度竞争优势）。在这部分，应该选择一个总体上最强的竞争对手作为对比的对象。

4）评估内外部因素的重要性

对外部因素和内部因素的重要性进行综合估测，得出衡量市场吸引力和竞争实力的简易标准。审阅并讨论内外部因素，以在第三步中的评分为基础，按强中弱三个等级来评定该战略业务单元的实力和产业吸引力如何。

5）将该战略业务单元标在通用矩阵上

矩阵坐标纵轴为市场吸引力，横轴为竞争实力。为了更加精确地标注，可以在每条轴上用线将数轴划为多个部分，这样坐标就成为网格图。根据评估得到的结果，确定战略业务单元在通用矩阵中的位置，并用圆来表示各业务单元。其中，还可以利用圆的面积大小表示相应业务单元的销售规模，利用阴影扇形的面积代表其市场份额，这样通用矩阵就可以提供更多的信息。

6）对矩阵进行诠释

通过对战略业务单元在矩阵上的位置进行分析，公司就可以选择相应的战略举措。一般比较具体的战略图如图 3.6 所示。

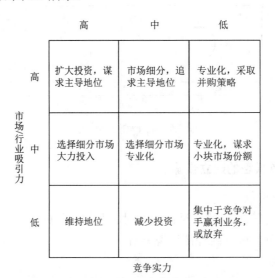

图 3.6　通用矩阵中不同类型业务的战略对策

3.3.2.4　通用矩阵模型的应用实例

本节以某矿产集团为例，对该集团各产品的竞争力和市场吸引力进行了考察，利用通用矩阵模型，帮助指导各产品之间合理地配置资源。

首先，确定战略业务单位。该集团拥有得天独厚的矿产资源，其主要的经营产品为锡、锑、铟、铅、锌。因此，确定通用矩阵模型中的战略业务单位为该五类产品。其中，锡销售额最高，铟次之，锑、铅、锌的销售额相对较低。

接着，确定评价因素。该案例通过所处的矿产业特点和该行业竞争状况，确定了市场吸引力和竞争实力的主要评价指标。在市场吸引力方面，选取了市场规模、成长率、收益率、竞争、环境、能源与通胀七个指标，在竞争实力方面，选取了资源、市场份额、品牌、生产、技术、原材料、研发七个指标。

然后，采用五级评价标准对锡、锑、铟、铅、锌的市场吸引力和竞争实力中的指标进行等级评定，评定结果如表 3.1 所示。

表 3.1　各业务单元通用矩阵的吸引力和竞争力评价数据

	指标	锡	锑	铟	铅	锌		指标	锡	锑	铟	铅	锌
市场吸引力	市场规模	5	1	4	4	4	竞争实力	资源	4	4	5	2	4
	成长率	4	1	5	2	3		市场份额	3	2	4	1	2
	收益率	2	2	4	2	2		品牌	3	3	3	2	2
	竞争	5	1	4	2	2		生产	2	2	4	1	2
	环境	3	2	4	2	2		技术	3	1	4	1	1
	能源	4	1	5	3	3		原材料	3	2	2	2	2
	通胀	3	2	5	1	4		研发	2	2	3	1	2

最后，分别综合市场吸引力和竞争实力中各因素的评定结果，以纵坐标轴为市场吸引力，横坐标轴为竞争实力，确定业务单元的坐标点，并以该位置为圆心画圆圈，圆圈的大小表示该业务单元的销售额。据此，构造出如图 3.7 所示的通用矩阵。

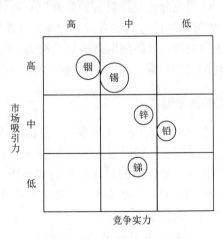

图 3.7　某矿产集团的通用矩阵

根据以上通用矩阵，并结合该集团的特点，可以对其主要产品组合进行如下的调整：对于具有较大市场吸引力和较强竞争力的铟产品和锡产品，可适当增加投资，扩大其市场影响力；对铅产品应当努力降低生产成本提高产品的盈利能力；对于锑产品，则应保持其市场份额，改进产品质量增强市场竞争力；对于市场吸引力较好且竞争力较强的锌产品，采取扩大规模策略，努力扩张市场份额，争取更多的销售收入和利润，使其成为未来的明星产品。

3.4 信息分析的典型定量模型

定量模型的标准化和精确化程度较高，逻辑推理较为严谨，所以得到了广泛的应用。在信息分析过程中，人们建立并应用了大量的定量分析模型。本节将重点介绍两个典型定量模型，包括线性规划模型和朴素贝叶斯分类模型。除此之外，一些常用的定量分析模型，如一元线性回归模型、专利技术生命周期模型、技术预见模型等，将在本书后续章节中进行详细介绍。

3.4.1 线性规划模型

3.4.1.1 线性规划模型简介

线性规划是运筹学发展较早、应用广泛的重要分支。20 世纪 30 年代末，苏联数学家康托罗维奇首先研究了线性规划问题。1939 年，他撰写的《生产组织与计划中的数学方法》一书是线性规划最早的著作。后来，丹齐格于 1947 年提出了求解线性规划的单纯形方法，这使得线性规划的理论和方法日渐趋于成熟。特别是在计算机能处理成千上万个约束条件和决策变量的线性规划问题之后，线性规划的适用领域更为广泛了，已成为现代管理中经常采用的基本方法之一。

线性规划模型主要用于研究有限资源的最佳分配问题，即如何对有限的资源做出最佳方式的调配和有效的利用，以便充分地发挥资源的效能以获取最佳的经济效益。例如，对有限的人力、物力、财力，如何以最佳方式做有效的分配，以期望获得最大的效益。又如，在既定的任务之下，如何统筹安排，以做到用最少量的财力、物力和人力来完成任务。在生产和经营过程中经常出现的这些问题，常常可以通过建立线性规划模型进行求解。

3.4.1.2 线性规划模型的基本形式

线性规划模型通常由三个基本要素——决策变量、目标函数和约束条件构成。一般来讲：决策变量是决策者为了达到预定目标而要控制的那些量，问题的求解就是找出决策变量的最终取值；目标函数是决策者希望对其进行优化的那个指标，它是决策变量的函数，描述决策变量与预定目标之间的关系；约束条件是决策者在现实世界中所受到的限制，或者说决策变量在这些限制范围之内才有意义。

线性规划问题有各种不同形式，其目标函数可以是实现最大化，也可以是实现最小化；约束条件可以是等式，也可以是不等式；决策变量据实际情况可以是非负数，也可以无符号限制。但由于各种不同形式的模型可以通过数学方法进行转换，所以只需要讨论一种形式的模型，其方法就可以适用于其他形式的模型。因此，定义线性规划模型的一般形式为：

$$\max z = c_1 x_1 + c_2 x_2 + \cdots + c_n x_n$$

$$s.t. \begin{cases} a_{11}x_1 + a_{12}x_1 + \cdots + a_{1n}x_n = b_1 \\ a_{21}x_1 + a_{22}x_1 + \cdots + a_{2n}x_n = b_2 \\ \cdots\cdots \\ a_{m1}x_1 + a_{m2}x_1 + \cdots + a_{mn}x_n = b_m \\ x_i \geqslant 0 \ (i=1,2,\cdots,n) \end{cases}$$

也可简写为

$$\max z = \sum_{j=1}^{n} c_j x_j$$

$$s.t. \begin{cases} \sum_{j=1}^{n} a_{jj}x_j = b_i \ (i=1,2,\cdots,m) \\ x_j \geqslant 0 \ (j=1,2,\cdots,n) \end{cases}$$

其中，变量 $x_1, x_2, \cdots, x_n$ 称之为决策变量，$\max z = \sum_{j=1}^{n} c_j x_j$ 称为问题的目标函数，$s.t.$ 中的多个方程式是问题的约束条件。

3.4.1.3　线性规划模型的建立步骤

1）判断问题能否利用线性规划模型解决

首先，需要明确问题，找出待解决的目标。然后，在深入分析问题的基础上，判断待解决问题能否利用线性规划模型解决。判断的关键在于：该问题能否表述为在一组线性约束条件的限制下，求一线性目标函数最大或最小的问题。如果可以，即可采用线性规划模型解决该问题。

2）建立线性规划模型

在解决实际问题时，把问题抽象成一个线性规划模型是很重要的一步，但往往也是困难的一步。在抽象过程中，需要根据问题的描述，选择适当的决策变量，从而构造出目标函数和约束条件。其中，决策变量通常为问题中有待确定的未知因素，目标函数则是反映决策变量的线性函数，约束条件一般是决策变量取值时受到的各种可用资源的限制。当这三个要素确定时，适合于该问题的线性规划模型就建立起来了。

3）线性规划模型求解

在建立模型后，需要通过求解模型得到待解决问题的结果。目前，应用较广的求解方法为图解法和单纯形法等。其中，单纯形法是求解线性规划问题的最常用、最有效的方法之一。随着计算机技术的发展，MATLAB 等软件也为线性规划问题的求解提供了便捷。

3.4.1.4　线性规划模型的应用实例

线性规划模型能够辅助管理者制定决策和解决问题,被誉为是分析问题时最成功的定量化方法之一,并被广泛应用于生产计划、媒体选择、财务计划、资本预算、运输问题、配送系统设计、产品组合、人事管理中。我们将通过分析其在生产计划问题中的一个具体案例,来介绍如何建立线性规划模型求解问题。

某公司生产的甲、乙、丙三种产品,都需要经过铸造、加工和装配三道生产工序。其中,甲、乙两种产品的铸件可以外包协作,亦可以自行生产,但丙产品必须本厂铸造才能保证质量。生产数据如表 3.2 所示。该公司为了获得最大利润,应如何安排甲、乙、丙三种产品的生产方式及数量?

表 3.2　产品生产数据

工时与成本	甲	乙	丙	资源限制
铸造工时（小时/件）	5	10	7	8 000
加工工时（小时/件）	6	4	8	12 000
装配工时（小时/件）	3	2	2	10 000
自产铸件成本（元/件）	3	5	4	
外协铸件成本（元/件）	5	6	—	
加工成本（元/件）	2	1	3	
装配成本（元/件）	3	2	2	
产品售价（元/件）	23	18	16	

为了解决这个问题,设三道工序均由本公司加工的甲、乙、丙三种产品的件数分别为 x_1 件,x_2 件,x_3 件;设由外协铸造再由本公司加工和装配的甲、乙两种产品的件数为 x_4 件,x_5 件。通过上表计算得到各 $x_i(i=1,2,3,4,5)$ 对应产品的单位利润分别为 15 元、10 元、7 元、13 元、9 元。据此,找出该问题中的决策变量、目标函数和约束条件,建立出线性规划模型:

$$\max z = 15x_1 + 10x_2 + 7x_3 + 13x_4 + 9x_5$$

$$s.t. \begin{cases} 5x_1 + 10x_2 + 15x_3 \leqslant 8000 \\ 6x_1 + 4x_2 + 8x_3 + 6x_4 + 4x_5 \leqslant 12000 \\ 3x_1 + 2x_2 + 2x_3 + 3x_4 + 2x_5 \leqslant 10000 \\ x_i \geqslant 0 \ (i=1,2,\cdots,5) \end{cases}$$

对模型进行求解,得到当 $x_1=0$, $x_2=800$, $x_3=0$, $x_4=2800$, $x_5=0$ 时,利润最大,为 44 400 元。因此,该问题的最佳方案为:甲产品由外协铸造再经过本公司加工和装配的件数为 2800 件,乙产品直接由本公司铸造、加工并装配的件数为 800 件,丙产品不生产时,可获得最大利润 44 400 元。

3.4.2　朴素贝叶斯分类模型

3.4.2.1　贝叶斯定理简介

贝叶斯定理由英国数学家贝叶斯提出,描述了两个条件概率之间的关系。$P(A \mid B)$ 表示事件 B 已经发生的前提下,事件 A 发生的概率,称为事件 B 发生了事件 A 的条件概率。因此,条件概率表示为

$$P(A \mid B) = \frac{P(AB)}{P(B)}$$

贝叶斯定理之所以得到广泛应用,是因为我们在生活中经常遇到这样的情况:我们可以很容易直接得出 $P(A \mid B)$,$P(B \mid A)$ 则很难直接得出,但我们更关心 $P(B \mid A)$,贝叶斯定理就为我们提供从 $P(A \mid B)$ 获得 $P(B \mid A)$ 的桥梁。因此,贝叶斯定理表示为

$$P(B \mid A) = \frac{P(A \mid B)P(B)}{P(A)}$$

其中,$P(B)$ 是先验概率,或称 B 的先验概率。$P(A \mid B)$ 代表事件 B 发生的情况下,事件 A 发生的概率。$P(B \mid A)$ 是后验概率,或称条件 A 下 B 的后验概率。

3.4.2.2　朴素贝叶斯分类模型的主要思想

贝叶斯分类模型就是利用基于贝叶斯定理衍生出来的相关技术来对数据进行分类的方法。如上所述,贝叶斯公式是一种从先验概率推算后验概率的公式,贝叶斯分类技术的运用也多见于对未知可能性的预测,这种预测是通过事件发生的概率来反映可能性的大小。贝叶斯分类模型的分类原理是首先获得某对象的先验概率,然后利用贝叶斯公式计算出其后验概率,即该对象属于某一类的概率,选择具有最大后验概率的类作为该对象所属的类。其中,先验概率可以通过对已有数据归纳学习或专家经验等方式获得。

在贝叶斯分类模型诸多算法中,朴素贝叶斯分类模型是最早的,也是目前公认的一种简单而有效的概率分类模型,其性能可与决策树、神经网络等模型相竞争,在某些领域中甚至表现出更优的性能。朴素贝叶斯分类模型的算法逻辑简单,构造的朴素贝叶斯分类模型结构也比较简单,运算速度相比同类算法快很多,分类所需的时间也比较短,并且大多数情况下其分类精度也比较高。朴素贝叶斯分类模型有一个朴素的假定:特征向量的各分量间相对于决策变量是相互独立的,也就是各分量独立作用于决策变量。尽管这一假定在一定程度上限制了朴素贝叶斯分类模型的适用范围,但在实际应用中,大大降低了模型构建的复杂性。朴素贝叶斯分类模型已成功地应用到聚类、分类等任务中,其主要思想如下:

(1)每个数据样本可用 n 维特征向量 $X = \{x_1, x_2, \cdots, x_n\}$ 来表示,分别描述对 n 个属性 $A_1, A_2, \cdots, A_n$ 样本的 n 个度量。

（2）假定有个 m 类 $C_1, C_2, \cdots, C_m$。给定一个未知的样本数据 X （即没有类标号），分类法将预测 X 属于具有最高后验概率（条件 X 下）的类。也就是说，朴素贝叶斯分类将未知的样本分配给类 C_i，当且仅当：$P(C_i|X) > P(C_j|X), j = 1, 2, \cdots, m, j \neq i$。这样，最大的 $P(C_i|X)$ 对应的类 C_i 称为最大后验假定，而 $P(C_i|X)$ 可根据下面的贝叶斯定理来确定：

$$P(C_i|X) = \frac{P(X|C_i)P(C_i)}{P(X)}$$

（3）由于 $P(X)$ 对于所有类为常数，只需要 $P(X|C_i)P(C_i)$ 最大即可。如果 C_i 类的先验概率未知，则通常假定这些类是等概率的，即 $P(C_1) = P(C_2) = \cdots = P(C_m)$，所以问题就转化为对 $P(X|C_i)$ 的最大化。注意，假定这些类不是等概率，那么 C_i 类的先验概率可以用 $P(C_i) = s_i/s$ 计算，其中 s_i 是类 C_i 中的训练样本数，而 s 是训练样本总数。

（4）给定具有许多属性的数据集，计算 $P(X|C_i)$ 的过程可能相当复杂。为降低计算 $P(X|C_i)$ 的开销，可以做类条件独立的朴素假定。对于给定样本的类标号，假定属性值相互条件独立，即在属性间不存在依赖关系。这样：

$$P(X|C_i) = \prod_{k=1}^{n} P(x_k|C_i)$$

其中，概率 $P(x_1|C_i), P(x_2|C_i), \cdots, P(x_k|C_i)$ 可以由训练样本估值。

如果 A_k 是离散属性，则 $P(x_k|C_i) = s_{ik}/s_i$，其中 s_{ik} 是在属性 A_k 上具有值 x_k 的类 C_i 的训练样本数，而 s_i 是 C_i 中的训练样本数。

如果 A_k 是连续值属性，则通常假定该属性服从高斯分布，即

$$P(x_k|C_i) = g(x_k, \mu_{C_i}, \sigma_{C_i}) = \frac{1}{\sqrt{2\pi}\sigma_{C_i}} e^{-\frac{(x_k - \mu_{C_i})^2}{2\sigma_{C_i}^2}}$$

其中 $g(x_k, \mu_{C_i}, \sigma_{C_i})$ 是高斯分布函数，而 μ_{C_i} 和 σ_{C_i} 分别为平均值和标准差。

3.4.2.3　朴素贝叶斯分类模型的建立步骤

建立朴素贝叶斯分类模型时一般需要经过三个阶段，如图 3.8 所示。

1）准备工作阶段

该阶段的任务是为朴素贝叶斯分类做必要的准备，主要工作是根据具体情况确定特征属性，并对每个特征属性进行适当划分，然后由人工对一部分待分类项进行分类，形成训练样本集合。这一阶段的输入是所有待分类数据，输出是特征属性和训练样本。这一阶段是整个朴素贝叶斯分类中唯一需要人工完成的阶段，其质量对整个过程将有重要影响，分类的质量很大程度上由特征属性、特征属性划分及训练样本质量决定。

2）分类模型训练阶段

该阶段的任务是生成分类器，主要工作是计算每个类别在训练样本中的出现频率及每个特征属性划分对每个类别的条件概率估计，并将结果记录。其输入是特征属性和训练样本，输出是分类器。这一阶段是机械性阶段，根据前面讨论的公式可以通过 Weka、Java、Python 等程序自动计算完成。

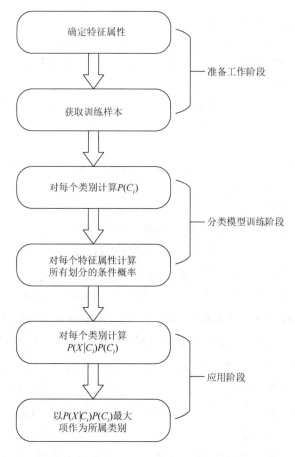

图 3.8 朴素贝叶斯分类模型的建立步骤

3）应用阶段

该阶段的任务是使用分类器对分类项进行分类，其输入是分类器和待分类项，输出是待分类项与类别的映射关系。这一阶段也是机械性阶段，可借助程序自动完成。

3.4.2.4 朴素贝叶斯分类模型的应用实例

本节借助一个检测社会性网络服务（social networking services，SNS）社区中不真实账号的例子，来说明朴素贝叶斯分类模型的具体应用。对于 SNS 社区来说，不真实账号（使用虚假身份或用户的小号）是一个普遍存在的问题，作为 SNS 社区的运营商，希望可以检测出这些不真实账号，从而在一些运营分析报告中避免这些账号的干扰，亦可以加强对 SNS 社区的了解与监管。简单来说，即是将社区中所有账号在真实账号和不真实账号两个类别上进行分类。下面是通过朴素贝叶斯分类模型实现账号检测的具体步骤：

首先设 $C=0$ 表示真实账号，$C=1$ 表示不真实账号。

1）确定特征属性及划分

这一步要找出可以帮助我们区分真实账号与不真实账号的特征属性，在实际应用中，特征属性的数量是很多的，划分也会比较细致，但这里为了简单起见，我们用少量的特征属性以及较粗粒度的划分来进行说明。

本案例选择了三个特征属性：①$a1$：日志数量/注册天数；②$a2$：好友数量/注册天数；③$a3$：是否使用真实头像。在 SNS 社区中这三项特征属性都可以直接从数据库里得到或计算出来。

并对各特征属性进行了划分：①$a1:\{a\leqslant0.05, 0.05<a<0.2, a\geqslant0.2\}$；②$a2:\{a\leqslant0.1, 0.1<a<0.8, a\geqslant0.8\}$；③$a3:\{a=0, a=1\}$。

2）获取训练样本

该案例使用了运维人员曾经人工检测过的 10000 个账号作为训练样本。

3）计算训练样本中每个类别的频率

用训练样本中真实账号和不真实账号数量分别除以 10000，得

$$P(C=0) = 8900/10000 = 0.89$$

$$P(C=1) = 110/10000 = 0.11$$

4）计算每个类别条件下各个特征属性划分的频率

$P(a1\leqslant0.05|C=0) = 0.3$ $P(0.05<a1<0.2|C=0) = 0.5$ $P(a1\geqslant0.2|C=0) = 0.2$

$P(a1\leqslant0.05|C=1) = 0.8$ $P(0.05<a1<0.2|C=1) = 0.1$ $P(a1\geqslant0.2|C=1) = 0.1$

$P(a2\leqslant0.1|C=0) = 0.1$ $P(0.1<a2<0.8|C=0) = 0.7$ $P(a2\geqslant0.8|C=0) = 0.2$

$P(a2\leqslant0.1|C=1) = 0.7$ $P(0.1<a2<0.8|C=1) = 0.2$ $P(a2\geqslant0.8|C=1) = 0.1$

$P(a3=0|C=0) = 0.2$ $P(a3=1|C=0) = 0.8$

$P(a3=0|C=1) = 0.9$ $P(a3=1|C=1) = 0.1$

5）使用分类器进行鉴别

使用上面训练得到的分类器鉴别一个账号，这个账号使用非真实头像，日志数量与注册天数的比率为 0.1，好友数与注册天数的比率为 0.2。

$$P(C=0)P(x|C=0)$$
$$= P(C=0)P(0.05<a1<0.2|C=0)P(0.1<a2<0.8|C=0)P(a3=0|C=0)$$
$$= 0.89*0.5*0.7*0.2 = 0.0623$$
$$P(C=1)P(x|C=1)$$
$$= P(C=1)P(0.05<a1<0.2|C=1)P(0.1<a2<0.8|C=1)P(a3=0|C=1)$$
$$= 0.11*0.1*0.2*0.9 = 0.00198$$

可以看到，虽然这个用户没有使用真实头像，但是通过分类器的鉴别，更倾向于将此账号归入真实账号类别。这个例子也展示了当特征属性充分多时，朴素贝叶斯分类模型对个别属性的抗干扰性。

第 4 章　信息分析方法概述

研究方法对于科学工作者具有重要意义，它对一门学科起到促进其发展的作用，甚至一种方法的引入，将形成一门新的学科，这样的现象在科学发展史中不胜枚举。可以说，科学的方法是随着科学的发展而发展的，一旦一个正确的、符合客观认识规律的方法被人们掌握，将加速科学发展的进程。

4.1　方法与方法论

4.1.1　方法的概念

方法（method）是人类认识世界、适应世界和改造世界的思路、途径、方式和程序。方法包含的要素包括四个方面。

（1）目的性。即任何方法都是为了解决某个问题的，有明确的目的。

（2）工具。方法总是借助于一定的工具和手段来实现问题的解决。

（3）对象。在使用方法时，应该考虑所适用的对象，不同的对象所用的方法可能不同。

（4）合乎规律性的活动。方法作为一种理解自然、改造自然的工具，必然要符合自然规律。因此方法可以理解为针对某个特定对象、借助一定的工具、为实现目标服务的合乎规律性的活动。

方法包括思路（train of thought）、途径（channel）、方式（way）和程序（procedure）四个层次，"思路"是思考的线索，主要包括为了实现目标而需思考的广度和深度；"途径"就是路线，主要包括选择通向广度和深度的路线；"方式"实际就是用什么形式沿着已选好的路线向前走；"程序"就是走上述路线的先后次序，也就是实现目标的所有步骤，包括运用手段与工具的规矩和实现目标的全过程。这四个层次相互联系、相互影响、相互补充，共同构成了方法的内部结构系统。对方法的研究早在古希腊时期就开始了，亚里士多德创建了演绎法，1620 年培根在《新工具》提出了归纳法，1637 年笛卡儿的《谈谈方法》将数学引进了方法论。到了近代，黑格尔创建了辩证法，马克思和恩格斯创立了唯物辩证法。19 世纪末开始的以量子论和相对论为代表的物理学革命，促进了整个科学观念和方法传统的变革。20 世纪 30 年代波普尔一反归纳和实证原则，提出了培根的"观察渗透理论"和证伪主义原则。随后由香农、维纳、贝塔朗菲分别创立了信息论、控制论和系统论，它们以及之后的耗散结构理论、协同论、突变论等共同形成了系统科学的方法论。随着电子计算机的出现和广泛应用，使科学研究的数字化步伐大大加快，"数字化生存"在改变着人类的逻辑判断与思维推理。因此可以认为，近代物理学的革命、系统科学的兴起和电子计算机的广泛应用将对方法的科学研究推向一个新阶段。

4.1.2　方法论的概念

与方法相对应，方法论（methodology）是对方法进行研究的科学，是比方法更高一层次的概念。具体来说，方法论是有关方法的性能、评价、应用、开发、结构体系以及规律性的知识体系，是系统化的理性认识。因此，方法不等于方法论。

方法论具有浓厚的哲学色彩和抽象色彩，通行的方法及方法论的研究统称科学方法或科学方法论，所属领域在科学学（science of science）、科学哲学（philosophy of science）科学技术理论（theory of science and technology）。方法论除了阐述单个的方法之外，更重要的是要寻求各种方法之间的联系，发现规律，进而指导方法的综合运用。方法论"已经成为一切理论和实践的开拓、改革、成功、发展、成功的最基本的前提条件"。

方法论是有层次的，《中国大百科全书（哲学卷）》将其分为哲学方法论、一般科学方法论、具体科学方法论三个层次。其中：哲学方法论是关于认识世界、改造世界、探索世界，实现主观世界与客观世界相一致的最一般的方法理论；一般科学方法论是研究各门具体学科，带有一定的普遍意义，适用于许多有关领域的方法理论；具体科学方法论是指研究某一具体学科所涉及的某一具体领域的方法理论，是一般科学方法论的发展和延伸。三者的关系是相互依存、相互影响、相互补充的对立统一关系。

因此，方法论要解决的关键问题是如何构建一个合理完整的方法体系。因为将各种方法纳入一个有机的体系中，可以更容易、清楚地比较大量方法的异同点、优缺点，也可以发现更多、更深层的联系，为方法的综合改进提供了条件。此外，方法体系中除了现有方法之外，在结构上可以留有空白，这为新方法的创建提供了生长点。

信息分析的深入发展，很大程度上取决于其方法的进步。尽管不同领域的信息分析各有特点，但在方法使用上却有本质的联系。从整体上说，信息分析方法的主要特征是综合性，这种综合性表现在方法的来源、性质和结构等多方面。方法的不断发展形成了方法的体系，进而出现了方法论。

从方法论的角度上来讲，方法是分层次的。1998 年，卢泰宏在《信息分析》一书中介绍了方法的三个层次：哲学方法、一般方法和具体方法，如图 4.1 所示。

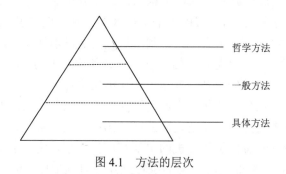

哲学方法

一般方法

具体方法

图 4.1　方法的层次

（1）哲学方法，即认识论层次的方法，如辩证唯物主义方法。哲学方法解决认识的来源、认识的规律、理论与实践的关系等问题，是指导性很强的普适性思维方法。

（2）一般方法，即科学整体层次的方法，在整个科学活动中具有普遍适用意义的科学方法，如归纳法、演绎法、实验方法、系统方法等。

（3）具体方法，即学科层次和问题层次的方法，各门学科所采用的比较特定的或专门的方法，用来解决不同学科领域的不同问题，如文献计量方法、社会调查方法、统计方法等。

在方法论的意义上，这三个层次的方法之间的关系是：上层覆盖下层，上层对下层起指导性作用；上层方法作用范围大，作用时间长，数量少，但不具体；下层方法作用范围小，操作性强，数量多，针对性强。

4.2　信息分析方法来源

同任何科学研究一样，信息分析也要采用各种方法，对方法的合理使用是决定信息分析水平和效率以及信息分析质量和效益的重要因素。因此，怎么强调信息分析方法的重要性也不为过。信息分析方法是指在信息分析研究过程中所采取的一切方法和技巧的总和。

信息分析是一项综合性很强的学科，它与自然科学、社会科学、管理科学、决策学、科学学、系统工程等诸多学科相互联系和交叉。这种特点决定了信息分析几乎没有自己专用的研究方法，所用的方法多数是从自然科学、社会科学和某些边缘学科的研究方法中借鉴过来的。而这种借鉴正是方法论所要研究的吸收和移植现象，即科学方法体系作为一个整体，各个学科都可以对其基本原理加以应用。所以信息分析是在吸收、移植其他学科的研究方法过程中不断发展起来的。因此信息分析方法一个显著的特点就是综合性，在综合吸收其他许多学科和领域的有关方法的基础上，逐步形成了信息分析某些基本的、常用的方法。这种综合主要体现在以下六个来源上。

4.2.1　逻辑学

逻辑学是提供正确思维的途径和基础。信息分析运用的一般思维方法离不开逻辑学这一基础领域。逻辑方法作为一般思维方法，在信息分析中的具体应用是广泛的，它在一般方法的层次上为信息分析提供方法的来源和基础，并促成了信息分析中逆向思维方法、综合比较方法等常用方法的出现。信息分析进行的定性思维活动，如分解与综合、归纳与演绎、比较与分类、联想与反驳等都要借助于逻辑工具，这些定性思维主要用到形式逻辑和辩证思维。

4.2.2　系统分析

系统分析方法是对整个信息分析过程起支配、指导作用的方法，尤其分析复杂的对象或系统时，系统分析的方法贡献更大。在信息分析中课题的目标选择、目标的分解、研究框架的建构、结论的综合等环节尤其离不开系统分析方法。信息分析运用的一些具体方法，如关联树法、环境扫描 OSA 方法等都是系统分析方法的体现。

4.2.3　图书情报学

进行文献调研和文献分析时，图书情报学方法是基本的和主要的，包括目录学方法、文献检索方法、文献计量学方法、文献综合加工方法等多方面，在文献收集、整理、浓缩、比较和分析中都少不了这些方法，特别是文献计量学方法在信息分析中是一类有代表性的方法，受到广泛的重视，其中引文分析法、内容分析法已发展成为信息分析中有独特功能的、有效的专门方法。

4.2.4　社会学

在进行非文献调研和非文献信息分析，即实地调查分析时，社会学可以为信息分析提供收集实地信息的某些比较成熟的方法，为分析概念之间的关系和形成正确的概念框架、理论构架等贡献有效的方法手段。社会学中的社会调查方法具有悠久的历史，是社会学与信息分析两者之间最相关的一个领域，形成了实地情报调研的主要方法来源。

社会调查的两个关键是"研究假设"和"社会测度"。研究假设即形成理论或概念上的构架，是定性分析的决定性步骤；社会测度可以理解为将模糊的概念从抽象层次转换成经验层次中可操作的变量，并加以度量。实现可操作的变量的转换对信息分析有普遍的意义，例如在评估方法和预测所采用的德尔菲法中，都应用了这种转换。从方法论的角度来看，信息分析借鉴了社会调查中构成概念构架的方法和建立测度的方法。

4.2.5　统计学

信息分析中进行多因素之间关系的定量研究，主要依赖统计学的方法。例如，相关分析、回归分析、聚类分析、确立模型等具体的专门方法，大多来源于统计学，主要是数理统计学。信息分析的定量化趋势和数学的运用，相当大的程度上是指统计方法的应用，因此，统计学方法是信息分析定量研究的基础和最重要的方法来源。

4.2.6　未来学

为管理和决策服务的信息分析非常重视预测，预测分析在信息分析工作中已占有比较突出的地位。因此，由未来学创造和发展出的许多专门用于预测的方法自然成为信息分析方法的重要来源和必要的组成部分。如趋势外推法、德尔菲法等预测方法在信息分析中经常被广泛采用，并发展到与其他方法交叉使用。

4.3　信息分析方法体系

　　信息分析的方法吸收、移植、借鉴和综合了很多其他学科的方法，但其并未生搬硬套，而是在原有方法的基础上加以创新和综合，发展出了具有本学科特色的一系列方法体系。科技发展促进了学科之间的交叉渗透，其研究方法的相互借鉴，推动信息分析方法向多元化方向发展。因此对于信息分析方法体系的研究也呈现出多元化的趋势。本书将信息分析方法体系按定性方法（第 5 章）、半定量方法（第 6 章）和定量方法（第 7 章）进行研究，具体结构如图 4.2 所示。

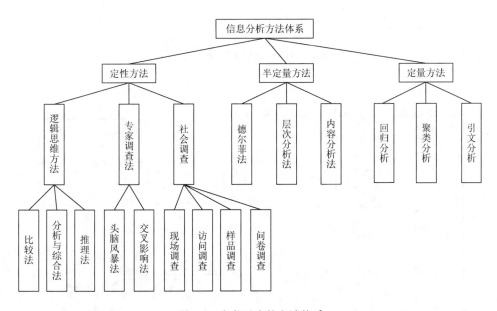

图 4.2　本书对应的方法体系

　　有众多学者都提出了各自的方法体系。现将有代表性的方法体系简介如下。

　　卢泰宏（1998）的《信息分析》一书中，"力图明确反映各种方法的功能和性质，反映各种方法之间的联系和区别，即有助于方法的选择"，建立了信息分析方法的总框架（图 4.3）。在定性、定量与半定量的基础上，加上对应的功能——相关分析、预测技术和评估技术。按方法适用范围的大小，再按功能对方法进行分类，有利于按任务选用方法，"符合功能—结构的对应原则"，但信息分析功能是多方面的，这种体系将方法外延限制过严，实际上是对各种具体方法的分类。

　　罗贤春（2002）提出了一种集成化的方法体系，将流程和方法综合考虑，思路比较新颖（图 4.4）。该方法体系分为流程功能块、方法应用块、方法块。流程功能块是信息分析工作流程，囊括了从需求分析到效益分析的全过程分析工作的每一步都对应着集成的方法块；方法块是定性、定量、半定量等各具体方法的集合；方法应用块是流程功能块与方法块相互作用、集成的模块，它可将框架内各元素有效集成为有序的体系结构，是具

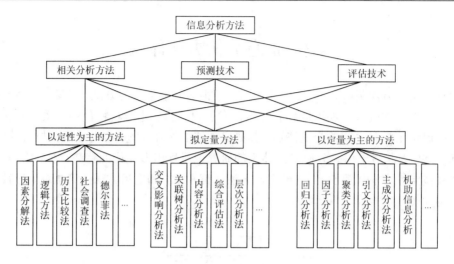

图 4.3　功能和结构对应的方法体系

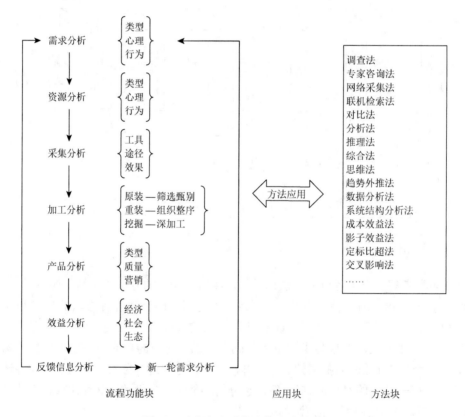

图 4.4　流程与方法集成的方法体系

体方法与信息分析实践的结合点。然而，该体系对分析人员的要求较高，要求分析人员熟练掌握各种方法的原理和操作，而且还要明白分析流程中所有环节的工作重点和程序，限制了这一体系的应用。

　　王秀梅根据方法论的三个层次，也提出了信息分析方法的体系结构（图4.5）。其中处于最高层的是由马克思主义的唯物辩证法、认识论、科学哲学等组成的哲学基础；处于中层的是由定性、定量、定性和定量相结合的方法组成的一般科学方法；处于体系最底层的是一些具体方法。这种体系结构表面看是按照方法论的层次性划分的，但从其结构上看却是一种树形结构，如图4.5所示哲学方法应该是所有一般方法和具体方法的基础，具有统帅作用。这显然与上述的体系结构不同。

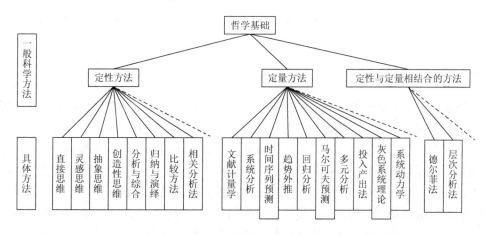

图4.5　信息分析体系方法结构

　　也有研究者专门对信息分析的定量研究方法进行体系构建，将其划分为因果关系类、趋势外推类、变量变换类、定性—定量转化类、定量—定性转化类五种。

　　（1）因果关系类是根据原因与结果之间的关系给出精确的数学公式，由数学式加以运算，从而得出数据结论。此种方法的出发点在于各种因素的相互作用机理，是科学研究普遍采用的较为理想的方法。常用的方法如计量经济学模型方法、投入产出法、线性规划、系统分析法等。

　　（2）趋势外推类是与因果关系类相反的一种定量分析方法，它是基于对历史数据的观察，认为未来是历史的延伸，可以找出一条误差尽可能小的函数曲线来描绘历史数据，根据此函数曲线预测未来的发展。具体方法如回归分析法、时间序列分析法、灰色系统等。

　　（3）变量变换类是将原始数据做变换处理，并加以科学的组合和取舍，从而形成一套新的能反映问题的更本质意义的变量，如主成分分析法、因子分析法、典型相关分析法等。

　　（4）定性—定量转化类是将定性问题做定量化研究，目的是提高研究精度或为了增强研究过程的可操作性。常用的方法有德尔菲法、层次分析法、交叉影响法等。

　　（5）定量—定性转化类是将连续分布的定量数据结论映射成半定量的多极结论或定性的两极结论，属于这类方法的有聚类分析法、判别分析法等。

　　在此基础上作者进一步提出了由定性和定量方法组成的信息分析方法体系（表4.1）。

表 4.1　由定性和定量方法组成的信息分析方法体系

类别		方法举例
定性分析法	对比与类比	
	分析推理	
	综合抽象	
定量分析法	因果关系类	计量经济学模型方法、投入产出法、线性规划、系统分析法
	趋势外推类	回归分析法、时间序列分析法
	变量变换类	主成分分析法、因子分析法、典型相关分析法
	定性—定量转换类	德尔菲法、层次分析法、交叉影响法
	定量—定性转化类	聚类分析法、判别分析法

可以看出，以上介绍的几种方法体系都各有利弊，很难说哪个最好。由于信息分析方法的多样性和复杂性，因此构建一个公认的、大家都能接受的方法体系难度较大，还需要继续深入研究。不过构建信息分析方法的体系结构时应该遵循以下几个原则：①各种方法之间的相互联系性，即要充分考虑在方法层次上的联系、定性方法和定量方法之间的联系、具体方法相结合使用的联系。②方法体系的动态性和开放性。方法体系是一个动态变化的系统，动态系统都是开放的。信息分析的方法门类多、分布广，且随着信息分析范畴和功能的扩展，新的方法不断提出。因此，方法体系不仅要能够将现有方法纳入其中，而且要考虑是否能将新产生的方法纳入其中。

综上所述，信息分析方法体系是在实践中不断积累和发展而形成的，且与研究对象和研究领域的发展变化相一致。随着研究领域的拓展而不断丰富和充实，信息分析方法体系总是处在一个不断进步、不断完善的过程中。

第 5 章　信息分析定性方法

信息分析定性方法是信息分析的基本方法。定性分析除了依据具体的经验知识和理论知识外，还必须以唯物辩证法作指导，从而实现辩证的分析。本章重点介绍逻辑思维方法、专家调查法、社会调查三类信息分析定性方法，并阐述三种定性分析中较为常用的具体方法的概念、作用、类型等方面内容。

5.1　逻辑思维方法

思维是对客观事物的认识活动。思维产生于人类的社会实践中，是人类特有的精神活动。逻辑是对思维的形式和规律的研究。逻辑思维是指人们在认识的过程中借助于概念、判断、推理反映事物本质属性的思维方式，它以抽象性为特征，撇开具体形象。

信息分析的过程，本质上就是一种逻辑思维的过程。信息分析中的逻辑思维方法是以逻辑分析和辩证推理为基础，对已知的信息资源通过相关和比较、分析与综合、演绎与归纳等逻辑思维手段来揭示研究对象的本质、发展规律和因果关系。逻辑关系普遍地存在于人类社会中，因此逻辑思维方法在信息分析过程中也得到了普遍的使用。逻辑思维方法是一种定性分析方法，对研究对象的前因后果、大小优劣、一般特殊、部分整体等关系进行研究，通常不给出定量关系。逻辑思维方法依靠严谨的逻辑推理得出相关结论，所以逻辑思维方法具备定性分析、广泛使用、推论严密的优点。同时，逻辑思维方法也存在缺点，理性较强但不具体，逻辑严密但不够精确，结论缺乏定量表述。目前信息分析中常用的逻辑思维方法主要有比较法、分析与综合法、推理法等。

5.1.1　比较法

5.1.1.1　比较法的概念

比较也称对比，是指通过两个或两个以上研究对象进行对照，以确定它们之间共同点和差异点的一种逻辑思维方法。通过比较揭示对象之间的异同是人类认识客观事物最原始、最基本的方法，有比较才能有鉴别，有鉴别才能有选择和发展。比较法揭开了人们认识客观世界的序幕，人们将不同的事物进行比较，发现其中的异同点，以达到认识客观事物的目的。

比较法实际上就是对研究对象的某些共同特性或属性进行对比，所以在对比时必须对反映事物本质的特征或属性进行分解和分析，并从中确定其主要特征、属性和次要特征、属性，做到抓住主要特征和属性并尽可能多地分析次要特征和属性。

5.1.1.2 比较法的类型

根据比较的维度不同,可以将比较法分为以下几类。

(1)按时空的区别,可分为时间上的比较和空间上的比较。时间上的比较是指比较同一事物在不同时期的某些指标,所以又叫作纵向比较,这种比较方式能更加直观地认识事物的发展变化过程,揭示事物的发展规律,预测事物的发展方向;空间上的比较是指通过对同一时期不同国家、不同地区、不同部门的同类事物进行比较,所以又叫作横向比较,这种比较方式能更加直观地找出差距,辨明优劣,进而制定行动策略,为下一步的发展打下基础。

在实际工作中,所面临的具体情况十分复杂,无论是时间上的比较还是空间上的比较,单一的比较方法都没有办法全面地认识事物的发展规律和本质,所以在实际工作中,常常采取时间上的比较和空间上的比较相结合的方式,这样可以全面地掌握不同的事物或者相同事物在不同时期和同一时期的异同,从而更全面地认识事物。

(2)按比较方法的性质,可分为定性比较和定量比较。定性比较是通过比较事物之间本质属性来判定事物未来发展的性质和方向;定量比较则是通过运用相关的数学模型对事物属性进行量的分析,从而对事物未来发展的规模、水平、速度等进行预测。定性分析把握事物的质,定量分析把握事物的量,在进行信息分析的过程中,既要关注事物的质,同时也要关注事物的量。

在实际的信息分析工作中,针对具体的问题应当具体分析,既不能片面地强调定性分析,也不能过度依赖定量分析。例如在购买服装产品时,不能只考虑产品的价格,还应该将产品的品牌、质量、口碑等进行比较,这样才能买到自己满意的服装产品。因此,对于具体的实际问题,应当结合定性分析和定量分析,追求两个方面的统一。

(3)按比较内容的范围,可分为局部比较和全面比较。局部比较是将事物的单个属性进行比较;全面比较是将事物的多个或全部属性进行比较。在对事物进行分析比较时,通常是先对事物单个属性进行比较,然后由点及面,再将事物与研究目的相关的属性进行比较。因此,全面比较是建立在局部比较的基础上的更为全面系统的比较方式。在实际应用比较法的过程中,以局部比较为基础,以全面比较为目的,只有对研究对象的多种属性进行考察,才能进行更加全面地研究,才能对事物有着更加深入、透彻、客观的认识。

(4)按研究目标的指向,可分为求同比较和求异比较求同比较是指在两个或两个以上的不同事物中,找出它们的相同或相似之处,以便能将不同事物联系起来,寻求事物发展的共同规律;求异比较是指在相同或相似的两个或两个以上的事物中,找出它们的不同点,以便能发现事物发展过程中的特殊性质。通过对事物的"求同""求异"分析比较,有助于发现事物的共同规律和特殊性质,更好地理解事物发展过程中的统一性与多样性。

5.1.2 分析与综合法

分析与综合法是揭示个别与一般、现象与本质的内在联系的逻辑思维方法,是科学抽象的主要手段,它主要解决部分和整体的问题。这是因为人们认识客观事物,必须首先剖析事物的各个方面、各个部分，了解它们的结构、功能、性质和作用，然后从整体考虑，找出各部分之间的联系和统一，从而达到从总体上把握事物的本质和规律的目的。举一个例子，研究人体生理结构时，首先研究人体的运动系统、循环系统、泌尿系统、生殖系统、神经系统、内分泌系统、呼吸系统和消化系统等八大系统，分别认识每个系统的功能及其在人体生理结构中的地位和作用，在对各个系统有了明确的认识之后，通过全面思考，认识到在内分泌系统的作用下，各个部分有机地结合起来，使人体成为统一的有生命活动的整体。

认识是一个分析—综合—再分析—再综合的过程，分析的过程是由感性的具体到理性的抽象，而综合的过程则是由理性的抽象到理性的具体。分析和综合既相互区别又相互联系，并在一定的条件下相互转化。首先，分析与综合是两个彼此相反的过程，分析过程是将整体分解为各个部分，而综合过程却是将分散的各部分按其相互间的关系组合成为一个整体。其次，分析与综合相互依存，一方面，分析是综合的基础，没有分析就没有综合；另一方面，分析要以综合为指导，如果脱离了综合的指导，分析的结果也不会是正确的。

科学技术的不断分化和综合，促进了分析和综合法的形成与发展。学科的不断分化和综合，尤其是第二次世界大战以来出现的控制论、信息论、系统论、协同论、耗散结构理论、突变论等一系列具有方法论特征的系统科学，将分析和综合法推进到了一个崭新的阶段。

5.1.2.1　分析法

1) 分析法的概念

客观事物是一个复杂的整体，都是由各个不同的组成部分或要素通过一定的关系构成的。一方面，某一事物的存在不是孤立的，它总会以各种各样的方式与其他事物发生这样或那样的联系；另一方面，同一事物本身的各组成部分、要素之间也并非彼此孤立，而是相互联系、相互影响的，它们决定了事物的性质、状态和发展方向。分析法就是把客观事物整体分解为部分或要素，并根据事物之间或事物内部各要素之间的特定关系，通过推理、判断，达到认识事物目的的一种逻辑思维方法。

事物之间以及构成事物整体的各要素之间的关系是错综复杂、形式多样的，如因果关系、表象和本质关系、一般和特殊关系、主要矛盾和次要矛盾关系、目标和途径关系以及其他相关关系等。分析就是透过由上述各种关系织构而成的错综复杂的表面现象，把握其本质的规律或联系的过程。例如：物理学在分析物体的基础上揭示了分子这种物质结构的层次；对分子进行分析，揭示了原子这种物质结构的层次；对原子进行分析，揭示了基本粒子这种物质结构的层次。物质世界的无限可分性，引导着人们进行新的分析。

分析法的基本实施步骤是：①为分析活动确定一个明确的目标。这是进行信息分析的前提，只有明确分析的目标，才能针对课题的要求和目的选择合适的工具和方法；②将研究对象整体分解为若干个相对独立的部分，深入理解各部分的本质及其特点；③探明构成事物整体的各个部分之间的相互联系、相互作用的情况，并进一步研究这些联系的性质、表现形式，以及在事物发展变化过程中的地位和作用等。

2) 分析法的作用

世界上的一切事物都是由各种要素按一定关系构成的复杂整体，所以，人们认识事物的第一步就是将其简化，先将事物整体分解为各个部分，从局部出发，进而认识整个事物。

分析的作用就是深入事物的内部，从不同的侧面了解事物的组成情况，从总体上认识事物积累材料，以便把握事物的本质。因此，分析法能够将科学研究中纷繁复杂的事实材料进行层层分解，从而分清主次、鉴别真伪，使认识达到更深的层次。例如：借助分析法，可以研究企业在市场竞争中的优势、劣势、机会和威胁，并以此为依据制定企业的发展战略；可以研究市场供求状况和市场潜力，从而为新产品的开发找准定位；可以找到影响某项科学技术发展的主要因素及其关系，以便总结经验，明确发展方向等。

3）分析法的分类

由于事物或要素间特定关系的多样性以及人们揭示这种关系时角度的不同，分析法分为不同的类型。

（1）因果分析。因果关系是客观事物各种现象之间的一种普遍的联系形式。任何现象都有它产生的原因，任何原因也都必然引起一定的结果。这里，引起某种现象出现的条件就是原因，由原因的作用而产生的现象就是结果。也就是说，只要当某一现象出现时，另一现象必定会接着出现，我们就认为这两个现象具备因果关系。通过因果分析，可以找出事物发展变化的原因，认识和把握事物发展的规律和方向。例如，苏联曾于 1954 年至 1958 年期间，大力开垦哈萨克、北高加索地区和伏尔加河流域。在垦荒初期，粮食总产量曾一度有所增长，但没过几年，新垦区的粮食产量就迅速下降，而且还发生了三次灾难性的强沙尘暴，使整个国家陷入黄色灰雾之中。三次沙尘暴使垦区共损失 50 多万公顷①沃土，其严重程度不亚于 20 世纪 30 年代美国开发西部干旱地区时发生的震惊世界的"黑风暴事件"。信息人员通过分析找到了苏联垦荒失败的主要原因是人为措施和自然规律发生了矛盾，农业措施破坏了生态平衡，违背了客观规律。经过进一步的研究，信息人员从中总结出了教训和经验，以达到吸取教训，防止悲剧再次上演的目的。

在因果分析中，通常要遵循以下原则：第一，居先原则，即原因和结果在时间上先后相随，原因在先；第二，共变原则，即原因的变化对应结果的变化；第三，接触原则，即作为原因和结果的两种现象在时间上必须相互接触，或者由一系列中介事物的接触衔接起来。

因果分析主要有以下几种形式。

a. 求同法。如果在不同的场合观察到相同的现象，这些不同的场合各有若干原因，但其中只有一个原因相同，则可初步确定这个共同的原因就是产生该现象的共同原因。例如：摩擦冻僵了的双手，手便暖和起来；汽车车轴由于高速运转会发热。由此我们可以得出"运动能够产生热"这一结论。求同法的推理形式如表 5.1 所示。

表 5.1　求同法推理表

场合	所观察的现象	条件
Ⅰ	a	A，B，C
Ⅱ	a	A，D，E
Ⅲ	a	A，F，G
…	…	…
所以，A 是现象 a 发生的原因		

———————————

① 1 公顷 = 0.01km²

b. 求异法。如果所观察的现象在第一种场合出现，在第二种场合不出现，而这两种场合只有一个原因不同，则可初步确定这个不同的原因就是引发该现象的原因。推理形式可以用表 5.2 表示。

表 5.2　求异法推理表

场合	所观察的现象	条件
I	a	A，B，C
II	—	B，C
所以，A 是现象 a 发生的原因		

c. 共变法。如果在所观察的现象发生变化的各种场合里，其他原因都没有变化，只有一个原因发生了变化，则可初步确定该发生变化了的原因是使所观察的现象发生变化的原因。推理形式可以用表 5.3 表示。

表 5.3　共变法推理表

场合	所观察的现象	条件
I	a_1	A_1，B，C
II	a_2	A_2，D，E
III	a_3	A_3，F，G
…	…	…
所以，A 是现象 a 发生的原因		

必须指出的是，在利用因果分析进行各种现象之间因果关系的研究时，有时结论并不完全正确，因此，必须结合其他方法进一步分析和验证。

（2）表象和本质分析。事物之间及事物内部各要素之间存在着矛盾运动，这种矛盾运动反映到事物的表面就形成了事物的表象，而事物之间及事物内部各要素之间的主要矛盾或矛盾的主要方面决定了事物的本质。由于事物的矛盾运动和矛盾性质之间存在着内在联系，所以，事物的表象和本质之间也存在着一定的联系。利用事物的表象和本质之间的这种关系进行分析的方法，就是表象和本质分析方法。利用表象和本质分析方法，可以达到由表及里、透过事物表象把握其本质的目的。

（3）相关分析。除了因果关系表象与本质关系以外，客观事物之间以及构成事物整体的各个要素之间还可以以其他的性质和形式表现出来。例如，科技和经济的增长与人口变化、技术开发与引进、成本与利润、市场供给与需求、股票价格与业绩、市场风险与收益、社会伦理与经济发展等，均具有或亲或疏、形式及性质不一的相关关系。我们把利用事物的这些相关关系进行分析研究，以一种或几种已知事物来判断或推知未知事物的方法统称为相关分析。所谓"山雨欲来风满楼""瑞雪兆丰年""春江水暖鸭先知"等生活经验，就是利用事物发生和发展的相互关联，采取由此及彼的方法，从"风""雪""鸭"等已知事物来推知大雨来临、丰收在望、气温回升等未知事物。

例如，专利申请情况与企业技术开发之间存在着相关关系。20 世纪 80 年代，上海科技情报研究所使用日本公开特许、公开实用新案年度索引中的分类索引，共检索到日本民用电扇工业的有关专利 1000 项（其中，公开特许 240 项、公开实用新案 760 项）。经过有序化处理和专利信息分析，该所了解到了日本民用电扇技术专利的现状，并对今后的工业发展趋势进行了评价和预测。这项工作为当时我国电扇企业制定符合国际潮流的高起点发展规划提供了决策依据。

按事物之间的联系方式，相关关系可以分为因果相关、伴随相关等。因果相关是利用已知事物与未知事物之间的因果关系来研究事物的方法；伴随相关是利用已知事物和未知事物相伴出现的特点来研究事物的方法。相关分析的特点表现在：一是间接性，即它是一种由此及彼的研究方法；二是层次性，即它是一种由表及里的研究方法；三是经验性，即如何将恰好是相关的事物联系在一起，在很大程度上依靠研究者的经验。但由于事物之间的相关关系是错综复杂的，因果相关与伴随相关交互混杂，有时甚至与非相关事物耦合，造成假象，不易分辨。因此进行相关分析时，要求分析人员必须具备足够的知识，进行深入的调查研究。

5.1.2.2　综合法

1）综合法的概念

综合法是指将与研究对象有关的各个部分、侧面、属性联系起来考虑，将原本分散的部分整合在一起，从整体的角度把握事物的本质特点及其发展规律，从而获得新的知识、新的结论的一种逻辑思维方法。

综合与分析是互逆的过程，分析将事物整体分解为各个相对独立的部分，而综合却是将事物的各个部分联系成一个整体再加以考虑。它并不是将构成整体的各个部分进行简单的堆砌，而是要按照事物各个组成部分之间的内在联系，将各个部分有机地结合起来，构成一个统一的整体。综合法不是孤立地、片面地去理解事物，而是从统一体的角度出发，从整体上把握事物的全貌、本质属性和发展规律。

认识在分析阶段得到的是较为抽象的概念，仅仅停留在这一阶段是远远不够的，还需要对抽象的概念加以综合判断，将理性的抽象上升为理性的具体，只有将构成事物的各种要素从内在联系，加以综合，才能达到正确认识客观事物的目的。

天花曾经是一种传染性很强的疾病，病人的死亡率很高。英国医生爱德华·詹纳在 1796 年的调查统计中发现，凡是挤奶的农牧民，都没有患过天花。后来他从大量的个别事例中总结出共性的结论，那就是挤奶的农牧民之所以没有患天花，是因为他们极易得一种叫"牛痘"的病，正是因为得了"牛痘"，他们获得了对天花的免疫力。经过反复试验，终于发明了"牛痘接种法"，为人类战胜天花做出了重要贡献。

综合法的基本实施步骤包括：

（1）为综合活动定一个明确的目标，这是进行综合的前提，只有明确综合的目标，才能将分散的、错综复杂的信息综合成一个整体加以考虑。

（2）把握被分析出来的研究对象的各个组成部分，确定各部分的有机联系和结构形式。

（3）将各部分按其相互间的关系重新组合成一个整体，从总体角度把握事物的本质规律和发展方向，从而获得新的知识和结论。

2）综合法的作用

综合法建立在分析的基础之上，它将原本零散的各个部分重新组合在一起，从而恢复了事物的本来面貌，使零散的个别认识经过综合上升为系统的规律性认识，克服了分析方法无法在整体上把握事物本质的局限性。正因为如此，综合法已成为信息分析中一种普遍的思维方式，有着广泛的应用。

例如：通过综合的过程，可以将与研究课题有关的各个地区、各个时期、各个方面的内容以一个整体的形式呈现在研究人员面前，使其对这些内容有全面的了解，从中得出规律性的认识，为决策提供依据；可以恢复和揭示客观事物之间固有的联系，概括出它们的共性和特性，从而获得新的发现、新的思路、新的结论；综合与研究课题领域有关的概念、技术、方法等，从而启迪思想、拓宽思路，为课题的研究提供新的手段，等等。

3）综合法的分类

人们经常采用的综合法主要有简单综合、分析综合和系统综合三种类型。

（1）简单综合。简单综合是对与研究课题有关的信息（情况、数据、素材等）进行汇集、归纳和整理。这种综合的一个必要条件就是注重从细微之处点点滴滴地积累材料，并要具有对有关信息的高度敏感性。例如，第二次世界大战前的英国记者雅各布，利用德国公开报纸上的讣告、婚礼、庆典等消息，通过归纳、整理，出版了一本反映德国军事部署、机构的小册子，它详尽披露了当时正在重新武装的德国军队的组织情况、德军各个师团指挥官的姓名、德国各个军区的情况等。

（2）分析综合。分析综合是对所搜集到的与特定事物（课题）有关的信息（情况、数据、素材等），在进行对比、分析和推理的基础上进行综合，以认识事物（课题）的本质、全貌和动向，获得新的知识和结论。在进行分析综合时，有三种类型的方法可供选择：存优、浓缩或化合。所谓存优，就是将各种信息进行对比分析，去伪存真，去粗取精，然后将"真""精"等优质内容综合起来。所谓浓缩或化合，是借用化学上的名字，表示在思维活动中将各种信息进行浓缩或化合形成新的知识或结论。例如，1968 年日本决定发展摩托车工业，但没有简单地走技术引进的老路，而是派出专业人员分赴世界范围内重要的摩托车厂家进行广泛的调研，搜集了大量的情报并带回了各种样机。通过对各类典型摩托车各方面指标的分析综合，博采众家之长，最后设计出了一款轻便耐用、性能优良、价格便宜的摩托车。

（3）系统综合。系统综合是从系统论的观点出发，对与研究课题有关的大量信息进行时间与空间、纵向与横向等方面的综合研究。系统综合不是简单的信息搜集、归纳和整理，而是一个创造性地深入认识研究课题的过程。例如，美国未来学家约翰·奈斯比特及其助手追踪研究了 12 年间全美几千份报纸的数百万条报道，并加以有机的综合，从中归纳出"十大趋势"，清晰地勾勒出 20 世纪 80 年代社会发展总趋势的整体轮廓，指出信息社会的到来是美国社会最根本的变化，写出了轰动全球的《大趋势：改变我们生活的十个新方向》一书。

5.1.2.3　分析法与综合法的关系

分析与综合是对立统一的辩证关系，它们既相互矛盾又相互联系，并在一定条件下相互转化。

一方面，两者既相互矛盾又相互联系。分析是把事物总体分解为各个部分，分别抽取其个别属性、方面、部分进行单独研究，即化整为零；综合与此相反，是将原先分解的各个属性、方面、部分联合起来，使之成为一个完全的整体。综合必须以分析为基础，没有分析，认识就不能深入，对事物整体的认识只能是抽象的、空洞的；只有分析而没有综合，认识就可能囿于枝节之见，不能通观全局。事实上，任何分析总要从某种整体性出发，离不开关于对象整体性认识的指导，否则，分析就会有很大的盲目性；同样，任何综合离开了分析这个基础，就无法进行概括和提炼。只有将分析和综合这两种方法结合起来使用，才能得到较全面的认识。

另一方面，两者在一定的条件下可以相互转化。人们对事物的认识是一个由现象到本质、由局部到全局、由个别到一般的过程。这里，现象与本质、局部与全局、个别与一般本身是相对的。就某一层次来说，对该层次事物的认识，相对其上一层次而言，是现象、局部、个别，但相对其下一层次却又是本质、全局和一般。可见，人们对某一层次的研究，于其上一层次来说是分析，但于其下一层次来说却又是综合。这种转化过程就是对客观事物的认识不断深化和提高的过程。

可见，在信息分析与预测中，分析与综合总是结合在一起使用的。没有分析的综合，或者没有综合的分析，都很难保证信息分析与预测产品的高质量。

5.1.3　推理法

客观世界的某个对象有某种性质，或者几个对象之间有某种联系，我们就需要对这个或者这些对象下一个判断，这些判断怎样联系起来才有意义，不是主观任意的，而是由思维的形式和规律决定的，判断和判断之间的联系就叫作推理（inference）。因此推理是从一个或几个已知的判断得出一个新判断的思维过程。具体来说，就是在掌握一定的已知事实、数据或因素相关性的基础上，通过因果关系或其他相关关系顺次、逐步地推论，最终得出新结论的一种逻辑思维方法。

任何推理都由前提和结论两部分组成，都包含三个要素：一是前提，即推理所依据的一个或几个判断；二是结论，即由已知判断推出的新判断；三是推理过程，即由前提到结论的逻辑关系形式。

推理是由已知合乎规律地推出未知的思维形式，是通过对某些判断的分析和综合再引出新的判断的过程，它反映了事物之间的内在联系和发展趋势。在推理时，要想获得正确的结论，必须注意两点：第一，推理的前提必须是准确无误的；第二，推理的过程必须是合乎逻辑思维规律的。

5.1.3.1　归纳推理

1）归纳推理的概念

归纳推理是由一系列个别现象概括出一般性结论的方法。它由前提和结论两部分组成，前提为若干已知的个别现象，由前提经过推理得到的一般性猜想即为结论。例如，人们从宏观世界万物都可分为若干层次，微观世界的原子可再分为基本粒子等事实，得出

"物质是无限可分的"，民间的许多谚语，如"一场秋雨一场寒""清晨下雨当日清"等，都是根据归纳推理得出的一般原理。

2）归纳推理的作用

人们对事物的认识，总是从个别逐步扩大到一般，只有认识了许多不同事物的特殊本质，才有可能更进一步概括同类事物的共同本质。归纳正是这样一个从个别到一般的认识过程，采用归纳推理，可以从众多信息中整理归纳出一般性的结论，形成某些概念或观点以提供给研究人员、用户或读者；可以从特殊现象出发，论证具有普遍性结论的科学性和合理性；可以探索客观世界各个方面的相互联系，从而得出客观事物之间的规律性认识，为开展广泛的科学研究提供大量课题。

例如，20 世纪初，奥地利气象学家和地球物理学家魏格纳提出"大陆漂移说"。他在《大陆和海洋的形成》一书中指出：大陆地板一定移动过，南美洲肯定曾与非洲相连并构成一个统一的地块，此地块在白垩纪时分裂成两个部分，然后就像冰山破裂后的浮冰块那样，在千百万年的过程中相距越来越远。为了证明该学说成立，魏格纳在书中列举了如大地测量学、地球物理学、地质学、古生物学与生物学、古气候学等大量经验论据，正是根据这些支持大陆漂移说的论证，人们才认为大陆漂移说是成立的，最终接受了该理论。

3）归纳推理的分类

根据前提中是否考察了某类事物的全部对象，归纳推理可以分为完全归纳和不完全归纳两种类型。

（1）完全归纳。完全归纳是指在前提中考察了某类事物的全部对象，并且所有对象都具有（或不具有）某种属性，从而推出该类事物都具有（或不具有）该种属性的结论。完全归纳的推理形式可表示为

S_1 是（或不是）P；

S_2 是（或不是）P；

S_3 是（或不是）P；

……

S_n 是（或不是）P；

（S_1，S_2，S_3，…，S_n 是 S 中的全部对象）

所以，所有 S 都是（或不是）P。

例如：

欧洲有矿藏；

亚洲有矿藏；

非洲有矿藏；

南美洲有矿藏；

北美洲有矿藏；

大洋洲有矿藏；

南极洲有矿藏；

（欧洲、亚洲、非洲、南美洲、北美洲、大洋洲、南极洲是地球上的七大洲）

所以，地球上的所有大洲都有矿藏。

完全归纳因为需要考察全部对象，在某事物包含对象少的情况下，只要前提正确，且毫无遗漏地考察了所有的对象，就可以得到可靠的结论。但是在实际研究中，人们面对的通常是数量繁多、极为复杂的对象，这时想要考察全部对象就成为不可能的任务，所以，在大多数情况下，人们使用的是不完全归纳法。

（2）不完全归纳。不完全归纳是指仅在前提中考察某类事物的部分对象，若这些被考察的对象具有（或不具有）某种共同属性，则可以推出该类事物都具有（或不具有）该种属性的结论。例如，科学家罗蒙诺索夫曾写道：我们摩擦冻僵了的双手，手便暖和起来；我们敲击冰冷的石块，石块能发出火光；我们用锤子不断地敲击铁块，铁块也可热得发红；由此可知，运动能够产生热。

根据对象与属性间是否具有因果关系，不完全归纳又可分为简单枚举法和科学归纳两种类型。

a. 简单枚举法。这是考察某类事物中的部分对象都具有（或不具有）某种属性从而推出该类事物中的所有对象都具有（或不具有）这种属性的逻辑思维方法。该类方法因为没有考察全部对象，无法判断是否有对象不具备该性质，所以得到的结论带有或然性，可以用增加样本数量，扩大考察范围等方法来提高结论的可靠性。简单枚举法的推理形式可表示为

S_1 是（或不是）P；

S_2 是（或不是）P；

S_3 是（或不是）P；

……

S_n 是（或不是）P；

（S_1，S_2，S_3，…，S_n 是 S 中的部分对象，并且在枚举的过程中没有出现与之矛盾的情况）

所以，所有 S 都是（或不是）P。

例如：

某国出现石油供应紧张情况；

某国出现天然气供应紧张情况；

某国出现煤炭供应紧张情况；

某国出现煤气供应紧张情况；

（石油、天然气、煤炭、煤气都是能源）

所以，某国出现能源供应紧张情况。

b. 科学归纳。这是通过分析某类事物中的部分对象与其属性之间具有因果关系，从而推出该类事物中的所有对象都具有这种属性的逻辑思维方法。科学归纳的推理形式可表示为：

S_1 是（或不是）P；

S_2 是（或不是）P；

S_3 是（或不是）P；

……

S_n 是（或不是）P；

（S_1，S_2，S_3，$\cdots$，S_n 是 S 中的部分对象，在枚举的过程中没有出现与之矛盾的情况，且 S 与 P 存在因果关系）

所以，所有 S 都是（或不是）P。

例如：

金受热后体积膨胀；

银受热后体积膨胀；

铜受热后体积膨胀；

铁受热后体积膨胀；

（金、银、铜、铁都是金属，它们受热后，分子的凝聚力减弱，分子运动加速，分子间的距离加大，从而导致体积膨胀）

所以，所有金属受热后都会体积膨胀。

需要说明的是，因为不完全归纳法在前提中只考察了某类事物的部分对象，所以其结论带有或然性，也就是说，即使前提中的每一个判断都是正确的，也不能保证推理的结论就一定正确，只能说在一定程度上是正确的。为了提高推理结论的真实性，研究人员应尽可能扩大考察对象的数量和范围，因为考察的对象越多，论证就越充分，结论的可靠性就越高。

5.1.3.2　演绎推理

1）演绎推理的概念

所谓演绎推理，是指运用逻辑证明或数学运算的方法，以一般原理为前提，推导出个别或特殊结论的逻辑思维过程。它是一种利用某类事物中所具有的一般属性来推断出该类事物中个别事物所具有的特殊属性的方法。例如，人们从"物质是无限可分的"这一原理，推出基本粒子也是可分的，应用的就是演绎推理的方法。推理结论的正确性取决于前提是否正确、前提与结论之间是否存在着必然的逻辑联系。只要符合以上要求，推导出来的结论就是正确的，所以，演绎推理是一种必然推理。

2）演绎推理的作用

人们在得到对同类事物共同本质的认识之后，会以此为依据，继续研究尚未认识的各种具体事物，找出其特殊的本质，以进一步丰富和发展对这种共同本质的认识。演绎推理正是这样一个从一般到个别的过程，在信息分析中的作用主要表现为：它是获得新的认识的重要途径、是论证科学假说和理论的有力工具、是提出科学解释和预见的重要手段。

例如，古希腊哲学家亚里士多德曾在他的著作《论天》中表述过这样一种假说：大地实际上是一个球体，一部分是陆地，一部分是海洋，外面被空气包围着。为了验证这种假说，他列举了许多现象来证明自己的观点。他指出，当海面上驶来一艘船时，人们总是先看到桅杆，然后逐渐往下看见船身。如果海面是平的，就不会如此；只有当海面是弯曲的时候，才会如此。他还指出，月食一定是地球的影子掠过月球的表面时引起的。既然这个影子是圆的，大地本身也应该是圆的。亚里士多德正是应用演绎推理的方法，得出了地球是圆形的结论。

3）演绎推理的分类

演绎推理一般分为三段论、假言推理和选言推理等形式。

（1）三段论。这是演绎推理中最普遍的一种形式，它是以两个直言判断为前提，借助于一个共同的概念把这两个直言判断联结起来从而推导出结论（另一个直言判断）的演绎推理。在三段论中包含有三个概念：大项、小项、中项。大项和小项作为结论中的谓项和主项出现在结论当中，而不包含在结论中的起到沟通大项和小项的关系作用的概念，即为中项。在两个前提中，包含大项的叫大前提，包含小项的叫小前提，为了便于理解，先看下面一个例子。例如：

所有金属都是导体；

铁是金属；

所以铁是导体。

这是一个典型的三段论推理形式。在这个例子中，中项"金属"沟通了大项"导体"和小项"铁"之间的关系，从而推出了"铁是导体"这个结论。若用字母"P"表示大项，"S"表示小项，"M"表示中项，则三段论的推理形式可以表示为

大前提：所有 M 是（或不是）P；

小前提：所有 S 是（或不是）M；

结论：所有 S 是（或不是）P。

（2）假言推理。这是以一个假言判断为前提的演绎推理。它首先提出一个假设性判断，这个判断包括前件和后件两个部分，通过顺次推出其后件或逆向推出其前件，来检验预先提出的假设性判断是否正确。如果推导过程顺利，则说明前提与结论之间存在逻辑关系，假设性判断即被证实为真；如果推导过程不合逻辑，则说明假设性判断不成立。假言推理分为纯假言推理和混合假言推理两种。纯假言推理的前提和结论都是假言判断，混合假言推理的大前提是假言判断，小前提和结论是直言判断。这里重点介绍混合假言推理。根据混合假言推理所遵循规则的不同，可以将其分为充分条件假言推理，必要条件假言推理和充分必要条件假言推理三种形式。

a. 充分条件假言推理。这是以充分条件假言判断为前提的推理，它的假言连接词为"如果……，则"，通过小前提对大前提的前件或后件的判断来推导出结论。充分条件假言推理所遵循的规则是：①如果小前提肯定大前提的前件，那么结论就肯定大前提的后件；②如果小前提否定大前提的后件，那么结论就否定大前提的前件。其形式可以分别表示为

Ⅰ. 大前提：如果 P，则 Q；

　　小前提：P；

　　结论：所以，Q。

例如

大前提：如果气温达到零摄氏度以下，水就会结冰；

小前提：气温达到零摄氏度以下；

结论：所以，水结冰了。

在这个例子中，小前提"气温达到零摄氏度以下"是对大前提的前件的肯定，所以结

论就肯定大前提的后件，推出"水结冰了"。

Ⅱ．大前提：如果 P，则 Q；

小前提：非 Q；

结论：所以，非 P。

例如

大前提：如果气温达到零摄氏度以下，水就会结冰；

小前提：水没有结冰；

结论：所以，气温没有达到零摄氏度以下。

在这个例子中，小前提"水没有结冰"是对大前提的后件的否定，所以结论就否定大前提的前件，推出"气温没有达到零摄氏度以下"。

b. 必要条件假言推理。这是以必要条件假言判断为前提的推理，它的假言连接词为"只有……，才"，通过小前提对大前提的前件或后件的判断来推导出结论。必要条件假言推理所遵循的规则是：①如果小前提肯定大前提的后件，那么结论就肯定大前提的前件；②如果小前提否定大前提的前件，那么结论就否定大前提的后件。其形式可以分别表示为

Ⅰ．大前提：只有 P，才 Q；

小前提：Q；

结论：所以，P。

例如

大前提：只有获得会计从业资格证书的人才能从事会计工作；

小前提：他能从事会计工作；

结论：所以，他获得了会计从业资格证书。

在这个例子中，小前提"他能从事会计工作"是对大前提的后件的肯定，所以结论就肯定大前提的前件，推出"他获得了会计从业资格证书"。

Ⅱ．大前提：只有 P，才 Q；

小前提：非 P；

结论：所以，非 Q。

例如

大前提：只有获得会计从业资格证书的人才能从事会计工作；

小前提：他没有获得会计从业资格证书；

结论：所以，他不能从事会计工作。

在这个例子中，小前提"他没有获得会计从业资格证书"是对大前提的前件的否定，所以结论就否定大前提的后件，推出"他不能从事会计工作"。

c. 充分必要条件假言推理。这是以充分必要条件假言判断为前提的推理，它的假言连接词为"当且仅当……，才"，通过小前提对大前提的前件或后件的判断来推导出结论。充分必要条件假言推理所遵循的规则是：①如果小前提肯定（或否定）大前提的前件，那么结论就肯定（或否定）大前提的后件；②如果小前提肯定（或否定）大前提的后件，那么结论就肯定（或否定）大前提的前件。其形式可以分别表示为

Ⅰ. 大前提：当且仅当 P，才 Q；

小前提：（或非）P；

结论：所以，（或非）Q。

例如

大前提：当且仅当一个三角形是等边三角形时，它才是等角三角形；

小前提：这个三角形是等边三角形；

结论：所以，它是等角三角形。

在这个例子中，小前提"这个三角形是等边三角形"是对大前提的前件的肯定，所以结论就肯定大前提的后件，推出"它是等角三角形"。

Ⅱ. 大前提：当且仅当 P，才 Q；

小前提：（或非）Q；

结论：所以，（或非）P。

例如

大前提：当且仅当一个三角形是等边三角形时，它才是等角三角形；

小前提：这个三角形不是等角三角形；

结论：所以，它不是等边三角形。

在这个例子中，小前提"这个三角形不是等角三角形"是对大前提的后件的否定，所以结论就否定大前提的前件，推出"它不是等边三角形"。

（3）选言推理。这是以一个选言判断为前提的演绎推理。选言推理的大前提包括两个或两个以上的选言肢，根据选言肢是否相容可以将选言推理分为相容选言推理和不相容选言推理两种形式。

a. 相容选言推理。这是以相容选言判断为前提的推理，它的选言连接词为"……，或……"，推理所遵循的原则是：如果小前提否定大前提的部分选言肢，那么结论就肯定大前提的另一部分选言肢。其形式可以表示为

大前提：P 或 Q；

小前提：非 P（或 Q）；

结论：所以，Q（或 P）。

例如

大前提：徐悲鸿是画家或是诗人；

小前提：徐悲鸿不是诗人；

结论：所以，徐悲鸿是画家。

在这个例子中，小前提"徐悲鸿不是诗人"是对大前提的第二个选言肢的否定，所以结论就肯定大前提的第一个选言肢，推出"徐悲鸿是画家"。

b. 不相容选言推理。这是以不相容选言判断为前提的推理，它的选言连接词为"要么……要么……"。不相容推理所遵循的原则是：①如果小前提肯定大前提的一个选言肢，那么结论就否定大前提的其他选言肢；②如果小前提否定大前提的除一个之外的其他选言肢，那么结论就肯定大前提的那一个未被否定的选言肢。其形式可以分别表示为

Ⅰ. 大前提：要么 P，要么 Q；

小前提：P（或 Q）；

结论：所以，非 Q（或非 P）。

例如

大前提：中国要么走社会主义道路，要么走资本主义道路；

小前提：中国要走社会主义道路；

结论：所以，中国不能走资本主义道路。

在这个例子中，小前提"中国要走社会主义道路"是对大前提的第一个选言肢的肯定，所以结论就否定大前提的第二个选言肢，推出"中国不能走资本主义道路"。

Ⅱ. 大前提：要么 P，要么 Q；

小前提：非 P（或非 Q）；

结论：所以，Q（或 P）。

例如

大前提：中国要么走社会主义道路，要么走资本主义道路。

小前提：中国不能走资本主义道路。

结论：所以，中国要走社会主义道路。

在这个例子中，小前提"中国不能走资本主义道路"是对大前提的第二个选言肢的否定，所以结论就肯定大前提的第一个选言肢，推出"中国要走社会主义道路"。

5.1.3.3　类比推理

1）类比推理的概念

所谓类比推理，是指根据两个（或两类）对象的相同或相似属性，推出它们在其他属性上也相同或相似的逻辑思维过程。例如，一种新药在临床应用之前总是要先在动物身上进行试验，通过观察研究，确定无不良反应之后才会进行正式的临床试验。这个例子正是依据人与动物在某些属性上是相似的，所以将人与动物进行比较，把动物对新药无不良反应这个属性类推到人身上，推断出人对于这个新药也无不良反应。若以 A，B 分别表示两个相同或相似的对象，则类比推理的形式可表示如下：

A 对象具有属性 a、b、c、d；

B 对象具有属性 a、b、c；

所以，B 对象也具有属性 d。

例如：

声音是直线传播，在传播过程中可以发生反射和折射，可以受到干扰，具有波动性；

光也是直线传播，在传播过程中可以发生反射和折射，可以受到干扰；

所以，光也具有波动性。

在这个例子中，声音和光都具有"直线传播，在传播过程中可以发生反射和折射，可以受到干扰"的属性，所以由声音具有波动性类比推出光也具有波动性的结论。

2）类比推理的作用

类比推理是信息分析中常用的一种推理方法，它通过对不同对象之间的某些相似性进行比较分析和研究，将原本可能没有任何关系的事物联系起来，从已知信息中推导出未知信息，异中求同、同中求异，从而得出新的认识和结论。可以将类比推理在信息分析中的作用概括为以下几点：

（1）类比推理可以启发人们的思路，促进科学发现的产生。启发是类比推理的主要作用，它可以使人产生灵感，激发创造性思维，使某个事物从未知变为已知。

（2）类比推理是模拟实验的逻辑基础。模拟实验正是借助类比推理的原理，以模型和原型之间的相似性为依据，进而推出二者具有相同的属性。例如，宇宙飞船、通信卫星、火箭等，都是以类比为逻辑基础而进行模拟实验的。

（3）类比推理是一种重要的论证工具。人们在对某些现象或原理进行论证时，往往将这些现象或原理同与之相似的事物进行类比来说明，借助类比推理生动地说明作用，使论证的结果更具有说服力。

3）类比推理的步骤

类比推理是一个从特殊到特殊的推理过程，通过联想、类推，从一个事物的已知特征推出另一事物的未知特征。具体来说，类比推理包括以下几个步骤。

（1）正确选择类比对象。类比推理只能发生在有相同或相似属性的两个事物之间，所以类比推理的第一步，就是根据研究目的选择合适的类比对象，同时，类比对象还应该尽量选择熟悉的事物，这样较容易进行类比。

（2）将类比对象进行分析、比较，从中找出两者之间可以确切表述的相同或相似的属性。

（3）进行类比联想推理，用一类对象的已知特征去推测另一类对象的特征，从而得出结论。

类比推理是将两个或两类事物进行对比，找到相同点或相似点，从而以此为基础，将某对象所具有的其他属性类推到与之相同或相似的其他对象上去。也正是因为如此，类比推理的前提与结论之间没有必然的联系，且结论超出了前提所断定的范围，所以，类比推理的结论带有或然性。可以通过：①增加前提中类比的相同属性的数量；②保证在前提中类比的相同属性为对象的本质属性；③提高前提中类比的相同属性与推出属性之间的联系的密切程度。这三种方法可以提高类比结论的准确性。

5.2　专家调查法

专家调查法，就是根据经过调查得到的情况，凭借专家的知识和经验，直接或经过简单的推算，对研究对象进行综合分析研究，寻求其特性和发展规律，并进行预测的一种方法。在使用这种方法时，通过调查了解研究对象和有关事物的历史与现状以及它们之间的相互关系，是作出准确分析和预测的基础。

专家调查法在科技、经济和社会发展各领域中有广泛的应用。这类方法的最大优点是简便直观，无须建立烦琐的数学模型，而且在缺乏足够统计数据和没有类似历史事件可借鉴的情况下，也能对研究对象的未知或未来的状态作出有效的预测。

专家调查法包含头脑风暴法、德尔菲法和交叉影响法，其中德尔菲法作为信息分析定量方法将在第6章进行详细介绍，本节将对头脑风暴法和交叉影响法进行详细介绍。

5.2.1　头脑风暴法

5.2.1.1　头脑风暴法的概述

头脑风暴法是借助于专家的创造性思维来获取未知或未来信息的一种直观预测方法，使专家意见不仅更集中，而且更深入、更具创造性。

头脑风暴法最早是由现代创学的创始人，美国学者亚历克斯·奥斯本于 1938 年提出。它原指精神病患者头脑中出现的短时间的思维紊乱现象，病人会产生大量的胡思乱想。奥斯本借用这个概念来比喻思维高度活跃、打破常规的思维方式而产生大量创造性设想的状况，后被用来指无拘无束、自由奔放地思考问题的情形。此法经各国创学研究者的实践和发展，至今已经形成了一个发明技法群，如奥斯本智力激励法、默写式智力激励法、卡片式智力激励法等，并获得了广泛的应用。

头脑风暴法早期的著名应用案例有很多，例如在美国国防部制定长远科技规划时，曾邀请 50 名专家采取头脑风暴法召开了两周会议。参加者的任务是对事先提出的长远规划提出异议，通过讨论，最终形成一个与原规划文件有较大差异的报告。在原规划文件中，只有 25%～30% 的意见在报告中得以保留，由此可以看到头脑风暴法的价值。

在群体决策中，由于群体成员心理相互作用的影响，易屈于权威或大多数人意见，形成所谓的"群体思维"，群体思维削弱了群体的批判精神和创造力，损害了决策的质量。为了保证群体决策的创造性，提高决策质量，在管理上发展了一系列改善群体决策的方法，头脑风暴法是较为典型的一个。实践表明，头脑风暴法可以优化决策方案，对所讨论问题通过客观、连续的分析，找到一组切实可行的方案，所以头脑风暴法在决策分析中得到了较广泛的应用。20 世纪 50 年代头脑风暴法就在欧美等西方国家得到普及，甚至被看作是一种万能的方法。20 世纪 60 年代后，随着运筹学和决策学的发展，它开始作为分析和决策时的一种辅助工具。尽管如此，在 20 世纪 70 年代，这种方法仍然在预测方法的应用中占有 8.1% 的比例，至今也是一种重要的并得到广泛应用的信息分析预测方法。

5.2.1.2　头脑风暴法的类型

（1）按智能结构划分，头脑风暴法可分为个人头脑风暴法和集团头脑风暴法。

个人头脑风暴法通过专家个人的创造性思维来索取未知或未来信息。它一般是在一个偶然的场合，某专家由于受到外界的刺激而萌发出一种富有创见的想法，或者找到了解决某一问题的办法。

集团头脑风暴法通过专家集体（即头脑风暴会议）的创造性思维来索取未知或未来信息。这种方法的优点是：通过信息交流和相互启发，使专家们的思维产生"共振"和"组合效应"，从而取得相互补充的效果。

（2）按性质划分，头脑风暴法可分为直接头脑风暴法和质疑头脑风暴法。

直接头脑风暴法就是组织专家对所要预测的课题，各持己见地进行对话，以便集思广益。

质疑头脑风暴法又称为破坏头脑风暴法。它以头脑风暴会议的方式来进行，主要用来对过去已制订的计划、方案或工作文件提出异议或评论，如论证其无法实现的理由，指出限制其实现的因素，提出排除这些限制性因素的措施等。其常用句式为："这样是不可能的，因为……如果要使其可行，必须利用……"，经过专家质疑，往往可以有效地去掉不合理或不科学的部分，完善不具体或不全面的部分，使计划、方案或工作文件趋于完善。前面提到的由美国国防部主持的头脑风暴会议，所采用的就是质疑头脑风暴法。

5.2.1.3 头脑风暴法的基本程序

（1）会前准备。在头脑风暴会议召开之前，组织者应做好充分的准备工作，以保证会议的高效率、高质量。具体包括：①明确会议目标，确定此次会议需要解决什么问题；②收集与议题有关的背景资料和外界动态，供与会专家参考；③布置会议现场，座位排成圆环形的环境往往比教室式的环境更为有利；④可以在会议正式开始之前进行"热身"，如讲一件有趣的事，出一些创造力测试题供大家思考等，以便活跃气氛，放松心态。

（2）确定与会人员。头脑风暴法的参与者分为三类：主持人、记录员和提出设想的专家。主持人在头脑风暴会议开始时表明讨论的议题和纪律，并在会议进程中启发引导，掌握进程，最好由对决策问题的背景比较了解并且熟悉头脑风暴法的专家担任；记录员负责记录会议提出的各种设想，以供组织者后期对会议产生的设想进行系统化处理；提出设想的专家负责在轻松愉悦的环境下发表观点，可以由方法论专家、专业领域专家、专业领域高级分析专家和具有较高逻辑思维能力的专家共同组成。

确定与会人员需要遵循以下原则：①尽可能选择互不相识的专家参加，不应公布参加人员的职称，避免对参加者造成压力；②如果参加者彼此认识，为了避免上下级之间会造成压力，则要从同一职称或级别的人员中选取；③除了选择与所讨论问题一致的领域的专家外，还应该选择一些对所讨论问题有较深理解的其他领域的专家；④与会者一般以8～12人为宜，也可略有增减（5～15人）。

（3）召开头脑风暴会议。首先由主持人扼要地介绍本次会议的主题，宣布会议规则。随后引导大家畅所欲言，充分发挥想象力，使彼此相互启发。专家们依次发表意见，不必对意见进行解释，也不应受到质疑。每出现一个新想法，记录人员应立即写出来，使每个人都能看见，以激发大家的思维。会议讨论的时间控制在20～60分钟，如果要讨论的问题较多，可以分别召开多次会议。

（4）处理想法，得出最佳方案。经过头脑风暴会议之后，组织者会得到大量与议题有关的设想，这时就需要对这些设想进行归纳整理、分析综合，以选出最有价值、最富创造性的想法。设想处理的方式有两种：一种是专家评审，可聘请有关专家及与会代表若干人（5人左右为宜）承担这项工作；另一种是二次会议评审，即所有与会人员集体进行设想的评价处理工作。通过评审将大家的想法整理成若干方案，经过多次反复比较，最后确定1～3个最佳方案。

5.2.1.4 头脑风暴法的原则

一次成功的头脑风暴除了有程序上的要求之外，更为关键的是探讨方式及心态上的转变，概括起来说就是充分、非评价性的、无偏见的交流。

（1）自由畅谈。创造一种自由的气氛，参加者不应该受任何条条框框的限制，放松思想，让思维自由驰骋。从不同角度、不同层次、不同方位大胆地展开想象，尽可能地标新立异，与众不同，做到知无不言，言无不尽，提出独创性的想法。

（2）庭外判决。头脑风暴，必须坚持当场不对任何设想做出评价的原则。认真对待任何一种设想，既不能肯定某个设想，也不能否定某个设想，也不能对某个设想发表评论性的意见。一切评价和判断都要延迟到会议结束以后才能进行。这样做一方面是为了防止评判行为约束与会者的积极思维，破坏自由畅谈的有利气氛；另一方面是为了集中精力开发设想，避免把应该在后阶段做的工作提前进行，影响创造性设想的大量产生。

（3）禁止批评。绝对禁止批评是头脑风暴法应该遵循的一个重要原则。参加头脑风暴会议的每个人都不得对别人的设想提出批评意见，因为批评对创造性思维无疑会产生抑制作用。发言人的自我批评也在禁止之列，尽量少用一些自谦之词，这些自我批评性质的说法同样会破坏会场气氛，影响自由畅想。

（4）追求数量。头脑风暴会议的目标是获得尽可能多的设想，追求数量是它的首要任务。参加会议的每个人都要抓紧时间多思考，多提设想。至于设想的质量问题，自可留到会后的设想处理阶段去解决。在某种意义上，设想的质量和数量密切相关，产生的设想越多，其中的创造性设想就可能越多。

（5）掌握时间。会议时间由主持人掌握，不宜在会前定死。一般来说，以 20～60 分钟为宜。时间太短与会者难以畅所欲言，太长则容易产生疲劳感，影响会议效果。经验表明，创造性较强的设想一般在会议开始 10～15 分钟后逐渐产生。美国创造学家帕内斯指出，会议时间最好安排在 30～45 分钟，倘若需要更长时间，就应把议题分解成几个小问题再分别进行专题讨论。

（6）鼓励取长补短。除提出自己的意见外，鼓励与会者对他人已经提出的设想进行补充、改进和综合。取长补短，不同的、相同的意见进行组合或碰撞，才能创造出更多有价值的设想。

5.2.1.5　头脑风暴法的优缺点

头脑风暴法是一种即兴的直观预测方法，其优点是：①通过信息交流，有利于捕捉瞬间的思路，激发创造性思维，产生富有创见性的思想"火花"；②通过头脑风暴会议，获取的信息量大，考虑的因素多，所提供的计划、方案等也比较全面和广泛。

头脑风暴法也有明显的缺点：①它是专家会议调查的一种类型，因而具备专家会议调查法的一些缺陷，如专家缺乏代表性，易受"权威"、会议"气氛"和"潮流"等因素的影响，易受表达能力的限制等；②由于是即兴发言，普遍存在着逻辑不严密、意见不全面、论证不充分等问题。

由于头脑风暴法具有以上缺点，所以在实际应用时要注意扬长避短，如在组织头脑风暴会议时严格遵循有关原则、严格做好专家的遴选工作、提交必要的背景性材料、会后再走访专家了解详情等。此外，也可以将头脑风暴法同其他信息分析与预测方法结合起来使用，这样可以达到相互印证的目的。

5.2.2　交叉影响法

5.2.2.1　交叉影响法的概述

交叉影响法是为了弥补德尔菲法的不足而提出的。传统的德尔菲法主要通过发放调查表的形式来征询专家意见，专家们根据调查表对各指标作出评价或预测。在多轮调查过程中，并没有要求专家考虑某些事件的发生概率是否可能会因其他相关事件的发生而改变，也没有要求专家权衡这些相关事件之间的交叉影响所产生的作用。但是在实际应用中，事件之间常常存在着相互影响的关系，例如：事件 A 的发生可能会加速或延缓事件 B 的发生。因此，在预测某事件发生概率时，除了要考虑事件本身，还要考虑相关事件可能会对本事件的发生造成的影响。鉴于以上问题，美国兰德公司的戈登和海沃德于 1968 年提出了交叉影响法这一概念。交叉影响法，就是在信息分析和预测中，根据若干事件之间的相互影响关系，分析某一事件的发生会导致其他事件的发生情况产生何种变化的方法。交叉影响法要求专家在对某一事件进行预测时，要充分考虑到与其相关事件的相互影响关系。这些相互影响关系通常分为是否有影响；是正影响还是负影响。其中：有影响表示某一事件的发生会对另一事件的发生概率产生影响，无影响则刚好相反；正影响表示某一事件的发生会提高另一事件的发生概率，负影响表示某一事件的发生会降低另一事件的发生概率。在辨别事件之间是何种交叉影响关系之后，还需要对这些影响的程度和范围做定量估计，使得参加者能依次考虑其中每一个事件的发生对另一事件的定量影响，得到较为准确的预测结果。

交叉影响法的核心思想是在对事件进行预测时要考虑到相关事件之间的交叉影响关系对该事件发生概率的影响。假设现在需要研究一组事件未来的发生情况，将这组事件记为 $D_1, D_2, D_3, \cdots, D_n$，$n$ 为事件的个数，在不考虑交叉影响时每一事件的发生概率为 $P_1, P_2, P_3, \cdots, P_n$。现在考虑到事件之间的交叉影响关系会改变原发生概率，假设 D_i 发生，且它的发生会对 D_j 造成影响，那么 P_j 必然会产生变化。假设 P_j' 是 P_j 的修正概率，若 $P_j' < P_j$，则表示 D_i 的发生会对 D_j 产生负影响；若 $P_j' > P_j$，则表示 D_i 的发生会对 D_j 产生正影响。交叉影响法通过修正事件原有的发生概率来提高预测结果的准确度。

在信息分析中，通常需要考虑各个事件之间的相互作用和影响，例如，自然灾害对农业生产产生的影响、工业生产对环境的影响、环境污染对全球气候的影响等。利用交叉影响法，可以定量地考察被预测的各个事件之间的相互影响关系。从实践来看，交叉影响分析法主要应用在三个方面：对历史事件进行验证；对未来事件进行预测；对方案、技术、成品等进行评价。

5.2.2.2　交叉影响法的实施步骤

第一步：列出要进行交叉影响分析的一组事件，将它们分别标记为 $D_1, D_2, D_3, \cdots, D_n$。

第二步：假设所有事件都发生，并且先不必考虑它们之间的相互作用关系，采用德尔菲法独立地预测被分析的事件 $D_1, D_2, D_3, \cdots, D_n$ 的初始发生概率 $P_1, P_2, P_3, \cdots, P_n$（概率取值范围为 0～1）。

第三步：列出交叉影响矩阵，假设所有事件都发生，分析所有事件两两之间的关系，把每一个交叉影响关系的估计值填入矩阵内。估计值除了表示影响方向（如正向、中性和负向）之外，还应表示其影响强度。影响强度通常取 0~1 之间的数值来表示。强度为 0，则两个事件之间无影响。用正负号表示影响方向，正号（通常不标出）代表正影响，负号代表负影响。交叉影响矩阵的形式如表 5.4 所示。

表 5.4　交叉影响矩阵

如果该事件发生	原始发生概率	对其他事件的影响程度			
		D_1	D_2	...	D_n
D_1	P_1	0	−1	...	0.5
D_2	P_2	1	0	...	0.8
⋮	⋮	⋮	⋮		⋮
D_n	P_2	0.8	−0.4	...	0

第四步：根据蒙特卡罗模拟实验修正各预测事件的发生概率。蒙特卡罗模拟的核心思想是用事件发生的频率代替其发生的概率，具体做法如下。

（1）从事件集合中随机选取某一事件，同时获取一个 0~1 之间的随机数。将事件发生的初始概率与随机数进行比较。如果随机数小于或等于事件发生的概率，那么认为该事件发生了；如果随机数大于事件发生的概率，那么认为该事件不发生。例如，假设抽取的随机数为 0.45，事件 D_i 的初始概率为 0.64，因为 0.64＞0.45，所以认为事件 D_i 发生。

（2）如果事件不发生，那么它不会影响其他事件的发生概率。如果事件发生了，那么根据公式（5-1）和交叉影响矩阵调整其他事件发生的概率，公式（5-1）表示如下。

$$P_i' = P_i + SP_i(1 - P) \tag{5-1}$$

式中：P_i ——事件 D_i 的初始发生概率；

　　　P_i' ——事件 D 修正后发生的概率；

　　　S ——事件之间的交叉影响程度，且 $0 < |S| < 1$。若 $S > 0$，表示事件之间存在正影响；若 $S < 0$，则表示事件之间存在负影响。

（3）重复以上步骤，每次调整事件发生概率都以最近一次调整后的概率值为基础，直至对事件集合中所有事件是否发生都进行过判断。至此，完成一次蒙特卡罗模拟实验。

（4）重复以上步骤，进行 n 次蒙特卡罗模拟实验（一般为 1000 次以上），用事件发生的频率来代替其发生的概率。例如，n 次实验中，如果某一事件发生的次数为 m，则可以认为其发生的概率为

$$P = m / n \tag{5-2}$$

第五步：根据修正后的事件发生概率分析预测某事件的发展趋势，以及从众多事件中挑选关键事件。

5.2.2.3　交叉影响法在信息分析与预测中的应用

在信息分析与预测中，通常会遇到被研究的若干个事件之间存在某种影响关系的情形。例如，大规模的技术引进制约了技术开发的进程、商品供过于求时价格下降、科技的发展促进了生产和经济的发展，等等。将交叉影响法引入信息分析与预测领域，可以定量地考察被研究的各个事件之间的相互影响关系。从实践上看，此分析方法主要在以下几个方面发挥作用。

第一，对历史事件进行验证。例如，美国曾利用交叉影响法对研制民兵式导弹的发生概率做了研究。根据当时的知识，人们认为在不考虑交叉影响时，该事件发生的概率仅为0.20，是其他一系列相关事件的影响把这一低数值提高到0.729。这一结论与客观事实大致相符。

第二，对未来事件进行预测。例如，日本曾有学者利用交叉影响法对与2000年的运输发展状况有关的72个相互联系的事件之间的交叉影响关系进行了研究，并得出了相应的结论。

第三，方案（技术、产品等）评价。例如：将研究与开发（research and development，R&D）投资重点放在某一方案上后对其他方案可能产生的影响的评价；开发、引进或改造某种技术后对社会上各种因素和其他技术可能产生的影响的评估，等等。

5.3　社　会　调　查

社会调查又称实际情况调查，是一切以信息搜集为目的的社会实践活动的总称。它既包括对人的访问，也包括对实物、现场的实地考察，如现场调查、访问调查、问卷调查、样品调查等，本节重点对现场调查、访问调查、问卷调查进行介绍。

社会调查是提高信息分析与预测活动效果的一项有力措施。它通过接触实际，可以获得许多极珍贵的在文献信息搜集时难以获取的信息，如不用或难以用文献形式反映的实物信息，包括新产品、新设备、新材料等；有关人员正在思考和设想的新思想、新方案等。社会调查是搜集非文献信息的主要途径。

5.3.1　现场调查

现场调查是信息分析与预测人员深入现场参观考察或参加局内活动而进行的社会调查方法，如实地参观、参加会议（如学术报告会、经验交流会、学术研讨会、座谈会、贸易洽谈会、博览会）、出国考察等。

通过现场调查可以及时捕捉到一些难以明确表达或难以传递的信息，例如通过现场调查，可以观察到文献资料上无法看到的现象（如现场表演、靶场试验、生产过程、辩论场面、实物展览等），可以直接目睹国外动态。另外，现场获取的信息大部分是第一手信息，具有直观、形象、真实、生动、可靠的特点。例如：可以通过直接测量获取生产车间生产流水线的立体布置，它比技术档案部门提供的平面布置图要有价值得多；可以通过直接观察记录获取生产现场工作仪表动态显示的数据，这些数据是生产实践过程中客观产生的，不会受到任何人为因素的影响；可以通过直接购买某物而体验其价格之高昂；可以通过亲自操作和使用某设备或技术而体验其使用价值。

5.3.2　访问调查

访问调查是通过向受访者询问以获取所需信息的方法。访问调查的传统方式是直接面谈（又称访谈），即信息分析与预测人员与受访者直接做面对面的交谈。这种访问调查形式的优点是灵活性好，信息交流和反馈直接迅速，可以捕捉到其他方式难以捕捉到的由动作、表情等形体语言传递的信息，适用于讨论复杂的问题；缺点是费用高、受时空的约束和影响作用大。直接面谈一般可分为个人面谈、小组面谈和集体座谈三种形式。

访问调查的另一种方式是电话采访法。这种方式不需要信息分析与预测人员和受访者直接见面，而是通过电话线路系统建立联系。其优点是受时空约束和影响作用小，可以避免直接面谈时可能出现的尴尬局面，交谈双方也不容易怯场，因而是一种既快捷又省钱的有效方式；缺点是不能捕捉由动作、表情等形体语言传递的信息，信息吸收率低。近年来出现的可视电话系统在某种程度上弥补了这种缺陷，使信息吸收率有所提高，但仍难以与直接面谈相媲美。

上述两种访问调查方式各有特点，在实际操作中应灵活把握和选择。一般来说，如果所要讨论的问题比较复杂，需要双方反复交流，甚至还需要出示相关的文献资料或实物，则以直接面谈为妥；如果仅仅是想询问几个简单的、十分明确的问题，或者离受访者较远，则可以首先考虑选择电话采访。

不论是哪种方式的访问调查都应该注意计划性。访问调查一般要事先拟定好调查提纲，选好采访对象，约定采访时间，并对提问方式和应对措施有所准备，以防临阵时不知所措。为了提高采访的效果，在采访过程中应注意掌握一定的采访技巧，如设法诱导对方谈话，热情友好而又不装腔作势等。作为采访者，信息分析与预测人员应当首先学会当听众，而不是学习如何使自己口若悬河。

5.3.3　问卷调查

问卷调查是社会调查的主要方法。它是指信息分析与预测人员向被调查者发放格式统一的调查表并由被调查者填写，通过调查表的回收获取所需要的信息。问卷调查的质量和效果主要取决于调查表的设计质量和效果。调查表是以信息搜集为目的、由信息分析与预测机构设计的格式统一并具有明确的调查内容和要求的一种预制表格。在问卷调查中，调查表需要大量印刷，并有计划地分发给有关单位和个人。

1）调查表的设计

调查表是以提问方式搜集所需要的信息的。提问什么、如何提问是影响调查目的的重要方面。在实际调查中，为了取得良好的调查效果，达到预期的目的，通常要慎重地处理好这两个问题，以取得被调查者的合作。

（1）提问的内容。一份比较完整的调查表的提问大致包括三部分内容。

a. 基本信息。基本信息即关于被调查者基本情况的信息，如个人的性别、年龄、职业、受教育程度、民族、收入、婚姻状况及城乡居住状况等；社会群体和组织的规模、结构等。

b. 行为信息。行为信息即关于被调查者社会行为的信息，如被调查者在购物、旅游、服务、生产实践、科学研究等具体活动中反映出来的一些行为信息。

c. 态度信息。态度信息即关于被调查者对本人或他人（或事件）能力、兴趣、意见、评价、情感、动机等方面的态度，如科研人员对科研条件的评价、消费者对电脑产品捆绑销售的看法、网络用户对因特网安全的感受、体育迷对足球明星的态度等。

（2）提问的方式。根据调查者的需要，提问可以采取下述四种方式中的一种或几种组合。

a. 自由式提问。这种提问方式的问卷上没有事先拟好的答案，被调查者可以自由地阐述个人的意见和观点。

例如：应用因特网的主要困难和障碍是什么？

这种提问方式的优点有：第一，被调查者可以从不同角度自由回答，有利于搜集到一些调查者忽视的问题或建议；第二，有利于形成轻松的调查气氛。缺点有：第一，得到的答案可能五花八门，角度、措辞各异，整理起来费时、费力；第二，对问题的理解和回答程度与被调查者的素质密切相关。素质较高的人回答问题全面、系统、深刻，而素质较低的人回答问题往往肤浅且没有条理。

b. 封闭式提问。这种提问方式与自由式提问恰好相反，其答案已事先由调查者拟定，被调查者只能从中选择。封闭式提问有两种类型：

●二分法提问。备选答案只有两个，且非此即彼。

例如：贵企业近年来是否有技术引进？

（A. 有　B. 没有）

●多项选择提问。备选答案有两个以上（但一般不超过 10 个），被调查者可以从中选择一个或几个。

例如：你至今未买空调器的原因是什么？

（A. 价格不满意　B. 用途不太大　C. 电力供给条件受限制　D. 其他）

封闭式提问的优点有：第一，答案是现成的，被调查者只需选择（如打"√"）就可以了，省时省力；第二，调查结果的统计分析和处理方便。缺点是：被调查者缺乏自发性表达，所以所选择的答案可能并不是被调查者真正想回答的。

c. 事实性提问。这种提问方式要求被调查者回答一些有关的事实，主要是被调查者的个人资料，包括职业、年龄、收入、家庭状况、受教育程度、居住条件、兴趣爱好等。它们是被调查者的背景资料，可用于对被调查者分类。

d. 态度测量式提问。这种提问要求被调查者表示出某种态度。例如"你喜不喜欢穿旅游鞋？你认为在销售电脑硬件产品的同时捆绑销售相关的软件产品好不好？"等。这种提问在设计时，不仅要考虑如何使被调查者愿意表明其真正态度，而且还要考虑如何从答案中反映出态度的强弱程度。

态度测量表主要分为类别量表、顺序量表、差距量表和等比量表。这些量表反映了不同的被调查者对某一问题的看法和态度。类别量表测量被调查者对不同性质问题态度的分类，如满意、不满意，喜欢、不喜欢，等等；顺序量表测量被调查者对类别之间的次序关系的选择，如 5，4，3，2，1，对所调查某种产品很喜欢的给 5 分，较喜欢的给 4 分，无所谓的给 3 分，不喜欢的给 2 分，很不喜欢的给 1 分；差距量表用于测量不同类别态度次序之间的差异和距离，如 4 分同 3 分的差距等于 3 分同 2 分的差距；等比量表用于表明次序关系中数量比例关系，如 4 分为 2 分的两倍。在社会调查特别是市场调查中，等比量表一般用得较少，因为测量被调查者态度属于顺序的概念，态度差别单纯用数量比例关系表示是缺乏科学依据的。例如对甲、乙两种商品，消费者的态度是给甲商品判 5 分，给乙商品判 2 分，但这只是表明消费者喜欢甲商品的程度超过了乙商品，而不能断定消费者喜欢甲商品的程度是乙商品的 2.5 倍。

上述几种提问方式各有特点，其选择主要依赖于所提问题的性质以及调查者的调查目的。如基本资料一般采用事实性提问，态度资料主要采用态度测量式提问，行为资料可根据调查目的等具体情况具体分析。

（3）提问的顺序。实践证明，提问的顺序直接影响到调查表应答和回收效果。在具体操作时，一般采用"漏斗法"安排所提问题的先后次序。所谓"漏斗法"，是指把调查者所提的所有问题按下列原则编排，使之形成"形状"酷似"漏斗"的调查表的方法。

a. "先大后小"原则，例如可以先问："您的家庭拥有电脑吗？"接下来再问："如果有，您主要将其用于（只选一项）：（A）家庭理财；（B）家庭娱乐；（C）文字处理；（D）软件开发；（E）其他。"

b. "先易后难"原则。例如：可以先问基本信息，再问行为和态度信息；先问封闭式问题，再问自由、开放式问题；先问比较浅显的、被调查者比较熟悉的、不加深入思索就能回答的问题，再问比较深刻的、被调查者比较生疏的或需要通过努力才能回答的问题。这样做有利于树立被调查者答题的信心。

c. "先一般后敏感"原则。敏感性问题是指涉及私人生活、使被调查者感到困窘或反感的问题，这类问题如果无法回避，应安排到后面。

d. "先趣味性后实质性"原则。例如可以先问："您喜欢看什么类型的影片？（A）科幻片；（B）故事片；（C）纪录片；（D）其他。"接下来再问："您认为当前中国电影业的主要问题是什么？（A）经费投入不足；（B）导演水平低；（C）演员素质低；（D）观众欣赏水平有限；（E）其他。"

e. 时间性原则。时间性原则即按时间顺序（由近及远或由远及近）安排提问次序，不宜远近交叉。

f. 相关性原则。相关性原则即当一份调查表涉及几个方面的问题时，应在先安排完一个方面的问题之后再安排另一个方面的问题，不要把同类或密切相关的几个问题分散。

（4）调查表设计应注意的问题。

a. 用语准确、含义清楚，避免使用模糊或双关词汇。例如提问"你通常喜欢买什么样的股票？"用语就不准确，其中"通常"一词不同的人有不同的界定标准。类似的边界不清的词还有"大致上""普遍""基本上""经常"等。"什么样"一词也是如此，以我国大陆股市为例：股票从价格可分为高价股、中价股和低价股；从发行和购买的特点上可分为A股、B股和H股；从业绩上可分为绩优股和绩差股；所归属的发行交易所可分上证股票和深证股票，等等。这样的调查结果离散程度大，其统计处理不仅繁杂，而且价值也不大。

b. 考虑提问的必要性。这是指不需要的提问应该不问；实质内容是重复的，或者通过某一或某些提问可以推导出来的提问也不应该问。这样做，一方面可以减少信息冗余，使调查结果处理起来更方便；另一方面也减少了调查者的填写量。

c. 考虑提问的可能性。一方面，提问应该是凭被调查者的知识能力和其他素质能够回答的。例如面向管理层的提问就不应该放在交由操作层回答的调查表中；另一方面，要尽量避免困窘性的、个人隐私方面的、容易引起被调查者反感的提问。例如一般不问："你家有多少存款？（A）2000元以下；（B）2000元以上、1万元以下；（C）1万元以上、2万元以下；（D）2万元以上、10万元以下；（E）10万元以上。"更不能问："你家的存款都是劳动所得吗？"如果因课题研究需要无法回避，那么应学会艺术性提问，例如上述第一个问题可以考虑把"你家"改成"你估计现在的家庭有多少存款？"，从而使被调查者由当事人的位置换到旁观者的位置。

d. 把握所提问题的数量和难易程度。所提问题数量过多、难度过大都会使答题时间变长，使被调查者失去回答兴趣，所以，把握所提问题的数量和难易程度是十分必要的。一般来说，整个问卷的答题时间应在半小时左右（特殊情况下可以适当延长），问题数量以25个以下为宜。另外，所提问题应是被调查者凭经验、记忆稍加思考就能回答的，我们不应该将推演、检索等工作内容交给被调查者。

e. 避免引导性或一般化的提问。引导性提问是指在所提问题中向被调查者提示答案方向或者暗示调查者自己的观点，例如，"现在XX牌电脑很受用户欢迎，你也喜欢吗？"就有引导被调查者回答"喜欢"的倾向，这是不妥当的。

所提问题应注意针对某个特定的具体的方面，一般化的提问对被调查者来说难以表达其具体的意见，而对调查者来说，也不能获得有价值的信息。例如："您对本商场是否感到满意？"这样的提问就过于一般，顾客（被调查者）可以评价其商品品种类型、价格、质量，也可以评价其销售服务、结构和空间布局，这样搜集到的信息是没有什么意义的。

f. 避免双重提问。避免双重提问即不要把两个或两个以上的问题合成一个问题。例如："您对期货和股票交易是否感兴趣？（A）是；（B）否。"对这个问题，有些人只对期货交易感兴趣，有些人只对股票交易感兴趣，有些人对期货和股票交易都感兴趣，还有些人对期货和股票交易都不感兴趣。毫无疑问，前两种人很难作出肯定或否定的回答。

g. 尽量避免假设性提问。假设性提问是指先假设一种情况，然后要求被调查者回答在假设的情况下将采取何种行动。例如，"如果熊市出现，您还愿意入市炒股吗？（A）愿意；（B）不愿意。"对于这类假设性问题，被调查者一般不会去认真回答。

h. 使用说明词。使用说明词的目的是使被调查者能消除顾虑，积极合作，正确填写调查表。说明词一般位于调查提问表的前面，内容主要包括：第一，说明调查人（或组织）的身份，使被调查者认为该项研究是合理合法的；第二，说明该项研究的目的；第三，说明被调查者回答问题的重要性，即被调查者是由专家推荐或按科学的抽样程序抽选的，回答与否对本项调查成功与否有重要影响；第四，声明为回答者及回答结果保密；第五，说明结果反馈事宜；第六，举例说明如何填写调查表；第七，表示希望被调查者能以公正客观的态度填写调查表；第八，对被调查者的合作表示感谢；第九，准确提供调查人（或组织）的联系地址。

i. 其他。为了给被调查者留下一个良好的印象，调查表应正规打印，且纸张质地良好；留作填写的空白处要大，等等。

2）调查表的发放和回收

调查表设计并印刷出来后，就要及时将其发放到被调查者手中，并在被调查者填写完后及时回收。调查表的发放和回收，通常有以下几种方式：

（1）面谈调查。面谈调查即将调查表直接呈送给被调查者，并当面等候其填写完后取回。其优点是回收率高，可以当面对一些不清楚的问题作出口头解释；缺点是调查范围小，费用开支大，耗时，通常需要与被调查者事先约定见面时间。

（2）函寄调查。函寄调查即将调查表通过邮局寄给被调查者，由其填写完后寄回。其优点是调查费用低，调查面可大可小，不受地理位置及其他因素的限制，调查对象有充分的时间考虑；缺点是回收率低，项目通常答复不全，无法掌握被调查者答题时的心理状态，无法肯定被调查人是否理解了所问的问题。

（3）留置调查。留置调查即将调查表当面交给被调查者，说明填写要求和其他事项，并留下调查表，由被调查者自行安排填写的时间。调查表填完后有三种回收方式，即由调查者上门取、由被调查者送来或通过邮局寄来。该方法的优点是调查表回收率有所提高，调查者可以当面解释有关事宜，被调查者有充分的考虑时间；缺点是费用高，调查范围有限。

（4）网络调查。这是伴随着高速信息网络技术的发展而新出现的一种调查方式。1994年美国印第安纳大学图书馆与信息科学系率先尝试了通过商业性讨论小组向网民发放电子调查表的做法。这项调查旨在了解企业界在竞争情报工作中应用互联网络的现状。网络调查的优点很多，如费用低、调查范围极其广泛、调查者与被调查者可以通过网络"对话"、时间可以自由控制等。随着高速信息网络的日益普及，网络调查必将成为问卷调查表的主要发放和回收方式。

第6章 信息分析半定量方法

信息分析半定量方法是一种定性与定量相结合的方法。信息分析半定量方法的做法是对定性问题人为制定标准做出定量化处理,其准确性和严密性比定量分析稍差,优势是简单、迅速、费用低。本章重点介绍层次分析法、德尔菲法、内容分析法三类信息分析半定量方法。

6.1 层次分析法

6.1.1 层次分析法的产生与发展

20 世纪 70 年代初,美国运筹学家匹兹堡大学教授萨蒂在为美国国防部研究"根据各个工业部门对国家福利的贡献大小而进行电力分配"的课题时,综合应用系统理论和多目标综合评价方法,提出一种层次权重决策分析方法,即层次分析法。层次分析法作为一种具有新意的专门方法,在解决结构复杂、多目标决策问题时具有优势,现已被广泛应用于社会、科技、管理、经济等多领域的多目标决策问题中。

6.1.2 层次分析法的概念与特点

层次分析法是指将一个复杂的、多目标决策问题作为一个系统,将目标分解为多个目标或者准则,进而分析为多目标(或准则、约束)的若干层次,通过定性指标模糊量化方法算出层次单排序(权数)和总排序,以作为目标(多指标)、多方案优化决策依据的系统方法。

层次分析法是将决策问题按总目标、各层子目标、评价准则直至具体的备选方案的顺序分解为不同的层次结构,然后用求解判断矩阵特征向量的方法,求得每一层次的各元素对上一层次某元素的优先权重,最后再用加权求和的方法递阶归并各备选方案对总目标的最终权重,最终权重最大者即为最优方案。其中,"优先权重"是一种相对的量度,它表明各备选方案在某一特定的评价准则或子目标下优越程度的相对度量,以及各子目标对上一层目标而言重要程度的相对度量。层次分析法比较适合于具有分层交错评价指标的目标系统,而且目标值又难于定量描述的决策问题,其用法是构造判断矩阵,求出其最大特征值,及其所对应的特征向量 W,归一化后,即为某一层次指标对于上一层次某相关指标的相对重要性权值。

综上所述,层次分析法就是将复杂问题分解成组成元素,并按照各元素之间的支配关系分为目标、准则、方案等层次,形成递阶层次结构,依靠一定的数学模型将定性分析的结果进行定量处理和表达。

层次分析法的特点是在对复杂的决策问题的本质、影响因素及其内在关系等进行深入分析的基础上，利用较少的定量信息使决策的思维过程数字化，从而为多目标、多准则或无结构特性的复杂决策问题提供简便的决策方法，尤其适合对决策结果难于直接准确计量的场合。

6.1.3　层次分析法的原理

层次分析法遵循以下思路进行：首先将复杂系统的问题分解成相互关联的元素；其次分析这些元素之间的隶属关系并建立递阶层次结构；随后通过成对比较的方式确定同一层次中各元素相对于上一层共同准则的重要性权值；最后综合参与决策的专家意见，进行综合评价，确定备选方案相对重要性的总排序。根据这个思路，层次分析法主要利用特征向量原理来推导出结果。

特征向量的推导过程主要如下。

假定要对 n 个物体 $A_1, A_2, \cdots, A_n$ 进行重量排序，将其重量分别设为 $W_1, W_2, \cdots, W_n$。虽然这 n 个物体的重量是未知的，但它们之中任意两个物体的相对重量是可以判断的，于是可以得到由重量比值为元素构成的判断矩阵 A。

定义 $\mathrm{CR} = \dfrac{\mathrm{CI}}{\mathrm{RI}}$（RI 取值见表 6.1）为随机一致性比率，当 $\mathrm{CR} \leqslant 0.10$ 时，认为判断矩阵具有满意的一致性，否则需要对判断矩阵进行调整和修正，直至达到满意程度。

表 6.1　RI 取值表

项目	n									
	1	2	3	4	5	6	7	8	9	10
RI	0.00	0.00	0.58	0.90	1.12	1.24	1.32	1.41	1.45	1.49

6.1.4　层次分析法的实施流程与步骤

层次分析法一般按照以下流程实施。

（1）把问题条理化、层次化，建立递阶层次结构模型。

（2）根据递阶层次结构模型对同一层次各元素相对于上一层次中某一准则的重要性进行两两比较，从而建立判断矩阵。

（3）由判断矩阵计算单一准则下同层次相对重要性排序并进行单层次一致性检验，若无法通过检验，则要考虑可能是两两比较的权值有误，需要重新构造判断矩阵。

（4）单层次每个判断矩阵都通过一致性检验后，就可以计算最后的层次总排序，从最高层开始，由高到低逐层计算，推算出所有层次对最高层次的总排序值。同样，对层次总排序也需要进行一致性检验，若无法通过，则需要对层次结构模型和判断矩阵做必要的调整，然后重复这一流程。

层次分析法的步骤为五步实施法。

1）构建递阶层次结构模型

在层次分析法中，常把复杂的研究对象分解成为若干相互联系的元素，将性质相同或相近的元素归为一类，形成互不相同的层次。综合考虑决策目标、考虑因素、决策对象，按它们之间的相互关系，从上至下形成一个递阶层次结构。其中，处在最顶端的是最高层，也称目标层，表示系统的最终目标，通常只有一个元素，如有复杂情况，可在目标层下增加子目标层，该层主要蕴含决策的目的、要解决的问题；目标层之下为中间层，也称准则层，是为了实现最终目标而建立起来的一套判断准则，常蕴含要考虑的因素、决策的准则，可以由若干层次组合而成，包括需要考虑的准则和子准则，可以有一层或者多层，遵循同一层作用相同原则；处在最低端的是最底层，也称方案层，可提供实现最终目标选择的各种决策、方案、措施等，蕴含决策时要考虑的所有备选方案。模型分布如图 6.1 所示。

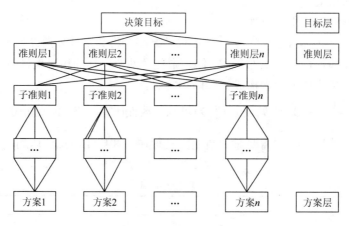

图 6.1　递阶层次结构模型

　　值得一提的是，递阶层次模型具有以下特点：鲜明的隶属关系，上层元素支配下层元素，同层各元素地位相同，除第一层外，每个元素至少受上一层的一个元素支配，除最下一层，每个元素至少支配下一层的一个元素；上下层元素联系强于同一层次中元素的联系，也可看为同一层各元素之间相互独立、相互并列；同层元素个数不超过 9 个。

　　此外，完全递阶层次结构中上层元素与下层所有元素都存在逻辑支配关系，而在不完全递阶层次结构中，层次之间的元素支配关系不一定是完全的，即存在元素并不支配下一层次的所有元素，如图 6.2、图 6.3 所示。因此，构建递阶层次结构模型的关键是确定判断准则和明确上下层的逻辑支配关系。

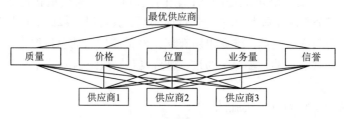

图 6.2　完全递阶层次结构

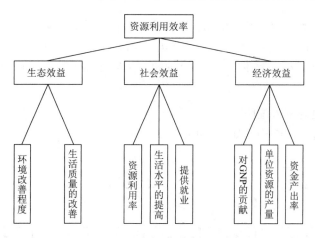

图 6.3 不完全递阶层次结构

2）构造判断矩阵并赋值

层次分析法的核心是采用同层元素两两比较，建立判断矩阵，确定各层次各元素之间的权重。确定层次结构后，上一层的一个元素对应下一层的一组元素，将上层元素看作约束条件，把与其对应的下层元素进行两两比较，所得结果为判断矩阵。

构造判断矩阵的方法：每一个具有向下隶属关系的元素作为判断矩阵的第一个元素（位于左上角），隶属于它的各个元素依次排列在其后的第一行和第一列。而填写判断矩阵最常见的方法：向填写人（专家）反复询问，针对判断矩阵的准则，其中两个元素两两比较哪个比较重要，重要多少，对重要程度采用 1～9 标度作为比较标准，如表 6.2 所示。

表 6.2 重要性标度含义表

重要性标度	含义
1	表示两个元素相比，具有同等重要性
3	表示两个元素相比，前者比后者稍重要
5	表示两个元素相比，前者比后者明显重要
7	表示两个元素相比，前者比后者强烈重要
9	表示两个元素相比，前者比后者极端重要
2，4，6，8	表示上述判断的中间值
倒数	若元素 i 与元素 j 的重要性之比为 a_{ij}，则元素 j 与元素 i 的重要性之比为 $a_{ji} = \dfrac{1}{a_{ij}}$

设填写好的判断矩阵为 $\boldsymbol{A} = (a_{ij})_{n \times n}$，且判断矩阵具有以下性质：

$$a_{ij} > 0,\ a_{ji} = \frac{1}{a_{ij}},\ a_{ii} = 1$$

根据上面性质，判断矩阵具有对称性，所以在填写时，通常先填写 $a_{ii} = 1$ 部分，然后

判断及填写上三角形的 $n(n-1)/2$ 个元素。当极少数情况下，矩阵满足等式

$$a_{ij} \times a_{jk} = a_{ik}$$

此时判断矩阵具有传递性。当上式对判断矩阵所有元素都成立时，则称该判断矩阵为一致性矩阵。

以选择旅游地为例来说明：

首先构建递阶层次结构，如图 6.4 所示：

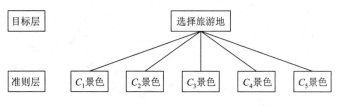

图 6.4　旅游地选择的递阶层次结构

其次，构造判断矩阵，如表 6.3 所示：

表 6.3　旅游地选择的判断矩阵

O	C_1	C_2	C_3	C_4	C_5
C_1	a_{11}	a_{12}	a_{13}	a_{14}	a_{15}
C_2	a_{21}	a_{22}	a_{23}	a_{24}	a_{25}
C_3	a_{31}	a_{32}	a_{33}	a_{34}	a_{35}
C_4	a_{41}	a_{42}	a_{43}	a_{44}	a_{45}
C_5	a_{51}	a_{52}	a_{53}	a_{54}	a_{55}

3）层次单排序与一致性检验

建立判断矩阵后，需要利用一定的数学方法进行层次排序，进行量化处理和计算。层次单排序是指每一个判断矩阵各因素针对其准则的相对权重，所以本质上是计算权向量。通过判断矩阵 A 满足等式 $AW = \lambda_{\max} W$ 时的最大特征根 $\lambda_{\max}$ 和对应的特征向量 W，然后计算一致性偏差 CI，查表取随机一致性指标 RI 值，得出一致性比率 CR，进行一致性检验，如果一致性检验通过，则特征向量即是单一准则层各元素的排序权值。

计算向量的方法有和积法、方根法、幂法、特征根法等，其中和积法最为常见，这里将进行主要介绍。

和积法的原理是对于一致性判断矩阵，每一列归一化后就是相应的权重；对于非一致性判断矩阵，每一列归一化后近似其相应的权重，再对这 n 个列向量求取算数平均值作为最后的权重，具体的公式为

$$W_i = \frac{1}{n} \sum_{j=1}^{n} \frac{a_{ij}}{\sum_{i=1}^{n} a_{ki}}$$

需要注意的是，在层层排序中，要对判断矩阵进行一致性检验。在特殊情况下，判断

矩阵可以具有传递性和一致性。在一般情况下，并不要求判断矩阵严格满足这一性质，但从人类认识规律看，一个正确的判断矩阵重要性排序应该具有一定的逻辑规律，所以，在实际中要求判断矩阵满足大体上的一致性，需要进行一致性检验，只有通过检验，才能说明判断矩阵在逻辑上是合理的，才能继续对结果进行分析。

和积法的计算步骤如下。

（1）将判断矩阵的每一列进行归一化处理：

$$\overline{a} = \frac{a_{ij}}{\sum_{i=1}^{n} a_{ij}}, \ j = 1, 2, \cdots, n$$

（2）将归一化后的矩阵按行相加：

$$\overline{W}_i = \sum_{j}^{n} \overline{a}_{ij}, \ i = 1, 2, \cdots, n$$

（3）对向量 $\overline{W} = (\overline{W}_1, \overline{W}_2, \cdots, \overline{W}_n)^{\mathrm{T}}$ 进行归一化处理：

$$\overline{W}_i = \frac{\overline{W}_i}{\sum_{i=1}^{n} \overline{W}_i}, \ i = 1, 2, \cdots, n$$

（4）计算判断矩阵的最大特征根：

$$\lambda_{\max} = \sum_{i=1}^{n} \frac{(AW)_i}{nW_i}$$

（5）进行一致性检验，计算一致性偏差和一致性比差，若 CR $\leqslant$ 0.1，则判断矩阵 A 通过一致性检验，具有满意的一致性。

4）层次总排序与一致性检验

总排序是指每一个判断矩阵各因素针对目标层的相对权重。层次总排序的计算是在单层次排序的基础上，根据递阶层次结构，从最高层开始，采用逐层叠加的方法，由高到低进行合成排序，从而得到最低层次所有元素对应于目标层的相对重要性的最终总排序结果，具体的计算方法为：$W = W^{(k)}W^{(k-1)} \cdots W^{(2)}$，$k$ 为层次。

计算层次总排序的权值，每递推一层，就要进行一次一致性检验。假设 CI_j 支配的 D 层次元素构成的判断矩阵的一致性偏差为 CI_j，相应的平均随机一致性指标为 RI_j，则 D 层次总排序的一致性比率 CR 为

$$\mathrm{CR} = \frac{\sum_{j=1}^{n} (W_j \times \mathrm{CI}_j)}{\sum_{j=1}^{n} (W_j \times \mathrm{RI}_j)}$$

若 CR $\leqslant$ 0.1，则层次总排序的结果具有满意的一致性。

5）一致性检验的判断与结果分析

一致性检验首先需要明确 CI 的概念，CI 作为一致性偏差系数指标，常用来表示偏离程度。

此外，根据矩阵原理，对称互反矩阵满足一致性时，它的最大特征根等于判断矩

阵的阶数，即 $\lambda_{\max} = n$；当判断矩阵不能保证完全一致性时，相应判断矩阵的特征根也将发生变化，通常用 CI 来判断矩阵特征根的变化，从而检验判断矩阵的一致性程度，此时：

$$CI = \frac{\lambda_{\max} - n}{n - 1}$$

若 CI = 0，则说明矩阵具有完全的一致性；若 CI 接近 0，说明矩阵具有满意的一致性；而 CI 越大，表示一致性越差。

事实上，由于判断矩阵的一致性偏离可能是随机原因造成的，因此一般情况下，矩阵阶数越大，出现一致性随机偏离的可能性也越大。当判断矩阵阶数＞3 时，需要引入随机一致性指标 RI（1～9 判断矩阵的 RI 取值可见表 6.1）校正 CI，得出检验系数，即一致性比例 CR，CR = CI/RI。一般，当 CR ≤ 0.1 时，认为判断矩阵具有满意的一致性，通过一致性检验。

通过对排序结果的分析获得最终的决策方案，依据方案层总排序的结果，权重更高的方案为最终决策方案。此外，还需要根据层次排序过程分析决策思路，将社会效益、环境效益、经济效益与排序过程结合，综合考虑所有因素，分析出决策思路。

6.1.5　层次分析法的优缺点

层次分析法具有以下优点。

（1）系统性，层次分析法将问题和对象视作系统，按照分析、比较、判断、综合的思维方式不断进行决策，不隔断各个因素对结果的影响，针对每个层次中每个因素对结果的影响程度进行量化。

（2）简洁性，层次分析法不需要庞大的数据计算，也不需要涉及复杂的数学计算，大大减少所需工作量，取而代之的是将定性和定量的方法进行有机结合，在一定程度上分解复杂的结构层次，使用者只需掌握基本原理和基本步骤，即可进行分析决策。

（3）实用性，在决策分析过程中，对于一些无法测量的因素，只要引入合理的标度，就可以利用层次分析法来度量各因素的相对重要性，从而为决策提供依据。

当然，层次分析法也存在一些局限性。

（1）粗糙，层次分析法的比较、判断以及结果的计算过程十分粗糙，导致特征值和特征向量的精确过程比较复杂，因此不适用于精度较高的决策问题。

（2）创新性差，层次分析法通过两两比较各层因素来决策出比较合理的方法，只能从原有方案中进行选取，不能重新创造、提供一个更完善的方法。

（3）主观性过强，从建立递阶层次结构模型到给出成对判断矩阵，人的主观因素都具有很大影响，每个人对事物和问题的认知存在一定差异，在定量数据少而定性成分多的层次分析法中体现尤为明显。

（4）复杂，当指标过多时，数据统计量大，且权重难以确定，事实上，在求判断矩阵的特征值和特征向量时，随着指标的增加，阶数也会随之增加，导致计算困难，而在实际操作中，很难发现相对重要的指标里哪个更符合决策者的观点，也不清楚哪一个存在问题，哪一个没有问题，在这种情况下，一旦某个元素出现问题，整个计算就基本直接作废，难以挽回。

6.1.6　层次分析法的应用

6.1.6.1　应用领域

层次分析法具有很强的实用性，广泛应用于政治、科技、经济、社会生活、科学管理中，适用于决策、评价、分析、预测等数据缺乏、定性因素起主要作用的判断问题，能帮助人们更好地进行资源分配、人才选拔和评价、科研选题、交通运输等。

6.1.6.2　应用实例

1）层次分析法的旅游地选择应用实例

（1）决策问题。在泰山、杭州、承德三处景点中选择一个来作为旅游地，选择的旅游景点要能最大限度地满足玩好、住好、吃好、方便、便宜的要求。

（2）准则或标准。重点考虑景点景色、居住环境、饮食特色、交通便利和旅游费用五个标准或准则。

（3）实施步骤。

a. 建立递阶层次结构模型，如图 6.5 所示

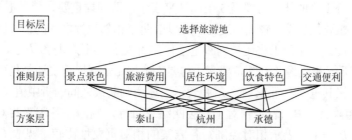

图 6.5　选择旅游地的递阶层次结构模型

b. 构造成对比较判断矩阵。

准则层相对于目标层的判断矩阵为

$$A = \begin{pmatrix} 1 & \dfrac{1}{2} & 4 & 3 & 3 \\ 2 & 1 & 7 & 5 & 5 \\ \dfrac{1}{4} & \dfrac{1}{7} & 1 & \dfrac{1}{2} & \dfrac{1}{3} \\ \dfrac{1}{3} & \dfrac{1}{5} & 2 & 1 & 1 \\ \dfrac{1}{3} & \dfrac{1}{5} & 3 & 1 & 1 \end{pmatrix}$$

方案层相对于准则层的判断矩阵为

$$
B_1 = \begin{pmatrix} 1 & 2 & 5 \\ \frac{1}{2} & 1 & 2 \\ \frac{1}{5} & \frac{1}{2} & 1 \end{pmatrix}, B_2 = \begin{pmatrix} 1 & \frac{1}{3} & \frac{1}{8} \\ 3 & 1 & \frac{1}{3} \\ 8 & 3 & 1 \end{pmatrix}, B_3 = \begin{pmatrix} 1 & 1 & 3 \\ 1 & 1 & 3 \\ \frac{1}{3} & \frac{1}{3} & 1 \end{pmatrix}, B_4 = \begin{pmatrix} 1 & 3 & 4 \\ \frac{1}{3} & 1 & 1 \\ \frac{1}{4} & 1 & 1 \end{pmatrix}, B_5 = \begin{pmatrix} 1 & 1 & \frac{1}{4} \\ 1 & 1 & \frac{1}{4} \\ 4 & 4 & 1 \end{pmatrix}
$$

在层次单排序及一致性检验中，用和积法计算出判断矩阵 A 的最大特征根 $\lambda_{max} = 5.037$，对应的特征向量为 $W^{(2)} = (0.263 \quad 0.475 \quad 0.055 \quad 0.099 \quad 0.110)$，求得 CI $= 0.018$，RI $= 1.12$，CR $= 0.016$，所以该判断矩阵 A 具有满意的一致性，通过一致性检验。

在层次总排序及一致性检验中，求得泰山方案相对总目标的权值为 0.3，杭州方案为 0.246，承德方案为 0.456。方案层相对于总目标的权值向量分别为 0.3、0.246、0.456。求得 CR $= 0.003$，判断出层次总排序及一致性检验通过。

根据计算结果做出决策，确定承德为最佳旅游地。

2）层次分析法的社会稳定因素排序的应用实例

在一个社会网络中，社会的经济发展、治安稳定和文化认同是决定社会稳定的三个方面，我们对其进行综合分析评价和排序，从中选出决定社会稳定最重要的因素。以 A 表示系统的总目标，判断层中 B_1 表示经济，B_2 表示治安，B_3 表示文化，C_1、C_2、C_3 表示备选的三种类型社会。

人们定性区分事物的能力习惯用 5 个属性来表示，即同样重要、稍微重要、比较重要、非常重要、极其重要。当需要较高精度时，可以取两个相邻属性之间的值，这样就得到 9 个数值，即 9 个标度。为了便于将比较判断定量化，引入 1～9 比率标度方法，规定用 1、3、5、7、9 分别表示，根据经验判断，要素 i 与要素 j 相比是同样重要还是稍微重要、比较重要、非常重要、极其重要，而 2、4、6、8 表示上述两判断级之间的折中值（详情见表 6.2）。

构建判断矩阵 A—B，表示相对于社会网络总目标，判断层各因素相对重要性比较，见表 6.4；矩阵 B_1—C，表示相对经济，各方案的相对重要性比较，见表 6.5；矩阵 B_2—C，表示相对治安，各方案的重要性比较，见表 6.6；矩阵 B_3—C，表示相对文化。各方案的重要性比较，见表 6.7。

表 6.4　判断矩阵 A—B

A	B_1	B_2	B_3
B_1	1	1/3	2
B_2	3	1	5
B_3	1/2	1/5	1

表 6.5　判断矩阵 B_1—C

B_1	C_1	C_2	C_3
C_1	1	1/3	1/5
C_2	3	1	1/3
C_3	5	3	1

表 6.6 判断矩阵 B_2—C

B_2	C_1	C_2	C_3
C_1	1	2	7
C_2	1/2	1	5
C_3	1/7	1/5	1

表 6.7 判断矩阵 B_3—C

B_2	C_1	C_2	C_3
C_1	1	3	1/7
C_2	1/3	1	1/9
C_3	7	9	1

计算判断矩阵的最大特征值为

$$\lambda_{max} = \frac{1}{n}\sum_n \left(\frac{(AW)_i}{W_i} \right) = 3.004$$

特征向量为

$$W = \begin{bmatrix} 0.230 & 0.648 & 0.122 \end{bmatrix}^T$$

得到 C_1 的权重为 0.426，C_2 的权重为 0.283，C_3 的权重为 0.291，得到层次总排序表 6.8。

表 6.8 层次总排序

层次	B_1	B_2	B_3	层次 C 总排序权重
C_1	0.105	0.592	0.149	0.426
C_2	0.258	0.333	0.066	0.283
C_3	0.637	0.075	0.785	0.291

由表 6.8 可以看出，3 种类型社会的优劣顺序为 C_1、C_2、C_3，且 C_1 明显优于其他两种类型，即经济发达的社会更加稳定。我们可以猜想，社会的不稳定因素大多来源于经济贫困的犯罪，而一个发达的经济所带来的更好的发展机会和更高的受教育程度是社会稳定的重要保障。

6.2 德 尔 菲 法

6.2.1 德尔菲法的产生与发展

德尔菲法是在 20 世纪 40 年代由赫尔姆和达尔克首创，1946 年，美国兰德公司为避免集体讨论存在的屈从于权威或盲目服从多数的缺陷，首次用这种方法进行定性预测，后来该方法被迅速广泛采用。20 世纪中期，当时美国政府组织了一批专家，要求他们站在苏联战略决策者的角度，最优地选择在未来大战中将被轰炸的美国目标，为美军决策人员提供参考。

1964 年，赫尔姆和戈登发表了"长远预测研究报告"，首次将德尔菲法用于技术预测中，之后迅速地应用到了世界各国，在技术预测和新产品市场需求预测等方面得到了较为普遍的应用。除技术领域外，德尔菲法还可以用于任何其他领域的预测，如军事预测、人口预测、经营预测、教育预测等。此外，德尔菲法还用来进行评价、决策和规划工作，并且在长远规划者和决策者心中享有很高的地位。

随着历史的前进，德尔菲法在长期实践中得以不断发展，也相应地产生了一些变种或派生方法，它们从不同角度对经典德尔菲法做了一些修正和补充，使得德尔菲法更加完善。

加评德尔菲法又称自评德尔菲法，即要求每一位专家自己评估对调查表中的每一个问题的专长程度或熟悉程度。在数据处理时，以专家对自己专长程度或熟悉程度的估计为权数，然后进行加权处理，这样可以提高评价或预测的精度。

加机德尔菲法又称德尔菲计算机会议法，这种方法就是将经典德尔菲法与计算机的使用结合在一起，使德尔菲法计算机化。加机德尔菲法实际上是"实时联机德尔菲"，它模糊了经典德尔菲法的"轮次"界限，加速了德尔菲法的进程，提高了效率。

派生德尔菲法则突破了传统德尔菲法的局限，由此派生出各种各样的改良方法，以便分析复杂的政策问题。派生德尔菲法具有代表性的有两类：一类是完全保持经典德尔菲法基本特征的派生方法，其特点是保持基本概念和技术方法的特性，只是局部地改变某些环节，如增加向专家提供与其专业有关的更为广泛的背景材料，减少应答的轮次等；另一类是部分改变经典德尔菲法基本特征的派生方法，除了保持传统德尔菲法的循环反复和控制反馈两个原则外，修改或改进了其他几项原则，如有选择的匿名，有选择的反馈，在函询基础上引入公开争论、信息灵通的多方面倡导。

由于应用目标的不同，德尔菲法已经演变成许多不同类型。在技术预测中，主要采取有大量科技专家参与的大规模德尔菲调查，这是由经典德尔菲法派生出来的一种方法，1971 年由日本人最早将这种方法用于整个科学技术领域有关的技术预测。其后，德国、英国、法国和韩国等国家和地区相继采用大规模德尔菲调查，进行本国的技术预测。

20 世纪 80 年代，一种基于大规模德尔菲调查的进一步创新的德尔菲法——市场德尔菲法产生了。它是适用于中、微观层次的一种有效的新的技术预见模式，充分考虑了"社会经济需求"。它能使政府部门在制定科技政策时主动呼应产业需求，在制定产业政策时能够主动呼应产业界的技术前瞻需求，由此形成科技政策和产业政策联动效应。

事实上，几十年来，德尔菲法已成为一种广为适用的预测方法。许多决策咨询专家和决策者，常常把德尔菲法作为一种重要的规划决策工具。

6.2.2 德尔菲法的概念与特点

6.2.2.1 德尔菲法的概念

德尔菲法本质上是一种反馈匿名函询法。德尔菲法是在专家个人调查和专家会议调查的基础上改良而产生的，其含义是通过卓越人物来洞察和预见未来。

德尔菲法又称专家意见法或专家函询调查法，采用通信方式（函件）分别将所需解决的问题单独发送到各个专家手中，征询意见，然后回收汇总全部专家的意见，并整理出综合意见。随后将该综合意见和预测问题再分别反馈给专家，再次征询意见，各专家依据综合意见修改自己原有的意见，然后再汇总。这样多次反复，逐步取得比较一致的预测结果。

德尔菲法依据系统的程序，采用匿名发表意见的方式，即专家之间不得互相讨论，不发生横向联系，只能与调查人员产生联系，通过多轮次调查专家对问卷所提问题的看法，经过反复征询、归纳、修改，最后汇总成专家基本一致的看法，作为预测的结果。

德尔菲法主要用于评价和预测，特别是在缺少情报资料和历史数据、单凭信息分析人员无法完成评价和预测任务时，必须借助专家力量的情境。德尔菲法的应用体现在具体指标的确定、评价指标体系的建立、某种事件（时间、方案）的预测等。

6.2.2.2　德尔菲法的特点

德尔菲法具有匿名性、反馈性和统计性三个基本特点。

1）匿名性

匿名性是德尔菲法的主要特点。专家们不受任何干扰，相互之间不见面、不联系，独立发表自己的意见，不需解释与理由，只需要有充足的时间思考和进行调查研究、查阅资料。从事预测的专家彼此互不知道其他有哪些人参加预测，他们是在完全匿名的情况下交流思想的。因为采用这种方法时所有专家组成员不直接见面，只是通过函件交流，这样就可以消除权威的影响。后来改进的德尔菲法允许专家开会进行专题讨论，匿名性保证了专家意见的充分和可靠。

2）反馈性

组织者对每一轮专家咨询的结果进行整理、分析、综合，并在下轮咨询中匿名反馈给每位专家，以供参考。经典的德尔菲法一般经过四轮专家意见征询，每轮咨询都不是简单重复，而是螺旋上升的过程。在每一轮反馈中，每个专家都吸收了新的信息，对任务有更深刻全面的认识，预测结果的准确性逐轮得到提高。

3）统计性

由于对研究课题的评价或预测不是由个别专家给出的，而是由一群有关的专家给出的，所以专家的回答必须进行统计学处理，以概率的形式出现，反映专家意见的集中程度和离散程度。

德尔菲法的这些特点使它成为一种最为有效的判断预测法。此外，德尔菲法还有以下特点：资源利用的充分性，由于吸收不同的专家与预测，充分利用了专家的经验和学识；最终结论的可靠性，由于采用匿名或背靠背的方式，能使每一位专家独立地做出自己的判断，不会受到其他繁杂因素的影响；最终结论的统一性，预测过程必须经过几轮的反馈，使专家的意见逐渐趋同。

正是由于德尔菲法具有以上这些特点，使它在诸多判断预测或决策手段中脱颖而出。这种方法的优点主要是简便易行，具有一定的科学性和实用性，可以避免会议讨论时产生的害怕权威随声附和，或固执己见，或因顾虑情面不愿与他人意见冲突等弊病。同时，这种方法也可以较快收集大家发表的意见，参加者也易接受结论，具有一定程度综合意见的客观性。

6.2.3　德尔菲法的实施原则

德尔菲法的实施需要遵循以下九项原则。

（1）挑选的专家应有一定的代表性、权威性。

（2）在进行预测之前，首先应取得参加者的支持，确保他们能认真地进行每一次预测，以提高预测的有效性。同时也要向组织高层说明预测的意义和作用，取得决策层和其他高级管理人员的支持。

（3）问题表设计应该措辞准确，不能引起歧义，征询的问题一次不宜太多，不要问那些与预测目的无关的问题，列入征询的问题不应相互包含，所提的问题应是所有专家都能答复的问题，而且应尽可能保证所有专家都能从同一角度去理解。

（4）进行统计分析时，应该区别对待不同的问题，对于不同专家的权威性应给予不同权重，而不是一概而论。

（5）提供给专家的信息应该尽可能充分，以便其做出判断。

（6）只要求专家做出粗略的数字估计，而不要求十分精确。

（7）问题要集中，要有针对性，不要过分分散，以便使各个事件构成一个有机整体，问题要按等级排序，先简单后复杂，先综合后局部，这样易引起专家回答问题的兴趣。

（8）调查单位或预测领导小组的意见不应强加于调查意见之中，要防止出现诱导现象，避免专家意见向预测领导小组靠拢，以至得出专家迎合预测领导小组观点的预测结果。

（9）避免组合事件，如果一个事件包括专家同意的和专家不同意的两个方面，专家将难以做出回答。

6.2.4　德尔菲法的实施流程

德尔菲法整体实现流程分为五个部分。

1）明确预测目标，成立预测领导小组并制订实施计划

在用德尔菲法进行预测前，首先要明确此次预测的目标，然后成立预测领导小组，负责对预测的实施过程进行组织和指挥，预测领导小组一般由信息分析与预测人员组成。根据预测目标制订完整的实施计划指导预测工作顺利进行。

2）选择参加预测的专家

德尔菲法的核心工作是对研究课题提出意见并进行判断。从事这项工作的主体是各个领域的专家。因此选择的专家是否具有代表性是德尔菲法成败的关键。

所谓专家，应该是在某一领域有丰富的知识和经验、对该领域有一定造诣的人。他们

当中有些精通于对现象的综合描述，有些熟谙于对现象的趋势预测，有些擅长于理论，有些侧重于方法应用，专家不可能面面俱到，所以在形成专家组的过程中，要充分考虑专家各自的特长，结合研究课题的类型，选择最具代表性的专家团队。

选择专家时首先要征得专家的同意，并不是所有的专家都愿意参与调查。如果不事先与专家沟通，就盲目发放调查表，结果可能是调查表的回收率远低于预期效果，从而导致预测工作无法顺利展开。选择的专家要具有广泛的代表性，不仅要选择在信息分析领域有较高理论水平、经验丰富、学术代表性强的专家，还要选择边缘学科、经济学、社会学等方面的专家，这是因为德尔菲法已广泛应用于军事规划、工业发展、人口预测、信息处理、社会经济、科技发展规划等多个领域，需要各个领域的专家协同工作；不仅要选择有一定权威、担负技术领导职务的专家，还要选择精通技术、责任心强的专家，身居要职、极具权威的专家固然最好，但是这种专家往往工作繁忙，没有足够的时间参与德尔菲法的多次反馈。所以，是否有足够的时间并且乐于承担这项工作，这也是选择专家时应注意的一个问题。

如果预测的任务要求专家比较深入地了解本部门的历史情况和技术政策，或者涉及本部门的机密，那么应该从本部门内部选择专家；如果预测的任务涉及内容广泛，那么应该从部门外挑选专家。

专家组的人数一般控制在 10～50 人。人数太少，缺乏代表性，会影响预测的准确度；人数太多，意见难集中，对结果的处理比较复杂。对于一些重大课题，专家的人数可以适当增加。

此外，由于专家选择工作具有复杂性，可以事先建立专家库，将专家们的信息集合起来。专家库由以下两部分信息构成：专家的基本信息，包括专家的姓名、年龄、学历、学位、研究方向、特长、从事工作等；专家的特殊信息，包括代表性研究成果、承担课题情况、获奖情况等。这样不仅大大减轻了选择专家的工作量，而且还能得到比较有代表性的选择结果。

3）设计调查表

德尔菲法以发放调查表的形式来征集专家意见，具体的做法是：组织者将所要调查了解的问题设计在问卷中，发放给各个专家，由专家填写好后回收调查表。进行专家意见的统一分析。调查表设计得好坏直接影响预测、评估结果的正确性，因此编制调查表也是德尔菲法实施过程中的一个十分重要的环节。

德尔菲法的调查表可分为两个部分：主体和附件。主体即具体的调查内容，附件主要包括调查说明、背景材料、专家回执、反馈消息等。组织者在设计调查表时，应充分考虑课题的性质、内容、要求，而且随着调查程度的加深，在上一轮调查表和专家意见的基础上，设计出新一轮的调查表，直至完成本课题的研究。由于编制调查表的工作主要集中在主体部分的设计，所以接下来将重点介绍如何设计调查表的主体部分。

一般来说，调查表主体部分的设计过程包括：对研究课题进行分析，提取出关键概念；对概念进行操作化处理，层层划分研究子项；确定出具有直接观察特征的测量指标；根据已经确定的指标，编制问卷问题。

由于调查表主体部分由一系列问题或可供问题选择的答案构成，所以设计调查表主体部分的核心工作是如何设计出符合调查目的需要的问题，在设计调查表问题时，应注意以下几点。

（1）注意提问的方式，供德尔菲法使用的调查表中的问题一般分为开放性和封闭性两类。开放性问题是指不提供任何答案，专家可以根据个人意愿自由地、不受限制地回答，开放性问题往往能够收集到组织者没考虑到的资料，但是会延长时间，同时由于答案不受限制，会增加资料整理的难度。封闭性问题是指组织者事先已经设计好了问题及问题的各种可能的答案，专家只需从备选答案中选择即可。

（2）避免概念不清的提问。概念不清包括交叉概念和双重提问两种。交叉概念是指可供选择的答案中出现概念交叉的情况。双重提问是指所提的问题中既包含回答者肯定的部分，又包含回答者否定的部分。

（3）需要把握所提问题的数量和难度。问题的数量和难度与答题时间有直接的关系。问题数量越多，难度越大，答题的时间也就越长，容易给专家造成厌烦心理。专家无法集中注意力答题，那么答题效果自然会受影响。一般来说，整个问卷中的问题数量不应该超过 25 个，答题时间应该在半小时左右。如果问题较多，应保留重点，适当删减。

（4）需要注意不要在提问中掺杂组织者的观点。德尔菲法在实施过程中要求组织者自始至终都不能发表自己的意见，要为专家建立独立思考和判断的环境。绝不允许组织者在设计调查表问题时掺杂自己的观点，出现某些诱导性提问，否则调查结果就失去了意义。

4）开展反馈调查

首轮调查表设计好以后，就可以开始征询专家意见了。经典的德尔菲法一般包含四轮征询调查，除第一轮之外，其余三轮都要将上一轮调查的汇总结果反馈给专家。四轮征询的具体内容如下。

第一轮：预测领导小组通常以邮寄的方式，将不带任何限制、只提出预测主题和有关说明的调查表发给各个专家，请专家围绕预测主题提出应预测的事件。组织者将回收的专家调查表进行汇总整理，归并相同事件，剔除次要的、分散的事件，然后制订出一个具体的预测事件一览表，并将它作为第二轮的调查表反馈给专家。

第二轮：第二轮调查要求专家对预测的事件做出描述，进一步阐明自己的观点和理由。例如事件会在什么时间、什么地点发生，会产生多大的影响，以及为什么会这样认为。组织者对第二轮的调查结果做统计分析，得出专家总体意见的概率分布，然后把它反馈给专家进行第三轮调查。

第三轮：将第二轮的统计结果连同一些补充材料再发给专家，专家可以根据这些新增的资料来修正自己的判断结果，并充分阐述理由。组织者回收发给专家的调查表，重复第二轮的统计整理工作，形成预测结果，作为第四轮调查的反馈资料。

第四轮：将第三轮的统计结果连同修改了的调查表发给专家，专家综合全部资料再次进行评价和权衡，做出最后判断，并在必要时做出详细、充分的论证。组织者依旧将回收的调查表进行汇总整理、统计分析，并寻找出收敛程度最高的专家意见，形成最终的预测结果。

5）编写和提交预测报告

在完成四轮反馈调查之后，专家的意见基本收集完毕。下一步对专家的意见进行综合处理，以专家的原始意见为基础，建立专家意见集成的优化模型，综合考虑一致性和协调性因素，同时满足整体意见收敛性的要求，找到群体决策的最优解或满意解，获得具有可信度指标的结论，达到专家意见集成的目的。表述预测结果，即由预测机构把经过几轮专家预测而形成的结果以文字或图表形式表现出来。组织者将最终的统计分析结果进行整理加工，形成正式的预测报告，并按照事先约定好的途径将其提交给用户。

德尔菲法的实施流程如图 6.6 所示。

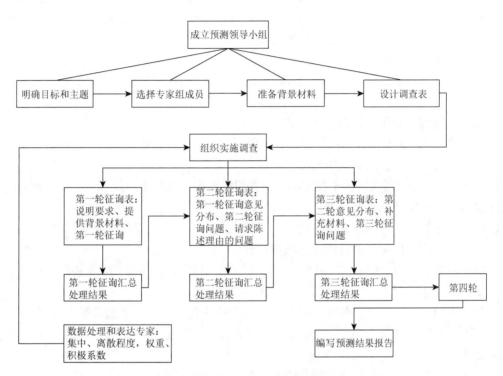

图 6.6　德尔菲法的实施流程

6.2.5　德尔菲法的优缺点

1）德尔菲法的优点

（1）能充分发挥各位专家的作用，集思广益，准确性高。

（2）能把各位专家意见的分歧点表达出来，取各家之长，避各家之短。

（3）德尔菲法不仅可以用于预测领域，而且可以广泛应用于各种评价指标体系的建立和具体指标的确定过程。

2）德尔菲法的缺点

（1）权威人士的意见影响他人的意见。

（2）有些专家碍于情面，不愿意发表与其他人不同的意见。

（3）出于自尊心而不愿意修改自己原来不全面的意见。

（4）过程比较复杂，花费时间较长。

6.2.6　德尔菲法的应用

6.2.6.1　应用领域

德尔菲法本质是建立在诸多专家的专业知识、经验和主观判断能力的基础上，所以适用于缺少原始资料和历史数据，而又较多地受到社会政治人为因素影响的信息分析课题，实践证明，采用德尔菲法进行信息分析，可以较好地揭示出研究对象本身所固有的规律，可据此对研究对象的未来发展做出概率预测。

德尔菲法最早应用于军事预测，后来逐渐被广泛应用于科技预测、人口预测、医疗保健预测、经营和需求预测、教育预测等领域。此外，还可用于评价、决策、管理沟通和规划等方面。

德尔菲法的主要用途包括以下几方面。

（1）对缺乏足够原始数据的军事和技术领域的预测，以及需要根据众多因素的影响才能做出评价的军事和技术领域的预测。

（2）对于社会、经济、科学技术的发展在很大程度上取决于政策和人为的预测，而不是主要取决于该领域本身的预测。

（3）对达到某一目标的条件、途径、手段及它们的相对重要程度做出预测。

（4）对未来事件实现的时间进行概率估计。

（5）对某一方案（技术、产品等）在总体方案（技术、产品等）中所占的最佳比重做出概率预测。

（6）对研究对象的动向和在未来某个时间所能达到的状况、性能等做出预测。

（7）对方案、技术、产品等做出评价，或对若干备选方案、技术、产品评价出相对名次，选出最优者。

（8）用于各种评价指标体系的建立和具体指标的确定过程。

6.2.6.2　应用实例

1）德尔菲法的销售量预测实例

某书刊经销商利用德尔菲法对某一专著的销售量成功进行了预测。

经销商首先选择由若干书店经理、书评家、读者、编审、销售代表和海外公司经理组成专家小组。将该专著和一些相应的背景材料发给各位专家，要求大家给出该专著最低销售量、最可能销售量和最高销售量，同时说明自己做出判断的主要理由。将专家们的意见收集起来，归纳整理后返回给各位专家，然后要求专家们参考他人的意见对自己的预测重新考虑。专家们完成第一次预测并得到第一次预测的汇总结果以后，除书店经理 B 外，其他专家在第二次预测中都做了不同程度的修正。重复进行，在第三次预测中，大多数专家又一次修改了自己的看法。第四次预测时，所有专家都不再修改自己的意见。因此，专家意见收集过程在第四次以后停止。最终预测结果为最低销售量 26 万册，最高销售量 60 万册，最可能的销售量为 46 万册。

2）德尔菲法的新兴产品销售额预测实例

某公司研制出一种新兴产品，现在市场上还没有出现相似产品，所以没有历史数据可以参考。公司需要对可能的销售量做出预测，以决定产量。于是，该公司聘请业务经理、市场专家和销售人员等 8 位专家，预测全年可能的销售量。8 位专家提出个人判断，经过三次反馈得到结果（表 6.9）。

表 6.9　专家判断反馈表

专家编号	第一次判断			第二次判断			第三次判断		
	最低销售量	最可能销售量	最高销售量	最低销售量	最可能销售量	最高销售量	最低销售量	最可能销售量	最高销售量
1	150	750	900	600	750	900	550	750	900
2	200	450	600	300	500	650	400	500	650
3	400	600	800	500	700	800	500	700	800
4	750	900	1 500	600	750	1 500	500	600	1 250
5	100	200	350	220	400	500	300	500	600
6	300	500	750	300	500	750	300	600	750
7	250	300	400	250	400	500	400	500	600
8	260	300	500	350	400	600	370	410	610
平均数	345	500	725	390	550	775	415	570	770

（1）平均值预测。在预测时，最终一次判断是综合前几次的反馈做出的，所以，在预测时一般以最后一次判断为主。如果按照 8 位专家第三次判断的平均值计算，则预测这个新产品的平均销售量为：$(415 + 570 + 770)/3 = 585$。

（2）加权平均预测。将最可能销售量、最低销售量和最高销售量分别按 0.50、0.20 和 0.30 的概率加权平均，则预测平均销售量为：$570 \times 0.5 + 415 \times 0.2 + 770 \times 0.3 = 599$。

（3）中位数预测。用中位数计算，可将第三次判断按预测值高低排列如下。

最低销售量：300　370　400　500　550

最可能销售量：410　500　600　700　750

最高销售量：600　610　650　750　800　900　1 250

最高销售量的中位数为第四项的数字，即 750。

将最可能销售量、最低销售量和最高销售量分别按 0.50、0.20 和 0.30 的概率加权平均，则预测平均销售量为：$600 \times 0.5 + 400 \times 0.2 + 750 \times 0.3 = 695$。

3）德尔菲法的评价指标体系构建和指标权重赋值实例

在考虑一项投资项目时，需要对该项目的市场吸引力做出评价。可以采用德尔菲法调查列出同市场吸引力有关的若干因素，包括整体市场规模、年市场增长率、历史毛利率、竞争强度、对技术的要求、对能源的要求、对环境的影响等。市场吸引力的综合指标就等于上述因素加权求和。每一个因素在构成市场吸引力时的重要性即权重和该因素的得分，需要由管理人员的主观判断来确定，可以采用德尔菲法给出各指标的权重及得分。

6.3　内容分析法

6.3.1　内容分析法的产生与发展

　　内容分析法最早产生于传播学领域。20 世纪初，人们开始采用半定量的统计方法对文献的内容进行深入分析和解释。第二次世界大战中，美国传播学家拉斯韦尔等人在进行战时军事情报研究中，组织了一项名为"战时通讯研究"的工作，以德国公开出版的报纸为分析对象，获取了许多军政机密情报，不仅使内容分析法显示出明显的实际效果，而且在方法上取得一套模式。战后，新闻传播学、政治学、图书馆学、社会学等领域的专家学者与军事情报机构一起，对内容分析法进行了多学科研究，使其应用范围大为拓展。

　　20 世纪 50 年代，美国学者贝雷尔森出版了《传播研究的内容分析》一书，确立了内容分析法的地位。而真正使内容分析法系统化的是未来学家约翰·奈斯比特，他主持出版的《趋势报告》就是运用了内容分析法，享誉全球的《大趋势：改变我们生活的十个新方向》一书就是以这一系列报告为基础写成的。2005 年，美国中央情报局成立了"公开信息中心"，每天在全球各个网站、论坛里搜集各种各样的军事信息，发现其他国家的最新军事动向。

　　随着内容分析法应用领域的不断拓展，各界专家学者也对内容分析法做出了不同的诠释和解读。1952 年，美国学者贝雷尔森将内容分析法定义为"一种对具有明确特性的传播内容进行的客观、系统和定量描述的研究方法"。霍尔斯蒂在对包括书面和口头的所有交流方式进行深入研究后指出：内容分析法是系统地、客观地描述信息的特征，它有三个主要目标，即描述传播信息的特征、推测传播者的意图及传播效果。克里本道夫则将内容分析定义为：系统、客观和定量地研究传播信息并对信息及其环境之间的关系作出推断。华里泽和韦尼则把内容分析定义为：用来检查资料内容的系统程序。柯林杰的定义也很具有代表性：内容分析是以测量变量为目的、对传播进行系统、客观和定量分析研究的一种方法。

6.3.2　内容分析法的概念与特点

　　内容分析法是指对明显的传播内容做客观而系统的量化分析，并对量化结果加以描述的一种研究方法。内容分析法的目的是弄清测度样本中本质性的事实或趋势。内容分析法的实质是对传播内容所含信息量及其变化的分析，即由表征有意义的词句推断出准确意义的过程。

　　图书情报领域的内容分析法则是一种对文献内容做客观、系统的定量分析的专门方法，其目的是弄清或测验文献中本质性的事实和趋势，揭示文献所含有的隐性情报内容，在此基础上对事物发展趋势做情报预测。它实际上是一种半定量的研究方法，其基本做法是把媒介上的文字、非量化有交流价值的信息转化为定量的数据，建立有意义的类目分解交流内容，并以此来分析信息的某些特征。本节对内容分析法的诠释将更多集中于图书情报领域。

内容分析法也具有鲜明的特点。

（1）系统性。系统性是指对信息内容或类型的取舍应有一致的标准，以避免只有支持研究者假设前提的资料才能被纳入研究对象的情况。因此，首先，被分析的内容必须按照明确无误、前后一致的规则来选择。样本的选择要符合一定的标准，总体中的每一个样本都必须有均等的中选机会。其次，评价过程也必须是系统的，即所有被评价的内容都要以同样的方法进行处理。总之，系统评价意味着研究自始至终的评价规则只有一套，在研究中使用不同规则会导致结论混淆不清。

（2）定量性。定量性是指研究中运用统计学方法对类目和分析单元出现的频次进行计量，用数字或图表的方式表述内容分析的结果，其目的是精确地描述信息整体，使研究结果简明扼要，且有助于结论的解释和分析。

（3）客观性。客观性是指分析必须基于明确指定的规则执行，从而确保不同的人可以从不同的文献中得出同样的结果。首先，分析的结果应依据客观事实，不能凭个人情感进行相关研究，即分析的结果不能带个人的主观色彩。其次，变量分类的操作定义和规则必须非常明确和便于理解，这样其他研究人员在重复同一程序时，也会作出同样的判断。这就需要建立起一套明确的标准和程序，充分解释抽样和分类方法，否则，研究结果就不能达到客观的要求。

（4）结构化研究。内容分析法的目标明确，对分析过程高度控制，所有的参与者按照事先安排的程序操作执行。结构化的最大优点是结果便于量化与统计分析，便于用计算机模拟与处理相关数据。

（5）非接触研究。内容分析法不以人为对象而以事物为对象，研究者与被研究事物之间没有任何互动，被研究的事物也不会对研究者做出反应，研究者主观态度不易干扰研究对象，这种非接触性研究较接触性研究的效果更好。

（6）定量与定性结合。这是内容分析法最根本的优点，它以定性研究为前提，找出能反映文献的内容，并将它转化为数据。这种优点能够达到对文献内容所反映"质"的更深刻、更精确、更全面的认识，从而得出科学、完整、符合事实的结论，获得从一般定性分析中难以找到的联系和规律。

（7）揭示文献的隐性内容。首先，内容分析可以揭示文献内容的本质，查明几年来某专题的客观事实和变化趋势，追溯学术发展的轨迹，描述学术发展的历程，并依据标准鉴别文献内容的优劣。其次，揭示宣传的技巧、策略，衡量文献内容的可读性，发现作者的个人风格，分辨不同时期的文献体裁类型特征，反映个人与团体的态度、兴趣，获取政治、军事和经济情报等。

综上所述，内容分析法的特点具体体现在三个层面。

1）研究对象

研究对象是"具有明确特性的传播内容"。"明确"意味所要计量的传播内容必须是明白、显而易见的，而不能是隐晦的、含糊不清或含有没有明确表达出来的意思。如果对传播内容的理解在研究者之间、研究者与受众之间很难达成共识，则不宜作为内容分析的对象，所以对这类内容进行计量非常困难。

2）分析方法

分析方法是"客观"、"系统"和"定量"的。客观是指分析必须基于明确制定的规则执行，以确保不同的人可以从相同的文献中得出同样的结果。系统是指内容或类目的取舍应依据一致的标准，以避免只有支持研究者假设前提的资料才被纳入研究对象，整个研究的过程只有一套程序或方针。定量是指研究中运用统计学方法对类目和分析单元出现的频数进行计量，用数字或图表的方式表述内容分析的结果。

3）结果表述

结果表述是"描述性的"。内容分析的结果常常表现为大量的数据表格、数字及其分析，这是"客观"、"系统"和"定量"研究的必然结果。

当然，内容分析法也有其局限性，主要体现在：①被研究文献需要具有形式化和统计性两个条件，前者是指能从文献中抽出便于统计的、具有语义特征的分析单元，后者是指要有一定数量的、具备统计意义的文献；②内容分析法以归纳、比较、综合、推理等应用为基础和前提，不是一种发挥想象力的开放式方法，即研究工作不能超越和脱离所分析的文献；③内容分析法实施工作量大，投入时间长，一般需要计算机辅助分析。

6.3.3　内容分析法的类型

内容分析法主要有三种类型。

1）解读式内容分析法

解读式内容分析法是一种通过精读、理解并阐释文本内容来传达意图的方法。"解读"的含义不只停留在对事实进行简单解说的层面上，而是从整体和更高的层次上把握文本内容的复杂背景和思想结构，从而发掘文本内容的真正意义。这种高层次的理解不是线性的，而具有循环结构；单项内容只有在整体的背景环境下才能被理解，而对整体内容的理解反过来则是对各个单项内容理解的综合结果。

这种方法强调真实、客观、全面地反映文本内容的本来意义，具有一定的深度，适用于以描述事实为目的的个案研究。但因其解读过程中不可避免的主观性和研究对象的单一性，其分析结果往往被认为是随机的、难以证实的，因而缺乏普遍性。

2）实验式内容分析法

实验式内容分析法是定量内容分析和定性内容分析相结合的方法。20 世纪 20 年代末，新闻界首次运用了定量内容分析法，将文本内容划分为特定类目，计算每类内容元素出现的频率，描述明显的内容特征。该方法具有三个基本要素：客观、系统、定量。

定量内容分析法用来作为计数单元的文本内容可以是单词、符号、主题、句子、段落或其他语法单元，也可以是一个笼统的"项目"或"时空"的概念。这些计数单元在文本中客观存在，其出现频率也是明显可查的，但这并不能保证分析结果的有效性和可靠性。一方面，是因为统计变量的制定和对内容的评价分类仍由分析人员主观判定，难以制定标准，操作难度较大；另一方面，计数对象也仅限于文本中明显的内容特征，而不能对潜在含义、写作动机、背景环境、对读者的影响等方面展开来进行推导，这无疑限制了该方法的应用价值。

定性内容分析法主要是对文本中各概念要素之间的联系及组织结构进行描述和推理性分析。与定量方法直观的数据化不同的是，定性方法强调通过全面深刻的理解和严密的逻辑推理，来传达文本内容。

　　3）计算机辅助内容分析法

计算机技术的应用极大地推进了内容分析法的发展。无论是在定性内容分析法中出现的半自动内容分析，还是在定量内容分析法中出现的计算机辅助内容分析，都只存在术语名称上的差别，而实质上，正是计算机技术将各种定性定量研究方法有效地结合起来，博采众长，使内容分析法取得了迅速推广和飞跃发展。互联网上也已出现了众多内容分析法的专门研究网站，还提供了不少可免费下载的内容分析软件，相关论坛在这方面的讨论也是热火朝天，甚至出现了"网络内容分析"一词。

6.3.4　内容分析法的实施步骤

内容分析法的实施流程一般有九个步骤，如图 6.7 所示。

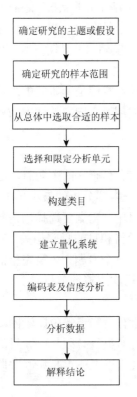

图 6.7　内容分析法实施步骤

　　1）确定研究的主题或假设

内容分析要避免"为统计而统计"的弊端，避免毫无目的地搜集与研究内容没有多大关系的数据，这样做既浪费时间和精力，也会给研究者带来很大的困扰。为解决这个问题，在做一项研究之前，就要严格地确认研究的主题和假设。内容分析法可以根据先前研究的结果、现存的理论、实际的问题或对变化中现实情况的反应等，来确定研究的课题。明确而具体的研究主题能够清晰地指示后续的数据收集工作。

　　2）确定研究样本的范围

选择样本即抽样，选取内容分析的样本。抽样的前提是确定研究总体，包括所研究的主题和时间跨度，这往往直接从研究问题中就能推导出来。抽样主要是从来源、日期（样本覆盖的时间范围）和单元（样本的统计分析单位）等方面选取内容分析对象，且选择的样本信息量要足够大、有连续性且便于统计分析。

抽样来源主要有三大类：

（1）纸质媒体：教育期刊、报纸；论文、专著、教材、研究报告；教学文件、政策法规、会议记录；教学计划、教学大纲、教学方案；练习作业、试题试卷、学习日记；照片、挂图等。

（2）音像媒体：教学电影、电视节目、课堂实录、录音带、投影片、幻灯片、微缩胶卷等。

（3）计算机媒体：多媒体素材、多媒体教学软件、网络课程、网站等。

3）从总体中选取合适的样本

在做任何一项调查研究时，不可能穷尽所有相关的资料，也不可能分析整个文献信息的总体。因为这样做既不可能也没有必要，所以常常借助统计学中的抽样方法。样本选择应能从样本的性质中推断出与总体性质有关的结论。在这一步骤中，可能经常会遇到两种情况：一种是搜集到与研究相关的资料比较少，这样就不需要抽样了，可以直接对总体进行分析；另一种是，在这个信息爆炸的时代，研究人员面对大量的相关信息，以至于根本不可能全部登记和统计，这时就必须借助随机抽样的方法选取样本。

进行内容分析时常采取多级抽样的方法，一般分为两个阶段（有时也分为三个阶段）。第一个阶段对内容来源进行抽样，即从哪几种期刊或哪几家电台、电视台中选取分析的内容。第二个阶段是进一步确定具体的样本和选取样本的时间段，如果样本的来源是期刊，选取具体样本时，可按特定时间段的自然顺序来进行简单的随机抽样。具体的操作流程是：先随机选取一个起点，然后以某个确定的时间段选取一本期刊作为样本。时间段的选择一般取决于该项目的研究目的。

选取样本的另一种方法，是按固定的某个时间选择（如按月选周或按周选日）。在一个月的每周中抽取不超过两天的样本，就能均衡反映这个月有关内容分析的状况。还有一种方法，就是在样本的每一个月里建立一个"组合周"。比如，一个月有四个或五个星期一，可以从中随意选取一个星期为样本，再用同样的方法选取一个星期二、星期三等。依此类推，直到选择的天数组成一个完整的周为止。

此外，研究的主题决定样本的数量，一般的规律是：选取的样本应该是所研究的现象发生的函数。这就是说发生率越低，选取的样本数就越多；发生率越高，选取的样本数就越少。

4）选择和限定分析单元

选择和限定分析单元即发掘研究所需考察的各项因素，这些因素和研究的主题有种必然的联系，且便于抽取操作。分析单元是实际需要统计的对象，它是内容分析的最小单位，同时也是最重要的单位之一，简单地讲，就是指在一定的研究题目中，究竟要选择词语句子、段落还是整篇文章作为分析的对象。选择分析单元应与研究题材和目的紧密相关。对于报纸和杂志的内容分析，分析单元可能是一个单词、一个符号、一个专题、一篇完整的文章或报道。对电视和电影的内容分析，分析单元可能是任务、场次或整场节目。

5）构建类目

在内容分析中，构建类目就像问卷调查中设计问卷一样，是所有研究步骤中比较困难的一步。类目和问卷问题一样，必须能反映研究问题或研究假设，即类目必须与研究目的相关，除此之外，所构建的类目必须实用，类目系统易于操作。其实以上三点是相互关联的，其中任何一点不符合要求都会使构建的类目有所欠缺。

除此之外，类目构建要符合互斥、穷尽及可信三个原则。

（1）互斥。互斥是指如果某个分析单元只能放在一个类目系统中，那么这个类目系统就是互相排斥的；如果某个分析单元可以同时放在两个不同的类目里，那么这个系统就不是互相排斥的，就必须修订这两个类目的定义。

（2）穷尽。穷尽就是构建的类目系统必须是完整的、无所遗漏的。也就是说，在编码的时候，所有的分析单元都能归入预先确定的类目中。如果某一个分析单元不能合乎逻辑地放入预先确定的类目里，那么这个类目系统便不符合穷尽的原则。要做到兼容并包通常并不是很困难，研究人员要么增加类目，要么将所有的无法归类的内容归入"其他"类。采用后一种方法时，一定要注意"其他"类所占的比率不宜超过所有类目比例的 10%，否则，研究者应该重新分析"其他"类，从中分出一至两个类目，避免遗漏重要类目。

（3）可信。可信就是不同的编码员在确定每一分析单元的归属类目时，应该最大限度地取得一致。类目系统的可信与否，会影响编码员在编码时的相互同意度。一般地，所构建的类目系统越精确可靠，编码员间的相互同意度就越高，研究的结果也就更加可靠。

常用的构建类目的方法有两种：

第一种方法是依据理论或过去的研究成果来构建类目，常被用于一般的内容分析，对建立在过去研究理论或结果上的分析，通常用一套惯用的构建方法。

第二种方法是由研究人员根据个人的经验、习惯建立类目。这种方法是在没有理论或以过去的研究成果为依据构建类目时使用的，这时需要根据常识、经验与研究目的进行谨慎分类，这是一种比较复杂也很少使用的方法。

6）建立量化系统

内容分析中的定量分析，一般只使用定类、定距和定比变量。

在使用定类变量时，研究人员只要计算出每类中分析单元出现的额数就行了。

定距变量是指测量等距数据时，由编码员用特殊的尺度记录人物或事件的某些特征。这样的度量方法在内容分析中有助于增加分析深度，提高对结构特征的认识水平，比起一般性的表面数据或许更为有趣。但是，使用尺度比率记录可能会给分析注入主观成分。如果不对编码员进行专业的培训，在使用定距变量时，就有可能降低分析结果的信度。

定比变量一般用于对空间和时间的计算。印刷媒介通过专栏的长度测量来计算每篇文章的篇幅比率，以此对社论、广告和报道中的特殊事件或现象进行分析。对电视和广播来说，定比数据用于测量时间，如广告的分钟数、某类节目播出的时间总数及各类节目中某类节目的播放量等。

7）编码表及信度分析

编码表即根据研究假设对内容进行分类编码。编码是指用数字或字母等符号记录研究样本在每个测量指标上的所属类别。编码表是内容分析的测量工具，它记录了有关分析单位的信息。一个测量指标对应着一个分类系统，每一个测量指标的某种结果都可以归入到某一个类别之中，这是衡量编码表质量的最重要因素。依据某种规则对媒介内容进行分类，且将结果用定量数字的形式表现出来是内容分析的核心过程。

内容分析法的信度是指两个或两个以上的研究者按照相同的分析维度，对同一材料的评判结果取得一致性的程度，它是保证内容分析结果的可靠性、客观性的重要指标。内容分析法的信度分析的基本过程是：①对评判者进行培训；②由两个或两个以上的评判者，按照相同的分析维度，对同一材料进行独立评判分析；③对他们各自的评判结果使用信度公式进行信度系数计算；④根据评判与计算结果修订分析维度（即评判系统）或对评判者进行培训；⑤重复评判过程，直到取得可接受的信度为止。

8）分析数据

分析数据是指把分析单元归入到相关类目系统中，这项工作是内容分析法中既费时又枯燥的阶段。为了能够把这项工作做好，一般使用标准化表格，编码员在给数据分类时，只需在预先留好的空白处简单地做个记号。

在分析数据时，常用百分比、平均数、众数、中位数等描述性的统计方法，如果打算进行假设检验，用一般的推理统计手段将结果推广到总体是可以接受的。卡方检验是最经常使用的方法，因为内容分析数据就形式而言，往往是定类的，如果数据是定量的或定比的，则可用 t 检验、方差分析或皮尔逊相关系数。

9）解释结论

研究结论应该依据数据分析结果来回答研究问题，解释以数字形式呈现的内容分析结果，包括解释数字的含义及其重要性。在综合统计结果和定性分析的基础上，得出某些结论性的看法，同时指出所做内容分析的适用范围或边界。

6.3.5　内容分析的方法

内容分析法常见的方法有三种：比较方法、推断性分析和基于网络的内容分析。

1）比较方法

内容分析不是对单一文献的分析，它往往是对一定时间内各种文献中的有关信息分析，故推理的过程也是比较的过程，是对文献内容中的有关信息单元所作的各种比较。在西方国家运用比较普遍的比较方法主要有以下四种。

不同内容群的比较（comparison of different bodies of content）：即针对一个主题，比较来自不同的信息源的内容，从而得出结论。这种比较是共时性的，说明同一事件在同一时期，不同的信息源对它的反应。

趋势比较（trend comparison）：强调同一事件在不同时期的变化，从表征事件的有关信息的时序变化中把握事件的发展规律。趋势比较要确定时间段，如 5 年、10 年等。时间段的长短往往视需要而定，但一般是以年为基本单位的，至少要 5 年才有比较意义。

内容内比较（intra content comparison）：是对同文献中不同的主题的比较，旨在揭示它们的相关性和内在联系，说明同一信息源对不同事件的反应。

有标准的内容比较（comparison of content with a standard）：是以一定的标准作为尺度，对同类的文献进行相应的内容比较。标准可以是抽象的，也可以是具体的。

值得一提的是，上述比较方法不是彼此孤立的，相反，在具体运用中，很多研究和分析过程要综合运用多种方法。

2）推断性分析

推断是内容分析中最核心的环节。没有出色的推断，编码和统计分析的大量工作即使做得再好，也不能迅速变成决策所需要的情报，对于推断的解释，内容分析中有两大学派：①将推断当作一个统计学术语，认为推断应立足于数理统计的原理，用计算方法从统计数据计算出结论，并用概率论来估计或分析推论的误差；②将推断当作社会科学研究的一个必不可少的步骤，认为推断是任何系统化研究的核心，自然也是内容分析的核心，内容分析的任何前期工作，都是服务于推断的，只有作出推断后，研究才有结果。

在内容分析过程中，推断工作不像编码一样需要花费大量的人力物力，也不像统计分析一样要进行大量计算，而是经常要面对一大堆数据或图表冥思苦想。因此在一般人看来，它是一种钻研性质很强的科研工作。有的学者认为，内容分析就是根据数据对内容进行可再现的、有效的推断，分析过程就是层层推理的过程。

陈维军将推理的种类分为三种：①趋势推理。这是种纵向推理，或叫贯时性推理，是分析某一特定信息的数量、重要性、强度等指标在不同时序里的变化和差异。②共变推理。根据表征两个以上事件的信息同时出现的状况进行推断，得出其间的相关性结论。如对当今社会新型职业的职业特性与国家教育发展的相关性分析。③因果推理，从表示特定时间的符号语词的变化来推断事件的发展变化，这类推理要在明确共变关系、排除不相关因素和理顺时序的前提下，才能保证结果的正确可靠。

3）基于网络的内容分析

在互联网高速发展的今天，网络作为重要信息来源之一，对网络信息的内容分析显得尤为重要。通过网络信息可以了解到竞争对手的近期营销动向和重点。内容分析法在网络中的应用主要有五个方面：描述网络传播的信息；推论网络传播主题的倾向和意图；描述传播内容的变化趋势；比较、鉴别、评价网络信息资源；网络传播效果的研究。

基于网络的内容分析，可以按以下进行分类：①按分析要素分类，有词频分析、网页分析、网站分析和网络结构单元分析；②按媒体形式分类，可以分为文本分析、图像分析、声音分析和视频分析等多种形式；③按网络信息活动主体分类，可以分为网络信息分析、传播者分析和网络使用者分析。网络内容分析要以大量且无序的网络信息作为分析的基础，要分析大量的相关信息。在分析的过程中要尽量借助一些相应的技术和工具。同时，在做实证研究时应着眼于实际，既要结合多种媒体信息，又要有所侧重，以真实反映网络的内容为基础原则。

基于网络的内容分析的应用主要有两个重点：对网络内容的挖掘和对网络使用记录的挖掘。网络内容挖掘主要通过选择某领域的若干具有代表性的网站作为数据来源和起点，获取大量网络信息数据和链接信息，然后对其进行内容分析；网络使用记录挖掘通常是对网络服务器日志和 Cookie 等结论文件进行分析，发现用户访问行为、频度和内容等信息，从而找出一定的模式和规律，主要包括统计分析、路径分析、关联分析、序列模式分析、分类规则及聚类分析等。

6.3.6　内容分析法的应用

6.3.6.1　应用领域

内容分析法应用十分广泛。就研究材料的性质而言，内容分析法可适用于任何形态的材料，既适用于文字记录形态类型的材料，也可以适用于非文字记录形态类型的材料；就研究材料的来源而言，内容分析法既可用于对现有材料进行分析，也可用于为某一特定研究目的而专门收集有关材料，然后再进行评判分析；就分析的侧重点来讲，内容分析法既可以着重于材料的内容，也可以着重于材料的结构，或对两者都予以分析。内容分析法因具有极其广阔的应用领域和应用前景，被广泛应用于新闻传播内容分析、社会现象分析、学科发展前沿和热点分析等方面。在我国，内容分析法也在图书情报、中医药、旅游、食品安全、危机事件、教育、网络隐私、收入分配等各种研究中不断得到尝试和应用，取得惊人的效果。

6.3.6.2　应用实例

1）内容分析法的社会发展趋势预测应用实例

20世纪80年代初，约翰·奈斯比特出版了具有开创性的著作《大趋势：改变我们生活的十个新方向》。该书以美国为研究背景，通过深入观察地方上发生的事件和行为来了解美国的真实情况，探寻美国社会发展的未来趋势。该书全球发行量超过1 400万册，与威廉·怀特的《组织的人》和阿尔文·托夫勒的《未来的冲击》并称为"能够准确把握时代发展脉搏"的三大巨著。该书预言的未来社会的十大趋势后来大部分都已变成了现实，尤其是其预测的"信息化"、"网络化"和"全球化"已真正意义上变成了当代社会发展的潮流。奈斯比特在研究中所采用的方法正是内容分析法。

该书以其完成的《趋势报告》为基础，具体实现过程如下。

首先进行样本选择，以美国地方报纸为分析对象，凡人口10万以上的城市及不足10万人口的州首府报纸均入选，并考虑报纸质量，适当照顾左右翼平衡和少数族裔，每月扫描约6000种报纸。

接着确定分析框架。根据分析社会动态的目标，采用四个层次的分析框架：一级主题共十个，反映了美国社会问题的10个主要方面，即教育、就业、环境、政府和政策、健康、住房、人际关系和经济联系、法律和正义、交通、福利和贫困。这些一级主题再分解为二级、三级和四级主题。每个一级主题大致分为7～17个小主题，总共有100个小主题。

随后确定内容单元和编码建库。以单篇报道作为分析单元，按主题框架将每篇报道归类编码，建立可供多途径检索的全文数据库，并完成各内容单元的篇幅指数统计。

最后进行定性和定量分析。利用所建的数据库可以实现多方面的内容分析。例如：通过某一时间点的截面分析，可反映出各类主题的比例结构，发现社会关注的焦点问题；通过某个主题的篇幅变动分析，可反映出某一主题篇幅的变化速度，追踪事物的发展趋势，大批《趋势报告》的工作人员正是经过了长达12年的时间，每月不断地监视6000种地方报纸，最后才成功地预测了未来社会的十大发展趋势。

2）内容分析法的专业培养目标应用实例

（1）确定研究范围。美国的高等学校和国内一样有很多类型，涉及高等工程人才的培养，目前主要由三种类型的学校承担：研究型大学、一般州立大学或学院、社区学院，它们分别培养工程领导型、工程应用型、职业技术型人才。

（2）抽样。案例选取了美国13所培养工程领导型人才的研究型大学，分别是麻省理工学院、斯坦福大学、哥伦比亚大学等；16所培养工程应用型人才的州立大学，分别是南达科他州立大学、路易斯安那科技大学、迈阿密大学等；13所培养面向某一类职业的、熟悉工艺设备、从事第一线工作的技术人才的社区学院、初级学院和技术学院，分别是特拉华郡立学院、西雅图中心社区学院、特立尼达州立初级学院等。

（3）构建专业人才培养的类目。专业人才培养目标类目的构建主要根据专业教育目标分类理论，并结合工程师、工程技术专家及技术员的职业描述，经过三次测试，不断修正类目。

（4）编码并统计。将选取的三类美国高等工程教育专业培养目标陈述按照类目分解并统计。对每个类目，在专业培养目标中若"提到"，则输入 1；若"未提到"，则输入 0，然后统计每一个三级类目被提及的次数。

（5）比较分析与结论。在知识领域比较分析方面，从三类人才的编码结果可分析得出，三类人才的培养目标都涉及数学、自然科学和工程科学领域的知识，但是每一类知识的程度和侧重点是不一样的。在数学知识方面，工程领导型人才的培养强调数学的深度；工程应用型人才只需要基础的数学知识，能够为理解工程技术领域的专业知识提供足够的基础准备即可；而职业技术型人才在数学方面只要求学习基础的原理，会进行基本的数学计算即可。在基础科学方面，工程领导型人才要求掌握较宽泛的基础科学知识；工程应用型人才只要求在实际的工程技术中能够运用基础科学即可；而职业技术型人才则要求掌握能够有助于理解产品的构造和材料的特性等方面的基础科学知识。在专业知识方面，工程领导型人才十分强调工程科学的知识；工程应用型人才需要掌握专业方面的技术领域的知识；而职业技术人才只需掌握本职业领域相关的技术知识即可。

技能领域的培养目标也有较大区别，也是不同类型人才专业培养目标中差别较大的一个类目。在心智技能方面，工程领导型人才侧重鉴别、阐释、分析工程问题能力，工程应用型人才和职业技术型人才则侧重分析技术问题的能力，其区别集中体现在"工程"与"技术"的差别上。职业技术型人才还提到了分析设备的结构和性能、识别解决技术问题的方法、阅读设备手册和说明书三项指标，这些均是在实际技术工作中所需要的技能，体现了社区学院、初级学院和技术学院培养面向生产第一线人才的特点。在行动技能方面，工程领导人才强调通过分析、建模解决工程领域的复杂问题，而工程应用型人才只解决一般实践性问题。

此外，三类人才的培养目标中"知识"类目都占据了较大的比例，"知识"对工程领导型人才、工程应用型人才和职业技术型人才的培养来说，重要性呈降序排列。另外，工程应用型人才特别强调工程前沿、时事和人文与社会科学的知识，这是与其毕业后所担当的社会责任相符的；工程领导型人才毕业后将在工业、政府、法律等各个领域担当重要的领导角色，掌握人文社会科学知识和时事是必要的；职业技术型人才则需要进行技能和工艺方面的设计、应用工作，所以需要了解最新的数学、技术和科学的应用信息。

在信息技能方面，三类人才都特别重视有效的书面、口头等形式的沟通能力，但根据各自在工程团队中的作用又有着不同的侧重点。例如，工程领导型人才由于作为团队领导，既要具备和团队内人员有效沟通的能力，又要具备和其他领域各种类型的人沟通的能力；工程应用型人才作为团队中间层要具备向上报告和向下管理两个方面的沟通工作；职业技术型人才作为团队的实践者要具备向上报告的沟通能力。在社会技能方面，三种类型的人才都必须具备有效的团队合作和领导能力，但根据其自身因素又有所差别。

个人品质领域的比较分析：在个人品质领域，工程领导型人才最为重视。在心理特征方面，根据各自的工作性质，工程领导型人才比较重视创造性、批判性、独立性和适应性；工程应用型人才的创造性、批判性则有所不同；职业技术型人才则提及较少。在态度和价值观方面，三类人才培养目标都将专业责任和道德意识放在很重要的位置。此外，前两者对终身学习持积极的态度，而职业技术型人才则比较消极。

第 7 章　信息分析定量方法

定量分析方法是借助经济学、数学、计算机科学、统计学、概率论以及帮助决策的决策理论来进行逻辑分析和推论。信息分析定量方法具有实证性、准确性和客观性等特征，在信息分析中的应用十分广泛。本章重点介绍回归分析、聚类分析、引文分析三类信息分析定量方法。

7.1　回　归　分　析

7.1.1　回归分析的起源与发展

"回归"是由英国著名生物学家兼统计学家高尔顿在研究人类遗传问题时提出来的。为了研究父代与子代身高的关系，高尔顿搜集了 1 078 对父母及其子女的身高数据。他发现这些数据的散点图大致呈直线状态，也就是说，总的趋势是父母的身高增加时，子女的身高也倾向于增加。但是，高尔顿对试验数据进行了深入的分析，发现了一个很有趣的现象——"回归"效应。因为当父母的身高高于平均身高时，他们的子女比他们更高的概率要小于比他们更矮的概率；父母身高低于平均身高时，他们的子女比他们更矮的概率要小于比他更高的概率。它反映了一个规律，即子女的身高，有向他们父辈的平均身高回归的趋势。对于这个一般结论的解释是：大自然具有一种约束力，使人类身高的分布相对稳定而不产生两极分化，这就是所谓的回归效应。

1855 年，高尔顿发表《遗传的身高向平均数方向的回归》一文，他和他的学生卡尔·皮尔逊通过观察 1 078 对夫妻的身高数据，以每对夫妻的平均身高作为自变量，取他们的一个成年子女的身高作为因变量，分析子女身高与父母身高之间的关系，发现父母的身高可以预测子女的身高，两者近乎一条直线。当父母越高或越矮时，子女的身高会比一般儿童高或矮，他将子女与父母身高的这种现象拟合出一种线性关系，分析出子女的身高与父母的身高大致可归结为以下关系：$y = 33.73 + 0.516x$（单位：英寸）。

根据换算公式：1 英寸 = 0.0254 米，1 米 = 39.37 英寸，所以 $y = 0.856\ 7 + 0.516x$（单位：米）。

这种趋势及回归方程表明，父母身高每增加一个单位时，其成年子女的身高平均增加 0.516 个单位。这就是回归一词最初在遗传学上的含义。

有趣的是，通过观察，高尔顿还注意到，尽管这是一种拟合较好的线性关系，但仍然存在例外现象：矮个父母所生的子女比其父母要高，身高较高的父母所生子女的身高却回降到多数人的平均身高。换句话说，当父母身高走向极端，子女的身高不会像父母身高那样极端化，其身高要比父母的身高更接近平均身高，即有"回归"到平均数去的趋势，这就是统计学上最初出现"回归"时的含义，高尔顿把这一现象称为"向平均数方向的回归"（regression toward mediocrity）。虽然这是一种特殊情况，与线性关系拟合的一般规则无关，但"线性回归"的术语却因此沿用下来，作为根据变量（父母身高）预测另一种变量（子女身高）或多种变量关系的描述方法。

7.1.2　回归分析的概念

在统计建模（statistical modeling）中，回归分析（regression analysis）是一个用于评估变量间相关性的统计过程。它包括了很多建模分析多元变量（several variables）的技术，但主要目的还是研究一个因变量和多个自变量之间的关系。具体说来，回归分析有助于理解因变量的范值是怎样根据每个不同的自变量的变化而变化的，通常表现为它由给定的自变量估计出因变量的条件期望值。少数时候，也会表现为由给定自变量得出的因变量的条件分布的分位数和其他位置参数。在所有情况下，估计的目标是一个自变量的函数叫作回归函数（regression function）。在回归分析中，因变量根据回归函数的变化被特征化，表现为概率分布。

现在，回归分析被广泛运用于预测和预报，在很大程度上与机器学习的领域重叠。它也常常被用来理解在一些自变量中哪些与因变量相关，并且能够发现这些关系的形式。在受限的条件下，回归分析可以用来推断自变量和因变量的因果关系。但是它并不精确，有时会得出一些迷惑性或错误的结果，毕竟相关性并不等于因果性。

从狭义上说，回归特指对连续响应变量的估计，而不是用在分类中的离散响应变量。在连续输出变量的情况下可以更具体地把它认为是度量回归（metric regression）以区分相关问题。

回归分析是指利用数据统计原理，对大量统计数据进行数学处理，并确定因变量与某些自变量的相关关系，建立一个相关性较好的回归方程（函数表达式）并加以外推，用于预测今后的因变量的变化的分析方法。

在回归分析中，如果研究的是一元线性回归模型，就叫一元线性回归分析；如果研究的是多元线性回归模型，就叫多元线性回归分析。

回归分析研究一个变量与另一个或多个变量之间的关系，实际上是将相关现象间不确定的数量关系一般化，采用的方法是配合直线或曲线，用这条直线或曲线来代表现象之间的一般数量关系。这条直线或曲线叫回归直线或回归曲线。

7.1.3　回归分析的分类

按照回归模型的形式不同，回归分析可以进行如下划分。

1）按模型中自变量数划分

一元回归模型：如果因果关系中只涉及因变量和自变量两个变量，可以据此建立回归模型。例如，根据股民的盈亏与股市的升跌的相关关系建立的回归模型。

多元回归模型：如果因果关系中存在一因多果或多果同因的情况，即存在两个以上的变量，据此可以建立多元回归模型。例如，根据一个地区的电子产品的销售量与其市场容量、居民购买力和消费观念的相关关系建立的回归模型。

2）按模型中变量关系划分

线性回归模型：如果因果关系中涉及的自变量和因变量的关系基本呈直线型（线性变化）关系，据此可以建立线性回归模型。例如，耐用消费品销售量和居民可支配收入的关系。

非线性回归模型：如果因果关系中涉及的自变量和因变量的关系呈非直线的变化，据此可以建立非线性回归模型。例如，某商店的商品流通费用率与销售额的关系。

3）按模型中有无虚拟变量划分

普通回归模型：如果因果关系中涉及的自变量都是数量变量，据此可以建立普通回归模型。如上海市外来人口迁入数量与上海市总人口数量的关系。

虚拟变量回归模型：如果涉及的自变量既有数量变量又有虚拟变量，据此可以建立虚拟变量回归模型。例如：大学生的就业情况不仅受到大学毕业人数、就业市场容量等数量变量的影响，还会受到国家政策、就业观念、国际经济状况等虚拟变量的影响。

4）按自变量与时间关系划分

与时间无关的相关关系：在这种关系中，变量之间的相关关系与时间无关。例如：全国大学生的新增人数在一定时间内主要与高中毕业人数相关。虽然从长远来看，随着经济的发展，越来越多的人有机会接受高等教育，但在一定的历史时间内，大学生新增人数主要与高中的升学率有关。

相对时间滞后性的相关关系：在这种关系中，自变量和因变量之间的联动变化存在一个时间差，即自变量发生变化一段时间后，因变量才发生相应的变化。例如，某个商家为了扩大市场份额，开展了一系列的优惠活动并投放了大量广告，但在一段时间后商家才会感受到销售额的快速增长。

时间序列关系：在这种关系中，自变量和因变量之间的相关关系服从一定的函数分布，也可以认为是因变量随着时间变化呈现一定的趋势变化规律。例如，一年之中某地的降水量就随着季节变化呈现一定的规律。

接下来将对一元线性回归分析、多元线性回归分析、非线性回归分析进行详细介绍。

7.1.3.1　一元线性回归分析

1）一元线性回归分析的一般模型

一元线性回归分析是回归分析中最基本、最简单的一种方法，又称简单直线回归或简单回归，主要是分析两个变量间的线性关系。一般来说，把变量 y 称为因变量（dependent variable），受其他变量 x 的影响，变量 x 称为自变量（independent variable）。一元线性回归分析的一般模型为：$\hat{y} = a + bx$。由该式可以看出，b 的统计学意义是 x 每增加或减少 1 个单位，y 平均变化 b 个单位。其中，x 为自变量；$\hat{y}$ 是根据自变量 x 的因变量估计值；a 是回归直线在 y 轴上的截距，a 值的大小反映出直线所处的位置，当 $a > 0$，直线与纵轴的交点在原点上方，当 $a = 0$，回归直线经过原点，当 $a < 0$，直线与纵轴的交点在原点的下方；b 是回归系数，即直线的斜率，$b > 0$，说明 y 随 x 增大而增大，$b = 0$，说明 y 与 x 平行，两者没有直线相关关系，$b<0$，说明 y 随 x 增大而减小。

2）计算参数 a、b 的值

拟合一元线性回归模型的关键在于计算 a、b 的值。在有观察数据的前提下，在数学上可以利用最小二乘法原理计算参数 a、b 的值，其基本原理是：保证各实测点到直线的纵向距离平方和最小，故又称最小二乘回归。而 a、b 值的具体计算式为

$$a = \bar{y} - b\bar{x}$$

$$b = \frac{l_{xy}}{l_{xx}} \frac{\sum(x-\bar{x})(y-\bar{y})}{\sum(x-\bar{x})^2}$$

其中：$\bar{x}$ 为自变量 x 的均值；$\bar{y}$ 为因变量 y 的均值；l_{xy} 为自变量 x 的离差平方和；l_{xx} 为自变量 x 和因变量的离差乘积和。

同时，在样本数为 n 的情况下，$\bar{x}$、$\bar{y}$、l_{xy}、l_{xx} 的计算公式分别为

$$\bar{x} = \frac{\sum x}{n}, \quad \bar{y} = \frac{\sum y}{n}$$

$$l_{xx} = \sum(x-\bar{x})^2 = \sum x^2 - \frac{(\sum x)^2}{n}$$

$$l_{xy} = \sum(x-\bar{x})(y-\bar{y}) = \sum xy - \frac{(\sum x)(\sum y)}{n}$$

3）统计检验

计算出参数 a、b 后，将其代入，可以得出相应的一元线性回归模型。但是，该模型是否能有效地反映两个变量之间的关系，即 x 和 y 是否真正存在线性关系，需要进行统计检验，以判断回归方程是否成立。通常采用方差分析或 t 检验的方法进行统计检验，为了方便理解，首先对离差平方和 l_{yy} 进行分析。

因变量 y 被回归直线和 $\bar{y}$ 分成三段。其中：

$(y-\hat{y})$ 段，表示 P 点与回归直线的纵向距离即实际值与估计值之差，称为剩余或残差。

$(\hat{y}-\bar{y})$ 段，即估计值 $\hat{y}$ 与均值 $\bar{y}$ 之差，该值与回归系数大小有关。

$|b|$ 值越大，$(\hat{y}-\bar{y})$ 的差值也越大，反之亦然；当 $b=0$ 时，$(\hat{y}-\bar{y})$ 也为 0，则 $(y-\hat{y}) = (y-\bar{y})$，也即回归直线不能使残差减少。

由此存在如下关系：

$$y = \bar{y} + (\hat{y}-\bar{y}) + (y-\hat{y})$$

对上式进行移项后变为

$$y - \bar{y} = (\hat{y}-\bar{y}) + (y-\hat{y})$$

将等式两边平方后再求和，得

$$\sum(y-\bar{y})^2 = \sum(\hat{y}-\bar{y})^2 + \sum(y-\hat{y})^2$$

用符号表示上式中的三个平方和，则有 $SS_总 = SS_回 + SS_剩$。其中 $SS_总$ 为 y 的离差平方和，即 l_{yy}，因此在数学上可以利用如下的公式进行计算：

$$l_{yy} = \sum (y - \bar{y})^2 = \sum y^2 - \frac{(\sum y)^2}{n}$$

$SS_{回}$ 为回归平方和，即 $\sum (\hat{y} - \bar{y})^2$，该值反映了 y 的总变异中由于 x 与 y 的直线关系而使 y 变异减小的部分，也就是在总平方和中可以用 x 解释的部分，$SS_{回}$ 越大，回归效果越好。

$SS_{剩}$ 为剩余平方和，即 $\sum (y - \hat{y})^2$，反映 x 对 y 的线性影响之外的一切因素对 y 的变异的作用，也就是在总平方和中无法由 x 解释的部分。在散点图中，各实测点离回归直线越近，$\sum (y - \hat{y})^2$ 也就越小，说明直线回归的估计误差越小。

上述三种自由度间有如下关系：
$$\mu_{总} = \mu_{回} + \mu_{剩}, \quad \mu_{总} = n-1, \quad \mu_{回} = 1, \quad \mu_{剩} = n-2$$

此外，方差分析的统计量为 F，具体计算公式为
$$F = \frac{SS_{回} / \mu_{回}}{SS_{剩} / \mu_{剩}} = \frac{MS_{回}}{MS_{剩}}$$

式中，$MS_{回}$、$MS_{剩}$ 分别为回归均方与剩余均方。统计量 F 服从自由度 $\mu_{回}$、$\mu_{剩}$ 的 F 分布。求得 F 值后，查 F 值表，得到 P 值，按所取检验水准做出统计推断结论。

7.1.3.2　多元线性回归分析

1）含义

多元线性回归分析是研究一个变量与一组变量的依存关系，即研究一组自变量是如何直接影响一个因变量的。

多元线性回归试图通过拟合线性方程给两个或多个自变量与一个因变量之间的关系建立模型，从而观测数据。每个自变量 x 的值都与一个因变量 y 的值相关。若将因变量 y 的条件期望表示为自变量 x 的函数，则称该函数为总体回归函数。

当自变量分别为 x_1，x_2，$\cdots$，x_m 时，回归模型的一般表示形式为 $Y = \beta_0 + \beta_1 x_1 + \beta_2 x_2 + \cdots + \beta_m x_m + e$，其中 β_0 为常数项，β_1，β_2，$\cdots$，β_m 为偏回归系数，表示在其他自变量保持不变时，x_j 增加或减少一个单位时 Y 的平均变化量。e 是去除 m 个自变量对 Y 影响后的随机误差（残差）。Y 可以近似地表示为自变量 x_1，x_2，$\cdots$，x_m 的线性函数。

2）能够进行多元线性回归分析的条件

（1）因变量是连续随机变量。

（2）自变量是固定数值型变量，且相互独立。

（3）Y 与 "x_1，x_2，$\cdots$，x_m" 之间具有线性关系。

（4）各观测值 $y_i(i=1,2,\cdots,n)$ 相互独立。

（5）对任意一组自变量 "x_1，x_2，$\cdots$，x_m"，因变量 Y 具有相同的方差，且服从正态分布。

3）使用多元线性回归分析的一般步骤

（1）求偏回归系数："$b_1, b_2, \cdots, b_m$"。

（2）建立回归方程 $\hat{y} = b_0 + b_1 x_1 + b_2 x_2 + \cdots + b_m x_m$。

（3）诊断模型。

（4）检验并评价回归方程及各自变量的作用大小。

4）参数估计

与一元线性回归模型的参数估计一样，可以利用最小二乘法计算多元线性回归模型的参数，其目的是选择参数"$b_0, b_1, \cdots, b_k$"，使因变量 y 的实际值与得到的回归估计值的离差平方和最小。设 Q 为全部的回归值 $\hat{y}_i$ 与实际观测值 y_i 之间存在的总离差平方和，使 Q 达到最小值，即

$$SSR = \sum (\hat{y}_i - \overline{y})^2$$
$$SSE = \sum (y_i - \hat{y}_i)^2$$
$$Q = \sum e_i^2 = \sum (y_i - \hat{y}_i)^2 = \sum (y_i - b_0 - b_1 x_{ix} - b_2 x_{2i} - \cdots - b_k x_{ki})^2$$

通过分别对式子中的"$b_0, b_1, \cdots, b_k$"求偏导数，然后令它们等于零，从而得到一个由 $k+1$ 个线性方程组成的方程组：

$$\begin{cases} \dfrac{\partial Q}{\partial b_0} = 0 \\ \dfrac{\partial Q}{\partial b_i} = 0, \ i = 1, 2, \cdots, k \end{cases}$$

求解需要借助于相关计算机软件，可直接利用 Excel 或 SPSS 得出回归结果。

5）回归检验

建立多元线性回归模型，利用样本数据估计回归方程后，在模型进行实际应用前还应对模型进行检验。

回归方程的拟合优度评价

（1）多重判定系数。与一元线性回归相同，在多元线性回归模型中，为了衡量模型与数据拟合效果是否良好，需要利用多重判定系数来评价其拟合程度。在多元回归分析中，回归平方和占总平方和的比例，称为多重判定系数，也称为复决定系数，其计算公式为

$$R^2 = \frac{SSR}{SST} = 1 - \frac{SSE}{SST}$$

其中：$SST = \sum (y_i - \overline{y})^2$ 为总平方和；$SSR = \sum (\hat{y}_i - \overline{y})^2$ 为回归平方和；$SSE = \sum (y_i - \hat{y}_i)^2$ 为残差平方和。

利用 R^2 来评价多元线性回归方程的拟合程度时，有一点值得注意：由于自变量个数的增加，将影响到因变量中被估计回归方程的变差数量。当增加自变量时，会使预测误差变得比较小，从而减少残差平方和 SSE，由于回归平方和 SSR = SST–SSE，当 SSE 变小时，SSR 就会变大，从而 R^2 变大。如果模型中增加一个自变量，即使这个自变量在统计上并不显著，R^2 也会变大。因此，为避免增加自变量而高估 R^2，统计学家提出用样本量 n 和自变量的个数 k 来修正 R^2，计算出修正多重判定系数。

修正多重判定系数的计算公式为

$$R^2 \text{修正值} = 1 - \frac{n-1}{n-(k+1)} \frac{SSE}{SST} = 1 - \frac{n-1}{n-(k+1)}(1-R^2)$$

其中：n 为样本容量；k 是模型中的自变量个数；$n-1$ 和 $n-k-1$ 实际上分别是总离差平方和与残差平方和的自由度。

修正的多重判定系数具有如下性质。

①R^2 修正值的解释与 R^2 类似，R^2 修正值越大，说明回归直线的拟合效果越好；R^2 修正值越小，回归直线的拟合效果就越差。

②R^2 修正值 $\leqslant R^2$。因为 $k \geqslant 1$，所以根据 R^2 修正值和 R^2 各自的定义式可以得出这一结论。对于给定的 R^2 值和 n 值，k 值越大 R^2 修正值越小。与 R^2 不同，R^2 修正值不会由于模型中自变量个数 k 的增加而越来越接近于 1。因此，在多元回归分析中，通常用修正的 R^2 值对回归模型进行评价。

③R^2 修正值小于 1，但未必都大于 0。在拟合度效果极差的情况下，R^2 修正值可能取负值。

（2）估计的标准误差。线性回归中随机误差项的方差在确定模型的有效性方面起着关键性的作用：

$$S_y = \sqrt{\frac{\sum(y_i - \hat{y})^2}{n - (\text{被估计参数的个数})}} = \sqrt{\frac{\text{SSE}}{n - (k+1)}} = \sqrt{\text{MSE}}$$

其中：n 为样本容量；k 是模型中自变量个数，使用这一公式计算较为烦琐，实际问题中可通过统计软件求解。若各实际观测值越靠近直线，则 S_y 越小，回归直线对各个观测值的代表性就越好；若实际观测值全部落在直线上，则 $S_y = 0$。

6）显著性检验

多元线性回归中的显著性检验包括对回归方程线性关系的检验和对回归系数的检验。在一元线性回归中，这两种检验是等价的，但在多元线性回归分析中，它们不再等价。线性关系检验主要是检验因变量和多个自变量的线性关系是否显著，在 k 个自变量中，只要有一个自变量和因变量的线性关系显著，F 检验就能通过，但这不一定意味着每个自变量和因变量的关系都显著。回归系数检验则是对每个回归系数分别进行单独的检验，它主要用于检验每个自变量对因变量的影响是否都显著。如果某个自变量没有通过检验，就意味着这个自变量对因变量的影响不显著，也就没有必要将这个自变量放进回归模型中了。因此在多元回归分析中，既要进行 F 检验，也要进行 t 检验。

（1）回归方程线性关系检验。线性关系检验是检验因变量 y 与 k 个自变量之间的关系是否显著，也称为总体显著性检验。检验的具体步骤如下：

①建立原假设：回归方程模型整体不显著或整体显著。

②计算检验的统计量，即

$$F = \frac{\text{SSR}/k}{\text{SSE}/n-1-k} \sim F(k, n-1-k)$$

③进行统计决策。给定显著性水平 α，根据分子的自由度为 k，分母的自由度为 $n-1-k$，查 F 分布表得临界值 $F_\alpha(k, n-1-k)$。若 $F > F_\alpha$，则拒绝原假设；若 $F < F_\alpha$，则不能拒绝原假设。根据统计软件输出的结果，可直接利用 ρ 值进行决策：若 ρ 值小于显著性水平 α，拒绝原假设；若 ρ 值大于 α，则不能拒绝原假设。

（2）回归系数的显著性检验。多元线性回归中进行这一检验的目的主要是检验各自变量对因变量的影响是否显著，以便对自变量的取舍进行正确的判断。一般来说，当发现某个自变量的影响不显著时，应将其从模型中删除，这样才能够做到以尽可能少的自变量达到尽可能高的拟合优度。

多元线性回归中回归系数的检验同样采取 t 检验，其原理和基本步骤与一元线性回归模型中的 t 检验基本相同，检验的具体步骤如下：

①建立原假设，即 $H_0 : \beta_i = 0$ 或 $H_0 : \beta_i \neq 0$。

②计算检验统计量 t 值，即

$$t = \frac{b_i - E(b_i)}{S_{bi}} = \frac{b_i - \beta_i}{S_{bi}} = \frac{b_i}{S_{bi}}$$

其中：

$$S_{bi} = \frac{S_{yx}}{\sqrt{\sum (x_i - \bar{x})^2}} = \frac{S_{yx}}{\sqrt{\sum x_i^2 - n\bar{x}}}$$

$$S_{yx} = \sqrt{\frac{\sum (y - \hat{y})^2}{n - 2}}$$

是回归估计标准误差。t 统计量服从自由度为 $n-k-1$ 的 t 分布，即 $t \sim t(n-k-1)$。

③确定显著性水平 α（通常取 $\alpha = 0.05$），并根据自由度 $n-k-1$ 查 t 分布表，找出相应的临界值 $t_{\alpha/2}$。

④得出检验结果。若 $|t| > t_{\alpha/2}$，拒绝 H_0；若 $|t| < t_{\alpha/2}$，则不能拒绝 H_0。拒绝 H_0 表示回归系数通过了显著性检验；若接受 H_0，则表示回归系数未通过显著性检验。一般情况下，在建立回归模型中，应把未通过检验的自变量剔除掉，当存在多个回归系数未通过显著性检验时，并不是一次性把这些变量都剔除掉，最简单的办法是一次只剔除一个，剔除 t 值最小的那个变量，直到所有变量的系数都通过统计检验为止。

7.1.3.3　非线性回归分析

在一元线性回归和多元线性回归模型中，自变量与因变量之间的关系都是线性的。然而，由于客观事物的复杂性，在很多情况下各因素之间的关系不一定都是线性的，可能存在某种非线性的关系，这就需要用非线性回归模型进行分析。

非线性回归模型一般可以分为三类：一元函数曲线回归模型、多项式回归模型和多元函数曲线模型。在实际应用中，一元函数曲线回归模型最为常用。

在实际应用中，常用的一元函数曲线回归模型主要有：双曲线回归模型、对数曲线回归模型、指数曲线回归模型和幂函数曲线回归模型。

（1）双曲线回归模型：

$$y = a + \frac{b}{x} + e$$

（2）对数曲线回归模型：

$$y = a + b \ln x + e$$

（3）指数曲线回归模型：

$$y = ab^x e \text{ 或 } y = ae^{b^x} e$$

（4）幂函数曲线回归模型：

$$y = ax^b e$$

事实上，非线性回归模型参数估计的基本思想类似于线性回归模型参数估计，也是设法找到离差平方和 $Q = \sum (y_i - \hat{y}_i)^2$ 最小的一组参数值。与线性回归模型的参数估计不同的是：非线性回归模型的参数估计是先将其转化为线性模型，然后用最小二乘法估计。常用的转化方法有直接变换法和间接代换法。

1）直接变换法

直接变换法是指对非线性回归模型的参数进行简单的变量换元直接转化为线性回归模型，如双曲线回归模型、对数曲线回归模型。由于这类模型的因变量没有变形，所以可以直接采用最小平均法估计回归系数，也可以直接将其并入线性回归模型。非线性回归模型中参数为线性的类可以采用直接变换法，即对 k 个自变量设以新的变量，均令其与因变量 y 为线性关系。根据上述分析可知，双曲线回归模型、对数曲线回归模型使用这种方法。

（1）双曲线回归模型：

$$y = a + \frac{b}{x} + e$$

令 $x' = \dfrac{1}{x}, y' = y$，则双曲线回归模型可以变为

$$y' = a + bx' + e$$

（2）对数曲线回归模型：

$$y = a + b \ln x + e$$

令 $x' = \ln x$，$y' = y$，则对数曲线回归模型可以变为

$$y' = a + bx' + e$$

以上变换后的模型的参数都为线性的，估计参数时进行的变换只涉及自变量的实际观测值，而对参数本身没有影响。变换后的模型可以归为线性回归模型，所以同前面的线性回归模型，可采用最小二乘法找到离差平方和最小的一组参数值，来得到相关参数的估计值。

运用直接变换估计参数的非线性回归模型，一般也要对模型做统计检验，以判断模型的选择是否合适。

2）间接代换法

间接代换法是指对非线性回归模型的参数进行对数变换间接转化为线性回归模型。如指数曲线回归模型、幂函数曲线回归模型。多元函数曲线中，凡类似于指数曲线的形式，都可以进行对数变换，运用最小二乘法估计参数。参数为非线性化的某些模型，可以对模型两边同时取对数，然后进行代换将其线性化。根据上述分析可知，幂函数曲线回归模型、

指数曲线回归模型均可采用这种方法。

（1）幂函数曲线回归模型：

$$y = ax^{\wedge}be$$

两边同时取对数得

$$\ln y = \ln a + b \ln x + \ln e$$

然后令 $y' = \ln y, A = \ln a, B = b, x' = \ln x, e' = \ln e$，则幂函数曲线回归模型变换为 $y' = A + Bx' + e'$。此时非线性回归模型已变换为线性回归模型，可以采用最小二乘法设法找到离差平方和 $Q = \sum_{i=1}^{n}(y_i - \hat{y}_i)^2$ 最小时估计的参数 A、B，进而可以得 a、b。

（2）指数曲线回归模型：

$$y = ab^{\wedge}xe$$

两边同时取对数得

$$\ln y = \ln a + x \ln b + \ln e$$

然后令 $y' = \ln y, A = \ln a, B = \ln b, e' = \ln e$，则指数曲线回归模型可以变换为 $y' = A + Bx + e'$。与上类似，此时非线性回归模型已变换为线性回归模型，可以采用最小二乘法设法找到离差平方和 $Q = \sum_{i=1}^{n}(y_i - \hat{y}_i)^2$ 最小时估计的参数 A、B，再还原 $a = e^A, b = e^{\wedge}B$，进而可以得到原模型中的参数 a、b。

在估计出非线性回归模型参数并建立相关回归模型后，同线性回归模型一样不能在实际中直接运用。必须先进行相关分析与评价（如 F 检验、t 检验、R 检验）判定其显著性，采用最小二乘法估计参数建立的模型，应首先进行各种检验，检验方法与线性回归模型相同，在此不再赘述。若通过检验，则建立的模型可以用于预测；若不通过，则需做调整。

7.1.4　回归分析的实施步骤

回归分析通过对现象之间的因果关系进行分析研究，揭示其内在的相关关系的规律性，建立恰当的回归模型，并用它预测研究对象未来的数量状态，其实施步骤如下。

（1）根据对客观现象的定性认识确定变量之间是否存在相关关系。凭借个人的经验、知识及思维判断力，对事物和现象进行定性分析，以判断变量之间是否存在相关关系。

（2）判断相关关系的大致类型。如果经过初步分析，认为两个变量之间不存在相关关系，则不能使用回归分析进行预测。如果分析得出两个变量之间存在直线关系，则可以考虑使用一元线性回归分析；如果分析得出必须使用两个以上的变量才能保证预测的有效性，那就需要考虑采用多元线性回归分析；如果发现变量之间的关系是非线性的，就采用非线性回归分析。

（3）绘制散点图。根据收集的数据，把相应的数据在直角坐标系中绘制出来；然后根据散点图的现状来初步推测回归模型。

（4）进行回归分析并拟合出回归模型。如果从散点图的分析得出，变量之间存在明显的相关关系，就可以考虑进行回归分析，经过数学运算求出回归参数，拟合出回归模型。

（5）对回归模型的可信度进行检验。对回归模型的可信度的检验包括以下五部分内容：①经济意义的检验，检验回归参数在经济意义上的合理性；②拟合优度检验，主要计算相关系数 r 以判断变量的相关程度；③相关系数的显著性检验，根据观测值的组数和给定的显著性水平，判断相关系数是否具有显著性，即判断相关系数分析的有效性；④自相关检验，检验观测值是否存在序列相关或自相关，如果存在，则不宜用回归分析法进行预测；⑤异方差检验，检验每组观测值受随机因素影响的程度是否相同，即检验随机误差项 u，是否具有相同的方差。

（6）运用模型进行预测。如果确定回归模型能够有效反映变量之间的相关关系，就可以利用拟合的回归模型进行预测了。

必须指出的是，回归分析虽然是一种科学的定量分析预测方法，但是绝不能把分析预测过程看作简单的数学运算过程，而是必须结合定性的分析来判断和预测研究对象未来的数量状态。此外，回归预测模型的适应对象本身必须包含某种内在的规律性，从而能用回归方程把这种规律性表示出来。

7.1.5 回归分析的应用

题目：儿童肌酐检测值见表 7.1，现需计算年龄与肌酐检测值之间的一元线性回归模型。

表 7.1 儿童年龄与肌酐检测值之间的关系

年龄（x）/岁	5	8	7	11	6	9	12	13	14
肌酐检测值（y）/（mol/24h）	2.55	2.68	2.79	3.21	2.48	3.5	3.45	3.52	3.89

解：

第一步，从表中数据可初步判断出随着年龄的增加，肌酐的检测值也相应地有所增加，两者可能存在相关性。

第二步，随着年龄的增加，肌酐的增长比较平缓，存在线性关系的可能性较大，可考虑采用一元线性回归分析法。

第三步，绘制儿童年龄与肌酐检测值散点图，发现年龄与肌酐检测值之间呈现较明显的线性趋势。

第四步，拟合回归模型。

首先，利用最小二乘法计算模型参数 a、b 值。为了计算和理解方便，现将原始数据经过相关计算得到参数 a、b 值计算表 7.2。

表 7.2　参数 a、b 值计算表

序号	$x-\bar{x}$	$y-\bar{y}$	$(x-\bar{x})^2$	$(x-\bar{x})(y-\bar{y})$	$(y-\bar{y})(y-\bar{y})$
1	−4.44	−0.57	19.75	2.53	0.323 6
2	−1.44	−0.44	2.09	0.63	0.192 6
3	−2.44	−0.33	5.98	0.80	0.108 2
4	1.56	0.09	2.42	0.14	0.008 3
5	−3.44	−0.64	11.86	2.20	0.408 2
6	−0.44	0.38	0.20	−0.17	0.145 2
7	2.56	0.33	6.53	0.85	0.109 6
8	3.56	0.40	12.64	1.43	0.160 9
9	4.56	0.77	20.75	3.51	0.594 6
合计 $\sum$			82.22	11.92	2.051 3

将表中的相关计算结果带入，计算出参数 a、b 的值：

$$a = \bar{y} - bx = 3.12 - 0.145\,0 \times 9.44 = 1.751\,2$$

$$b = \frac{\sum(x-\bar{x})(y-\bar{y})}{\sum(x-\bar{x})^2} = \frac{l_{xy}}{l_{xx}} = \frac{11.92}{82.22} \approx 0.145\,0$$

其次，将计算出的参数 a、b 值代入回归模型，可得到拟合回归模型：

$$\hat{y} = 1.751\,2 + 0.145\,0x$$

第五步，进行统计检验。

（1）方差分析。

①假设 $H_0 : b = 0$，则儿童年龄与肌酐检测值没有线性关系；$H_1 : b \neq 0$，则儿童年龄与肌酐检测值有线性关系。

②计算检验统计量 F，见表 7.3。

表 7.3　方差分析表

变异来源	SS	μ	MS	F
总变异	2.051 3	8		37.58
回归	1.728 7	1	1.728 7	37.58
剩余	0.321 9	7	0.046 0	37.58

③确定 P 值，做出推断结论。已知 $\mu_1 = 1, \mu_2 = 7$，查表得 $P < 0.01$，按 $\alpha = 0.05$ 水准拒绝 H_0，故可以认为儿童年龄与肌酐检测值之间有线性关系。

（2）t 检验。

①假设 $H_0 : b = 0$，则儿童年龄与肌酐检测值没有线性关系；$H_1 : b \neq 0$，则儿童年龄与肌酐检测值有线性关系，检验水平 $\alpha = 0.05$。

②计算检验统计量 t 值，计算得到：

$$S_{yx} = \sqrt{\frac{(y - \hat{y})^2}{n - 2}} = \sqrt{\frac{SS_{剩}}{n - 2}} = 0.214\,4$$

$$S_b = \frac{S_{yx}}{\sqrt{l_{xx}}} = 0.236$$

$$t = \frac{b - 0}{S_b} = 6.144\,0 \approx \sqrt{F}$$

③确定 P 值，做出推断结论。已知 $\mu = 7$，查表得 $P < 0.01$，按 $\alpha = 0.05$ 水准拒绝 H_0。故可以认为儿童年龄与肌酐检测值之间有线性关系。

7.2　聚 类 分 析

7.2.1　聚类分析的起源与发展

通常，我们在研究与处理事物时，经常需要将事物进行分类，进而归纳并发现其规律，这已成为人们认识世界、改造世界的一种重要方法。由于对象的复杂性，仅凭经验和专业知识有时不能确切地分类，随着多元统计技术的发展和计算机技术的普及，利用数学方法进行更科学的分类不仅非常必要而且完全可能。

近些年来，数值分类学逐渐形成了一个新的分支，称为聚类分析，聚类分析适用于很多不同类型的数据集合。很多研究领域，如工程生物、医药、语言人类学、心理学和市场学等，都对聚类技术的发展和应用起到了推动作用。

事实上，在过去的几年中，聚类分析发展方向有两个：加强现有的聚类算法和发明新的聚类算法。现在已经有一些加强的算法用来处理大型数据库和高维度数据，例如小波变换使用多分辨率算法，通过调整网格密度，从而提高聚类簇的质量。然而，对于数据量大、维度高并且包含许多噪声的集合，要找到一个"全能"的聚类算法是非常困难的。某些算法只能解决其中的两个问题，但还没有能同时很好解决三个问题的算法，现在最大的困难是高维度（同时包含大量噪声）数据的处理。

算法的可伸缩性是一个重要的指标，通过采用各种技术，一些算法具有很好的伸缩性。这些技术包括数据采样、信息浓缩、网格和索引。

CLARANS 是最早使用数据采样的算法，CURE 算法使用优选的采样点，信息浓缩技术在 BIRCH 算法和 DECLIJE 算法中得到应用。许多算法都使用了索引技术，典型的有：BIRCH 算法、DBSCAN 算法、小波变换算法，DENCLUE 算法、STING 算法和 CLIQUE 算法使用了网格技术。但是以上方法仍然不能很好地处理高维度且大数据量的集合。

近来，人们还发现了一些新的技术，如 STING 算法引入动态数据挖掘触发器；Opti Grid 算法使用迭代和网格等技术处理高维度数据。新技术的引进大大加强了聚类算法的效能尤其提升了处理高维度数据的能力，但是由于这些算法刚刚形成，所以在某些地方还有待完善。

7.2.2　聚类分析的概念

聚类分析也称群分析或点群分析，它是研究多要素事物分类问题的数量方法，是一种新兴的多元统计方法，是当代分类学与多元分析的结合。其基本原理是，根据样本自身的属性，用数学方法按照某种相似性或差异性指标，定量地确定样本之间的亲疏关系，并按这种亲疏关系程度对样本进行聚类。聚类分析是将分类对象置于一个多维空间中，按照它们空间关系的亲疏程度进行分类。

通俗地讲，聚类分析就是根据事物彼此不同的属性进行辨认，将具有相似属性的事物聚为一类，使得同类的事物具有高度的相似性。

聚类分析有其显著的特征，主要包括以下方面。

（1）聚类分析简单、直观。

（2）聚类分析主要应用于探索性的研究，其分析的结果可以提供多个可能的解，而选择最终的解需要研究者的主观判断和后续的分析。

（3）不管实际数据中是否真正存在不同的类别，利用聚类分析都能得到分成若干类别的解。

（4）聚类分析的解完全依赖于研究者所选择的聚类变量，增加或删除一些变量对最终的解都可能产生实质性的影响。

（5）研究者在使用聚类分析时应特别注意可能影响结果的各个因素。

（6）异常值和特殊的变量对聚类有较大影响，当分类变量的测量尺度不一致时，需要事先做标准化处理。

7.2.3　聚类分析的分类

聚类分析按照分组理论依据的不同，可分为系统聚类法、动态聚类法、模糊聚类法、图论聚类法等多种聚类方法。

1）系统聚类法

这种分析法是在样品距离的基础上定义类与类的距离。首先将 n 个样品分成一类，然后每次将具有最小距离的两个类合并，合并后再重新计算类与类之间的距离，再并类，这个过程一直持续到所有的样品都归为一类为止。这种聚类方法称为系统聚类法。根据并类过程所做的样品并类过程图称为聚类谱系图。

2）动态聚类法

这种分析法是将 n 个样品初步分类，然后根据分类函数尽可能小的原则，对初步分类进行调整优化，直到分类合理为止。这种分类方法一般称为动态聚类法，也称调优法。

3）模糊聚类法

这种分析法是利用模糊数学中模糊集理论来处理分类问题的方法。它对经济领域中具有模糊特征的两态数据或多态数据具有明显的分类效果。

4）图论聚类法

这种分析法是利用图论中最小生成树（minimal spanning tree，MST）的概念来处理分类问题，是一种独具风格的方法。

按照分析对象不同，图论聚类法可以分为 Q 型聚类类型和 R 型聚类类型。

（1）Q 型聚类分析法是对样品进行的分类处理，可以揭示样品之间的亲疏程度。

（2）R 型聚类分析法是对变量进行的分类处理，可以了解变量之间，以及变量组合之间的亲疏程度。根据 R 型聚类的结果，可以选择最佳的变量组合进行回归分析或者 Q 型聚类分析。其中，选择最佳变量的一般方法是在聚合的每类变量中，各选出一个具有代表性的变量作为典型变量，其中选择的依据是 $\bar{r}^2$。

$$\bar{r}^2 = \frac{\sum_i r_i^2}{k-1}$$

式中：$\bar{r}^2$ 是每个变量与其同类的其他变量的相关系数平方的均值；k 是该类中每个变量的个数。应用中，挑选 $\bar{r}^2$ 值最大的变量 r_i^2 作为该类的典型变量。

7.2.3.1　系统聚类法

1）系统聚类法的主要步骤如下。

（1）开始时，每个样本或变量被视为一类，即每类只有一个样本或变量。

（2）定义个体间或类与类间的距离。

（3）将距离最小的两个类合并为一个新的类。

（4）重新计算类与类间距离，将距离最小的两个类合并为一个新的类。

（5）重复以上过程直到合并成一个类为止。

（6）直到最后合并成一个类为止。

（7）画幅树状图，在聚类时，距离定义不同，会形成不同的树。

2）类间相似系数

在聚类过程中，每一步都要计算类间相似系数。当两类各自仅含一个样本或变量时，两类间的相似系数即是两个样本或两个变量间的相似系数 d_{ij} 或 r_{ij}。当类内含有两个或两个以上样本或变量时，可有多种方法计算类间相似系数。

设有两类 G_p 和 G_q，各自有 n_p 和 n_q 个样本或变量，类别 G_p 的每一变量或个体与类别 G_p 的每一变量或个体两两间都有相似系数 d_{ij} 或 r_{ij}。现分别用五种方法计算两类间相似系数。

（1）最大相似系数法或最短距离法：将两类中最大相似系数 r_{ij} 或最短的 d_{ij} 定义为两个类别间的距离。公式如下。

$$\begin{cases} D_{pq} = \min_{i \in G_p, j \in G_q} \{d_{ij}\}, 样本聚类 \\ r_{pq} = \max_{i \in G_p, j \in G_q} \{r_{ij}\}, 指标聚类 \end{cases}$$

（2）最小相似系数法或最远距离法：将两类中最小的相似系数 r_{ij} 或最长的 d_{ij} 定义为两个类别间的距离，公式如下。

$$\begin{cases} D_{pq} = \max_{i \in G_p, j \in G_q} \{d_{ij}\}, \text{样本聚类} \\ r_{pq} = \min_{i \in G_p, j \in G_q} \{r_{ij}\}, \text{指标聚类} \end{cases}$$

（3）重心法：用 $\bar{x}_p, \bar{x}_q$ 分别表示 G_p，G_q 的均值向量，或称重心，其分量是各个指标类均值，将两个类别的重心或均值间距离定义为两类别间的相似系数。类间相似系数计算公式如下。

$$D_{pq} = d_{\bar{x}_p \bar{x}_q}$$

（4）类平均法：对 G_p 类中的 n_p 个样本与 G_q 类中的 n_q 个样本两两间的 $n_p n_q$ 个平方距离求平均，得到两类间相似系数。公式如下。

$$D_{pq}^2 = \frac{1}{n_p n_q} \sum d_{ij}^2$$

（5）离差平方和法：又称 *Ward* 法，其实质是借用方差分析的基本思想，即合理的分类使得类内离差平方和较小，而类间离差平方和较大。假定 n 个样本已分成 g 类，G_p、G_q 是其中的两类，则 n_k 个样本的第 k 类的离差平方和定义如下：

$$L_k = \sum_{i=1}^{n_k} \sum_{j=1}^{p} (x_{ij} - \bar{x}_j)^2$$

其中，$\bar{x}_j$ 为类内指标 x_j 的均值，所有 g 类的合并离差平方和为

$$L^g = \sum L_k$$

如果将 G_p、G_q 合并，形成 $g-1$ 类，它们的合并离差平方和 $L^{g-1} \geq L^g$，由并类形成的离差平方和的增量为

$$D_{pq}^2 = L^{g-1} - L^g$$

上述五种方法中，重心法、类平均法、离差平方和法都只用于样本聚类，其中，类平均法是系统聚类中较好的方法之一，充分反映了类内样本的个体信息。

7.2.3.2　动态聚类法

1）基本思想

系统聚类分析需计算距离矩阵，当样本容量很大时，距离矩阵的计算要占据较大的计算机内存空间和需要较长的计算时间。为改进这些不足，一种方法就是先粗略地分类，然后再按照某种规则进行修正，直到将样本分类分得比较合理为止。基于此思想产生了动态聚类法，也称逐步聚类或快速聚类法。

动态聚类法的基本思想是：开始按照一定的方法选取一批凝聚点，然后让样品向最近的凝聚点靠近形成初始分类。然而，初始分类不一定合理，需按最近距离的原则修改不合理的分类，这样形成一个最终的分类结果。动态聚类法具有计算简单的特点，在计算机的处理过程中，不需要存储距离矩阵，只占据较小的内存空间，在很大程度上减少了计算机的工作量，所以更适合对具有较大样品量的样本进行聚类分析。

2）基本原理

（1）选择凝聚点。凝聚点就是一批有代表性的点，是欲待形成类的重心的点。凝聚点

的选择直接决定初始分类，对分类结果也有很大影响，通常选择凝聚点的方法为：凭经验选择凝聚点；根据数据情况将全部样品人为地凭经验分成 k 类，之后计算每一类的重心，将这些重心作为凝聚点；用密度法选择凝聚点；用前 k 个样品作为凝聚点（假设分 k 类）。

（2）初始分类。有了凝聚点以后接下来就要进行初始分类，同样获得初始分类也有不同的方法。需要说明的是，初始分类不一定非通过凝聚点确定不可，也可以依据其他原则分类。以下是其他几种初始分类方法：人为分类，凭经验进行初始分类；选择一批凝聚点后，每个样品按与其距离最近的凝聚点归类；用其他聚类方法得到一个分类，这个分类就作为初始分类。

选择一批凝聚点后，每个凝聚点自成一类，将样品依次归入与其距离最近的凝聚点那一类，并立即重新计算该类的重心，以代替原来的凝聚点，再计算下一个样品的归类，直至所有样品都划到相应的类中为止；做数据标准化处理，令

$$\text{SUM}(i) = \sum_{j=1}^{m} x_{ij}$$

$$\text{MA} = \max_{1 \leqslant i \leqslant n} \text{SUM}(i)$$

$$\text{MI} = \min_{1 \leqslant i \leqslant n} \text{SUM}(i)$$

对每一个样品分别计算：

$$\frac{(k-1)(\text{SUM}(i) - \text{MI})}{\text{MA} - \text{MI}} + 1$$

（3）分类函数。按照修改原则不同，动态聚类法有按批修改法、逐个修改法、混合法等。这里主要介绍动态聚类法中按批修改法，按批修改法分类的原则是，每一步修改都将使对应的分类函数缩小，趋于合理，并且分类函数最终趋于定值，即计算过程是收敛的。

按批修改法中一个重要的概念就是分类函数。假定 $x_1, x_2, \cdots, x_n$ 表示 n 个样品点，初始分类为 $K : G_1, G_2, \cdots, G_K$，它们的重心为 $\bar{x}_1, \bar{x}_2, \cdots, \bar{x}_n$，每类的样品数记作 $n_1, n_2, \cdots, n_k$，即

$$D_{ij}^2 = (\bar{x}_i - \bar{x}_j)'(\bar{x}_i - \bar{x}_j)$$

用 $l_{(i)}$ 表示 x_i 所属类的标号。因为 S 是 G 分类间的距离平方和，得

$$S_t = \sum_{i=1}^{n} \sum_{l(i)=t} D_{il}^2(i) = \sum_{i=1}^{n} (x_{it} - \bar{x}_t)'(x_{it} - \bar{x}_t) \quad (t = 1, 2, 3, \cdots, k)$$

所以

$$e\{G_1, G_2, \cdots, G_k\} = \sum_{i=1}^{n} D_{il(i)}^2 = \sum_{i=1}^{n} \sum_{j=1}^{k} \sum_{l(i)=1} D_{il(i)}^2 = \sum_{j=1}^{k} S_j = S$$

3）分析步骤

（1）将原始数据进行标准化处理。

（2）选择预定数目凝聚点进行初始分类。

（3）计算每一类的重心，将重心作为凝聚点，然后计算每一个样品与重心凝聚点的距离，并将它归入与凝聚点距离最近的那一类别。每归入一个样品之后，重新计算该类的重心，并用新计算的重心替代原凝聚点，如果新凝聚点与老凝聚点重合，则分类过程终止。

7.2.3.3　模糊聚类法

1）基本思想

模糊聚类法是将模糊集的概念应用到聚类分析中所产生的一种聚类方法。它是根据研究对象本身的属性而构造的一个模糊矩阵，在此基础上根据一定的隶属关系来确定其分类关系，根据分类关系得到相应的聚类结果。

2）分析步骤

（1）对原始数据进行变换。

a. 原始数据矩阵。根据实际情况确定 $\{x_1, x_2, \cdots, x_n\}$ 为将被分类的样品对象，且每个待分类对象又有 p 个指标反映其性质。于是，得到原始数据矩阵为

$$A = \begin{pmatrix} x_{11} & x_{12} \cdots & x_{1p} \\ x_{21} & x_{22} \cdots & x_{2p} \\ \vdots & \vdots & \vdots \\ x_{n1} & x_{n2} \cdots & x_{np} \end{pmatrix}$$

b. 数据变换。在实际问题中，不同的数据往往具有不同量纲，为了避免由不同量纲带来的误差，通常需要对原始数据作适当的变换。一般需要进行如下两种变换：标准化变换和极差变换。

（2）建立模糊相似矩阵。

a. 按照传统的方法（相似系数法）计算取值介于区间[-1, 1]的相似系数矩阵 r_{ij}^*；

b. 对 r_{ij}^* 进行变换：

$$r_{ij} = \frac{1 + r_{ij}^*}{2}$$

使 r_{ij}^* 被压缩到[0, 1]区间内，则 $R = (r_{ij})$ 构成一个模糊相似矩阵。

（3）获得模糊分类关系。

上述建立的模糊矩阵，只是一个模糊相似矩阵 R，不一定具有传递性，为了获得模糊分类关系，需要通过 R 的不断自乘（褶积计算），求其极限，就可以得到模糊分类关系。即

$$R \to R^2 \to R^3 \to \cdots \to R^n$$

这样经过有限次自乘后，使得 $R^{n-1} \bullet R = R^n$，由此得到模糊分类关系 R^n。

实际处理中，为了加速收敛，通常采用的方法是：$R \to R^2 \to R^3 \to \cdots \to R^n$

（4）进行模糊聚类。对满足传递性的模糊相似矩阵 R^n 进行聚类处理，将类逐渐合并，最后得到聚类谱系图，从而进行合理的分类。

7.2.3.4　图论聚类法

1）基本思想

图论聚类法又称为最小生成树聚类方法。图论聚类法的基本思想为，一个多变量的样品可以用多维空间中的一个点来代表。在多维空间中，如果样品点在某些区域密度很高，

而在另一些区域密度很低，甚至空白，且高密度区域被空白或低密度区所分隔，这样就形成了最自然的、最能体现样品分布结构的聚类。因此，图论聚类作为一种针对点、点间连线所组成的简单几何图形的性质及其分类的定量研究，已被广泛地应用。近年来，许多人陆续将图论聚类法应用到实际的问题研究中，创造了一些具有独特风格的方法。

2）基本原理

（1）最小生成树的含义：对于 p 维空间，在 n 个样品点间形成的一切可能的连接图中，存在着一个不形成回路且边长总和最小的连接图，称为最小生成树。

最小生成树的计算方法是，从任意选定的一点 A_1 开始，计算 A_1 与其余各点间的距离即边长，假设其中 D_{11} 为最短，其另外一端点为 A_2；之后再通过 A_1、A_2 找出除 D_{11} 以外的最短边长，设为 D_{12}，其另外一端点为 A_3……直到将 n 个样品点全部连接起来，这样便形成了最小生成树。

（2）最小生成树中的"长边"与分类。在最小生成树中，我们总是可以找到一些"长边"把最小支撑树分割成若干个自然类，即聚类分析。由此，图论聚类法的分类原则是把各个样品看成多维空间上的点，如果对样品进行的分类比较合理，则同一类样品点之间在最小生成树上相互以较短的边长相连接，而不同的类与类之间的样品点在最小生成树上则被较长的边（"长边"）所分开。

长边的定义。设 $\overline{XY}$ 是生成树的一个边，如果 $\overline{XY}$ 的边长显著地大于以 X 或 Y 为起点，但不通过边 $\overline{XY}$ 的 $k(k \geq 1)$ 步以内的边长平均数，则称 $\overline{XY}$ 为长边。如果事先给定一定值 T 作为判定是否长边的标准，当 $\overline{XY}$ 边长与其两个边长平均值之比皆大于 T 时，就判定 $\overline{XY}$ 为长边。

（3）确定样品点密度。为了方便分类，还需要利用另外一个概念，即样品点密度。如以某个样品点为中心，以长度 d 为半径，将落在这个球内的样品数称为以该样品点为球心的空间内样品点的密度。

显然，在一个类的中心部位密度应较高，而其边缘部位的密度应较低。根据密度可以做出密度等值线，由密度等值线图可以清晰地反映出分类的概貌。实际应用中，半径 d 的确定一般是将最小生成树的边长平均数乘上一个大于 1 的数来确定。

7.2.4　聚类分析的方法

聚类分析是数据挖掘中的一个很活跃的研究领域，并提出了许多聚类算法。

1）直接聚类法

直接聚类法是根据距离矩阵的结构一次并类得到结果，其基本步骤如下。

（1）把各个分类对象单独视为一类。

（2）根据距离最小的原则，依次选出一对分类对象，并成新类。

（3）如果其中一个分类对象已归于一类，则把另一个分类也归入该类；如果一对分类对象正好属于已归的两类，则把这两类并为一类。每一次归并，都划去该对象所在的列与列序相同的行。

（4）那么，经过 $m-1$ 次就可以把全部分类对象归为一类，这样就可以根据归并的先后顺序做出聚类谱系图。直接聚类法虽然简便，但在归并过程中是划去行和列的，难免有信息损失，所以直接聚类法并不是最好的系统聚类方法。

2）最短距离聚类法

最短距离聚类法是在原来的 $m \times m$ 距离矩阵的非对角元素中找出，把分类对象 G_p 和 G_q 归并为新类 G_r，然后按计算公式计算原来各类与新类之间的距离，这样就得到一个新的 $m-1$ 阶的距离矩阵。再从新的距离矩阵中选出最小者，把 G_i 和 G_j 归并成新类，再计算各类与新类的距离，这样一直循环下去，直至各分类对象被归为一类为止。

3）最远距离聚类法

最远距离聚类法与最短距离聚类法的区别在于，计算原来的类与新类距离采用的公式不同。

7.2.5　聚类分析的应用

对于聚类分析的应用，可以简单地从以下 6 个领域进行总结。

1）商业

聚类分析被用来发现不同的客户群，并且通过购买模式刻画不同的客户群的特征。聚类分析是细分市场的有效工具，同时也可用于研究消费者行为，寻找新的潜在市场、选择实验的市场，并作为多元分析的预处理。

2）生物

聚类分析被用来对动植物分类和对基因进行分类，获取对种群固有结构的认识。

3）地理

聚类分析能够应用于地球观测数据库中相似区域的鉴别。

4）保险行业

聚类分析通过一个高的平均消费来鉴定汽车保险单持有者的分组，同时根据住宅类型、价值、地理位置来鉴定一个城市的房产分组。

5）因特网

聚类分析被用来在网上进行文档归类及修复信息。

6）电子商务

聚类分析对电子商务领域中的网站建设和数据挖掘具有重要作用，通过分组聚类出具有相似浏览行为的客户，并分析客户的共同特征，可以更好地帮助电子商务用户了解自己的客户，向客户提供更合适的服务。

7.3　引文分析

7.3.1　引文分析的起源与概念

科研工作者在科学研究的过程中，必然要借鉴前人的研究成果。因此，作为科学研究成果的记录载体和传播媒介，科学文献间也存在着某种必然的联系，突出地表现为文献间的相互引用。引文分析通过对文献间相互引用关系及其规律进行揭示，可以帮助人们从不同的角度了解相关学科的发展现状、特点及其规律，是目前信息计量研究和实践中最活跃、最具体的领域。引文分析已经大大突破了传统文献计量学的研究范畴，扩大到自然科学、社会科学等更广阔的领域，延伸到对各种信息资源的分析与研究上。

事实上，引文分析就是利用各种数学及统计学的方法进行比较、归纳、抽象、概括等的逻辑方法，对科学期刊、论文、著者等分析对象的引用和被引用现象进行分析，以揭示其数量特征和内在规律的一种信息计量研究方法。

除了明确引文分析的概念外，还需要对引文分析所涉及的相关基本概念有所掌握，主要包括以下方面。

（1）引证。引证也称引用，即引用前人的著作或者事例。

（2）引证文献。引证文献也称"来源文献""引用文献""施引文献"或"引用文"，即引用了参考文献的文献。

（3）被引证文献。被引证文献也称"参考文献""被引用文献""受引文献"或"引文"，即被引用的有关文献信息资源，通常以文后参考文献或脚注的形式列出。

（4）引文网络。引文网络即文献之间通过相互引证所形成的一种网状关系结构，可以反映某个领域作者、文献、期刊或某一主题范围之间的相互联系程度。

（5）引文链。它是引文网络的一种特殊形式，即由引证关系形成的文献之间的一种链状关系，往往与时间序列有关。

（6）引文分析。引文分析又称引文分析法，是指利用各种数学及统计学方法，结合比较、归纳、抽象、概括等逻辑方法，对科学期刊、论文、著作等各种分析对象的引证与被引证现象进行分析，以揭示其数量特征和内在规律的一种信息计量分析方法。

（7）引文耦合。引文耦合也称文献耦合，如果两篇或多篇文献同时引用一篇或多篇相同文献，则引用文献间存在耦合关系，即引文耦合。揭示文献间引文耦合强度的指标为引文偶，在数值上等于两篇或多篇文献同时引用的相同文献的数量。一般来说，引文耦合越大，两篇文献间的联系越紧密。

（8）同被引。同被引也称共引或共被引，如果两篇或多篇文献共同被后来的一篇或多篇文献所引用，则被引文献间存在同被引关系。揭示文献间同被引强度的指标为同被引强度，在数值上等于共同引用该两篇或多篇文献的文献数量。与引文耦合同理，同被引强度越大，则被引文献间的联系越紧密。

（9）自引。自引最初主要是指著者引用自己以前的著述。目前，自引已扩展到相同学科、相同主题、相同机构、相同语种等分析对象之间的相互引用，即在引文款目中，被引事项与引用事项相同的一类特殊引证关系均可称为自引。

（10）载文量与平均载文量。载文量也称发文量，是指在给定时间内，生产或发表的文献数量，是评价信息生产能力或学术水平的重要指标。平均载文量也称平均发文量，是基于载文量或发文量的相对指标，表示给定时间内生产或发表的平均文献数量，指标消除了因期刊性质、作者队伍、机构规模等不同对载文量或发文量的影响，更为客观，也更具可比性。

（11）引文量与平均引文量。引文量是文献所拥有的参考文献的数量，可以反映研究对象吸收外部知识的能力。平均引文量是每篇文献平均拥有的引文数量，是基于引文量的相对指标，同样可以反映研究对象吸收外部知识的能力。

（12）被引频次与平均被引次数。被引频次是给定时间范围内文献被引用的全部次数，可以反映研究对象在信息交流和科学发展过程中的作用和学术影响。平均被引次数是基于被引频次的相对指标，数值上等于被引频次除以文献总数，实质是每篇文献被引用的平均水平。该指标常被用于评价期刊以及作者的学术水平。一般来说，平均被引次数越高，期刊及其作者的学术水平也就越高。为了使该指标具有更广泛意义上的可比性，也更明确地评价其在某一时间期限内的学术影响，人们更常使用到影响因子和即年指标。

（13）影响因子。影响因子为期刊在规定时间（t）内论文被引量与可引论文总数之比。当 $t = 2$ 时，影响因子的计算公式为

$$影响因子 = \frac{某刊近两年发表的论文在该年的被引次数}{该刊近两年发表的论文总数}$$

一般情况下，影响因子越大，可认为该刊在科学发展和文献交流过程中的作用和影响力越大，质量也就越高。近年来，随着引文分析研究的深入，人们开始探讨利用影响因子评价期刊的中长期影响。相应地，t 值也就有了变化。目前，期刊引证报告（Journal citation report，JCR）在原有两年期影响因子的基础上，增加了期刊的五年期影响因子。

（14）即年指标。即年指标为期刊某年发表的论文在当年被引证的平均次数，也称为快指向力的指标，用于测度期刊被引用速度，同样是评价期刊影响力的指标，其计算公式为

$$即年指标 = \frac{某刊某年发表的论文在当年的被引次数}{当年发表论文的篇数}$$

（15）自引率与自被引率。自引率是指研究对象引用的全部参考文献中，引用自己发表的文献所占的比例。自被引率是指研究对象发表文献的总被引频次中，被其自身所引用次数所占的比例。在实际应用时，往往需要将两个指标结合起来综合评价研究对象的作用和影响力。两者的计算公式分别为

$$自引率 = \frac{引用自己发表的文献次数}{引用的参考文献总数}$$

$$自被引率 = \frac{被自己引用的次数}{被引用的总次数}$$

（16）H 指数。H 指数是指将研究对象发表的文献，按被引频次递减排列，被引次数大于或等于论文序号的论文篇数即为研究对象的 H 指数。该指标从发文和被引两个角度综合评价研究对象的学术影响。为了使指标更为客观、公正，人们在 H 指数的基础上进行了更为深入的研究和发展，衍生出了一系列相关指标，如 a 指数、e 指数、g 指数和 w 指标等。

（17）特征因子。为了弥补影响因子易被人为操纵、不能跨学科比较、选源标准问题以及对非英文期刊不公平等缺陷，汤森路透公司于 2009 年在 JCR 中正式引入特征因子指

标。指标的基本假设是：期刊越多地被高影响力的期刊所引用，则其影响力也越高。特征因子使用 JCR 为数据源，构建剔除自引的期刊 5 年期引文矩阵，以类似于 *PageRank* 的算法迭代计算出期刊的权重影响值，即同时测量了引文的数量和质量，实现了引文数量与价值的综合评价，可以更好地突出高质量期刊的学术影响。另外，因其无视自引，所以相对难以伪造。

7.3.2　引文分析的分类与内容

（1）从获取引文数据的方式来看，有直接法和间接法之分。前者是直接从来源期刊中统计原始论文所附的被引文献，从而取得数据并进行引文分析的方法；后者则是通过科学引文索引（SCI）、期刊引证报告（JCR）等引文分析工具，查得引文数据再进行分析的一种方法。

（2）从文献引证的相关程度来看，则有自引分析、双引分析、三引分析等类型。

（3）从分析的出发点和内容来看，引文分析大致有三种基本类型：①引文数量分析，主要用于评价期刊和论文、研究文献情报流的规律等；②引文网状分析，主要用于揭示科学结构、学科相关程度和进行文献检索等；③引文链状分析，科技论文间存在着一种"引文链"，如文献 A 被文献 B 引，B 被文献 C 引，C 又被文献 D 引，等等。对这种引文的链状结构进行研究，可以揭示科学的发展过程并展望未来的前景。

此外，从不同的角度或从各种基本要素出发对科学引文的分布结构进行描述和分析，便形成了引文分析的基本内容，一般包括引文年代分析、引文量分析、引文的集中与离散规律分析、引文类型分析、引文语种分析和引文国别分析。

1）引文年代分析

一般来说，随着年度的由远及近，引文量呈增长趋势，即时间愈近，被引用的文献愈多，文献被利用的峰值是该文章发生以后的第二年。如果以引文年代为横轴，各年引文量为纵轴，在坐标图上描绘各年数据点，然后用一条线连接起来，便可得到一条引文年代分布曲线。通过对该曲线的分析，不仅可以了解被引文献的出版传播和利用情况，而且可以研究科学发展的进程和规律，特别是在文献老化和科技史的研究中，引文年代分析更是一种被广泛应用的有效方法。

2）引文量分析

引文量是某一主体对象含有的参考文献数量，它是引文链的基本特征之一。通过引文数量的分析，不仅可以揭示文献引证与被引证双方的相互联系，而且还可以从定量的角度反映出主体之间的联系强度。如果两篇论文或两种期刊之间的引文数量大，就可以认为它们之间的引证强度大，说明其联系较紧密。引文量的分布规律可从以下两个方面分析。

（1）引文量的理论分布：将一定量的论文的引文量数据进行分析比较，发现其变化规律表现为以平均数为中点，接近中点的频数最多，离平均数远的频数趋于减少，形成中间高两极低的正态理论分布。

（2）引文篇数分布：即每篇研究论文平均占有的引文篇数的分布，它不仅反映了论文作者引用文献的广度和深度，而且还能说明引文与被引文的学科内容之间的联系强度。

3）引文的集中与离散规律分析

引文分布的集中性与离散性是相对于一定的测度指标而言的，引文按来源期刊的分布，引文篇数的频数以平均数为中心的分布，引文按年度、语种、文献类型等的分布，都表现出这种集中与离散的趋势。

4）引文类型分析

科学研究中引用的文献很广，有期刊论文、图书和特种文献，对被引文献的类型进行分析，将有利于确定文献情报搜集的重点。

5）引文语种分析

引用文献是由不同语种的文献构成的，某一语种的文献被引用量愈大，则说明该语种比较常用和重要，考察和分析引文语种的分布，对于人们有计划地引进外文文献译文选题、外语教育等，颇有参考价值。

6）引文国别分析

对引文的国别分析，特别是各国文献互引情况的统计分析，可以探明各国互引文献的状况，弄清国际文献交流的数量和流向。

事实上，引文分析主要是利用引证定律、方法和指标从文献、引文年代、国别、语种、文献类型、作者、学科及其主题、期刊等角度来进行研究，从而揭示有关现状、特点和发展规律。例如：从文献被引情况考查核心论文，分析学科研究的重点等；从引文的年代考查学科的发展态势、文献的增长老化规律等；从国别的角度考查学科的国家和地区的分布特点等；从语种的角度考查相关学科的用户对不同语种的文献的利用、用户的外语水平以及学科的国家或地区分布特点等；从文献类型角度考查用户对不同类型资源的利用情况等；从作者角度研究作者分布情况、分析核心作者等；从学科或主题的角度分析学科研究的关键领域、热点领域等；从期刊角度可进行核心期刊分析等。

7.3.3　引文分析的实施步骤

引文分析一般包括以下几个步骤。

1）明确研究目的

研究目的对研究对象、计量指标、计量方法等具有决定性影响。引文分析可以出于不同的研究目的，如研究科学文献结构乃至科学结构、揭示科学发展历程、开展人才和成果评价、研究信息用户结构和行为特征等。研究目的决定了引文分析的研究对象、计量指标和计量方法，如可以从引文数量、引文间的网状关系或链接关系、文献主题以及文献外部特征等不同角度进行引文研究。

2）选取统计对象

根据研究目的及所要研究学科的具体情况，选择该学科中最有代表性的权威期刊。

3）确定时间范围

选择一定时期若干期及若干篇相关文献作为统计对象。

4）统计引文数据

统计每篇文献后所列举的参考文献及相关信息，具体统计项目可依据研究目的和要求灵活掌握，也可直接从引文分析工具选取相关的引文数据作为引文分析的基础。

5）引文分析

在获取引文数据的基础上，根据研究目的，从引文的各种要素或角度进行分析。

6）引文分析报告

根据引文分析结果，结合相关理论做出相应的分析结论，并以论文或其他方式提供分析报告。

7.3.4　引文分析的优缺点

1）引文分析的优点

引文分析具有显著的优点。

（1）广泛适用性。引文分析的素材是引文与被引文，而引文现象又是普遍存在的，凡是有引用文献的地方，引文分析就有用武之地。所以，引文分析具有广泛适用性。

（2）简便易用性。因为引文分析不要求其他先决条件和辅助条件，不需要使用者具有十分专深的知识。研究的深度、广度可以由自己控制，所以一般的信息人员都可以借助这种方法，完成一些有价值的研究课题，解决一些工作中的实际问题。总之，这种方法的使用限制极少，简便易用，很值得在广大的信息人员中普及推广。

（3）功能特异性。由于引文分析方法具有广泛适用性和简便易用性的特点，通过一些不太复杂的统计和分析，就可以确定核心期刊、研究文献老化规律、研究信息用户的需求特点，甚至可以研究学科结构、评价人才等。

2）引文分析的缺点

著者引用文献是一个主观的思维和判断过程，而作为其表现形式的引用文献，仅仅是宏观的、表面的测度，受到许多因素的限制。

（1）引文关系存在假联系。引用文献的原因多种多样，两篇论文可能出于完全不同的原因或从不同的角度引用同篇早期文献，一篇可能是引用其方法，另一篇可能是引用其结果，那么这两篇文献在内容上的联系就有可能是虚假的。引文对原著的关系和重要性也各不相同，但在目前的引文分析中，对它们是同等看待的，这样也容易造成假关系。

（2）文献被引用并不完全等于重要。一方面，有些错误的观点或结论，后人出于批评商榷目的，其被引次数可能很多；另一方面，被引次数较少的文献也不能一概认为不重要。它受到许多因素的限制，如发表的时间、语种、学科专业等。

（3）著者选用引文受到可获得性的影响。索普通过研究发现，著者引用的文献，大部分是个人收藏的文献，少部分是本部门和就近图书馆的资料，而其他城市或其他国家的文献所占比例甚小。这说明著者选用参考文献以方便为准则，以占有为前提，同时还要受到著者语言能力、文献本身发表时间和流通周期，以及二次出版物报道的影响。

（4）马太效应的影响。有的研究者认为，在文献引用方面也存在着马太效应的影响，人们在引用论文时出于不同的目的和心理，这影响着文献引用的真实性。

7.3.5　引文分析的应用

引文分析在实际生活中具有显著作用。

（1）测定学科的影响力和重要性。通过对文献引证频次的分析研究，可以测定某一学科的影响和某一国家某些学科的地位。

（2）研究学科结构。通过引文分析，特别是从引文间的网状关系进行研究，能够探明有关学科之间的关系和结构，划定某学科的作者集群，分析推测学科间的交叉、渗透和衍生趋势，还能揭示学科的动态结构和发展规律。

（3）确定核心期刊。从文献被利用的角度来评价和选择期刊，从而确定核心期刊，是一种比较客观的方法。这种方法的主要特点是从文献被利用的角度来评价和选择期刊，较为客观。加菲尔德通过引文分析，研究了文献的聚类规律，他将期刊按照期刊引用率的次序排列，发现每门学科的文献都包含有其他学科的核心文献。这样，所有学科的文献加在一起就可构成一个整体的、多学科的核心文献，而刊载这些核心文献的期刊不过 1 000 种左右。利用期刊引文的这种集中性规律可以确定学科的核心期刊。

（4）研究信息和情报传递规律。通过科学文献的引文链和引文网络研究情报流的方向、过程、特点和规律，从而分析科学发展的历史和规律。

（5）研究情报用户的需求特点。一般而言，附在论文后的参考文献是作者利用的与其主题最相关的代表性文献。通过引文分析，可以基本反映出作者利用正式渠道获取情报的习惯和方式。这对于图书馆或情报中心把握用户信息需求特点，提高服务质量和效率，具有指导意义。事实上，利用引文分析进行信息用户研究是一种重要途径，根据科学文献的引文可以研究用户的信息需求特点。通过对同一专业的用户所发表的论文的大量引文统计，可以获得与信息需求有关的许多指标，如引文数量、引文的文献类型、引文的语种分布、引文的时间分布、引文的出处等。

（6）评价科学水平和人才。通过对科学文献的被引率和持续时间等指标的分析，可以对有关国家、地区和机构的科学能力和学术水平进行比较和评估。在人才评价方面，同样可以利用著者论文的被引情况衡量该作者的科研水平和影响力。

（7）研究文献老化规律。有关文献老化的研究一般是从文献被利用角度出发的。普赖斯曾利用引文分析探讨文献的老化规律。通过对"当年指标"和"期刊平均引用率"的分析，他认为期刊论文是由半衰期截然不同的两大类文献构成的，即档案性文献和有现时作用的文献。科学文献之间引文关系的一种基本形式是引文的时间序列。对引文的年代分布曲线进行分析，可以测定各学科期刊的"半衰期"和"最大引文年限"，从而为制定文献的最佳收藏年限、对文献利用进行定量分析提供依据。同时，一个学科的引文年代分布曲线与其老化曲线极为相似。这有力地说明文献引文分布反映了文献老化的规律性。因此，从文献引用的角度研究文献老化规律是一种有效的途径和方法。

第 8 章　竞争情报分析

竞争情报分析是关于竞争环境、竞争对手和竞争策略的信息活动。早期搜集竞争对手的情报并非易事，而在大数据时代，竞争情报来源渠道多样化，来自互联网和物联网的各种新型数据从不同角度反映着竞争对手、竞争环境等方面的竞争情报。数据规模庞大、种类繁多，要想获得有用的竞争情报，必须对获取的数据进行适当地处理分析。

8.1　竞争情报的概念与特点

8.1.1　竞争情报的概念

著名生物学家达尔文在《物种起源》中提出"物竞天择，适者生存"的思想，揭示出"优胜劣汰"是自然界生存的基本法则。在人类社会中，激烈的竞争淘汰促使社会成员互相追逐，不断创新进取，推动经济的发展和社会的进步。情报是指具有特定利用价值的动态知识，它用于支持组织决策、部署、规划和执行社会活动。情报具有知识性、动态性和有用性的特点。为在竞争中获取优势，掌握对方情报就显得尤为关键。孙武在《孙子兵法》中提出"知己知彼，百战不殆"的观点更是充分体现了竞争情报工作的重要性。

20 世纪 80 年代以来，社会经济与科技的迅速发展使得市场竞争越来越激烈，获取掌握竞争对手和竞争环境的信息和情报就越来越重要。为了适应各级各类企业开展市场竞争和取得信息优势的需要，"竞争情报"概念应运而生。竞争情报与企业的竞争力密切相关，企业的成功或失败很大程度上取决于企业在市场环境中是否占据竞争优势，而要在激烈的市场竞争环境下赢得优势，就必须开拓视野，时刻观察与防范竞争对手，密切跟踪行业内外的变化趋势并及时做出相应的反应，不断捕捉变幻莫测的市场竞争态势与新技术的演变。因此，如何迅速准确地获取信息、掌握蕴含其中的情报，并辅助企业进行决策规划，帮助企业赢得竞争优势日益成为企业关注的焦点。

竞争情报是一个发展中的概念，这一概念来自英文"competitive intelligence"一词，兴起于 20 世纪 80 年代，起源于军事情报和政治情报领域，并率先推广应用于企业界，形成企业竞争情报。迄今为止，国内外关于竞争情报的概念并不统一。

竞争情报的重要先驱者斯蒂文·德迪约认为：竞争情报是一种复杂的研究过程，比简单地搜集财务信息和市场统计信息更深入一步。竞争情报就是关于竞争对手能力、薄弱环节和意图的信息。它同传统定义的"战略情报"是相似的，是一种指导行动的信息。

肯·科特里尔认为：竞争情报是正当合法与合理地搜集、分析和利用有关竞争环境和商业竞争对手能力、意图及薄弱环节方面的信息。

美国市场营销专家菲利普·考特勒认为：竞争情报是关于主要竞争对手的识别，搜集它们的目标、战略、优势、劣势和典型的反映形式等信息。

美国匹兹堡大学教授约翰·E·普赖斯科特认为竞争情报是与外部和（或）内部环境的某些方面有关的精炼过的信息产品。而竞争情报项目是一个规范化的过程，企业通过这个过程来评价所处行业的演变、现实或潜在竞争对手的能力和行为，以便保持和发展竞争优势。

瑞士工商研究集团咨询专家道格拉斯·伯哈恩特也指出竞争情报是一个分析过程，在此过程中，关于竞争者和市场的分散的信息被转变成关于竞争者能力、意图、业绩和地位的，可以据此采取行动的战略知识；它也是上述过程的产品或产出物。

包昌火和谢新洲认为：竞争情报是关于竞争环境、竞争对手和竞争策略的信息和研究。它既是一种过程，又是一种产品。过程是指对竞争情报进行搜集和分析，产品是指由此形成的情报或策略。

王知津认为：竞争情报是指为达到竞争目标，合法且合乎职业伦理地搜集竞争对手和竞争环境的信息，并转变为情报的连续的系统化过程。

美国竞争情报从业者协会（Society of Competition Intelligence Professionals，SCIP）认为竞争情报是一种过程，在此过程中人们用合乎职业伦理的方式搜集、分析和传播有关经营环境、竞争者和组织本身准确的、相关的、具体的、即时的、具有前瞻性与可操作性的情报。

从以上定义中可以看出，人们对竞争情报概念的认知在逐步发展中。关于竞争情报的定义归纳起来可以分成三种认识。

（1）竞争情报是一个过程，即信息的搜集、分析和综合并使之形成增值的、有用的、能够支持决策的情报。从情报生产过程角度，竞争情报是指支持组织决策的信息搜集、整理、分析、综合和传递的过程，是一个企业对竞争对手、竞争环境、竞争策略的分析研究过程，是为了提高竞争力而进行的合法的情报活动；竞争情报与组织决策是相辅相成的，竞争情报为组织决策提供依据，而组织决策则为竞争情报活动提供了目标，决策对信息的需求为竞争情报界定了信息搜集的对象和范围，同时两者之间的反馈促进和完善竞争情报活动。

（2）竞争情报是一种产品，即上述过程的产出物。许多学者将竞争情报定义为一种信息产品，认为竞争情报是与竞争对手、竞争环境和组织本身有关的精炼过的信息产品，这些信息产品经过分析解释，综合提炼并发生了增值。

（3）竞争情报既是一个过程，又是一个产品，即对上面两种观点进行了融合。

综上所述，竞争情报是社会信息化高度发展和市场竞争激烈化的产物。竞争情报既是一种产品，又是一个过程。从产品角度，竞争情报是将竞争对手和竞争环境信息转变成有关竞争者能力、意图、行为等知识的分析型信息产品。从过程角度，竞争情报是指根据组织需求目标，及时、准确、全面地搜集有关竞争对手、竞争环境和组织自身的信息，并对其进行整理、分析、综合，使信息转化为情报，从而支持决策，以提高组织竞争优势为根本目的的智能增值过程。在本书的研究中，我们侧重于将竞争情报理解为一个情报生产过程。

8.1.2　竞争情报的特点

竞争情报来源于信息、情报，所以它具有传统情报的一般属性，如共享性、可传递性、知识性、增值性、社会性等，但是它又不同于传统情报，竞争的环境赋予竞争情报许多独具的特性。

1. 目标的明确性与针对性

竞争情报活动有着非常明确的目的，就是通过对竞争对手、竞争环境和企业自身信息的搜集、整理、加工、分析和研究，帮助企业进行决策，制定战胜竞争对手的行动策略，提高企业自身的竞争优势，使企业获得利益。为了能战胜对手，竞争情报活动需以竞争对手的能力、意图、行为等信息为主要搜集内容，所以带有极强的针对性。

2. 对象的动态性与隐藏性

在激烈的市场竞争环境中，各竞争者之间的关系并非一成不变，而是处于动态变化之中。由于市场的不稳定性，竞争对手的战略决策、产品研发、技术创新、服务理念、营销策略等也会受市场环境的影响而不断变化。因此，不同于传统情报较为稳定地跟踪某个研究领域，竞争情报研究的对象具有动态变化的特点。这就要求竞争情报必须长期跟踪竞争对手的各个方面的信息和情报，设立监测指标，建立跟踪档案，以便能及时准确地掌握竞争对手的动向以及把握市场瞬息变化的竞争态势。

竞争情报一般是企业内部重要的核心情报，其内容涉及企业的战略、决策、技术、产品等核心秘密，直接关系到企业的经济利益，决定企业的生死存亡。这就决定了竞争者之间往往是相互保密、相互封锁的，以确保自身企业的竞争优势的安全性和独占性。因此，竞争情报具有隐蔽性的特点。虽然企业搜集竞争对手的情报的途径是公开的，如通过报纸、杂志、会议等，但进行竞争情报活动的过程是保密的。企业不但要对自身进行的竞争情报活动进行保密，同时也必须采取措施保护本企业的商业秘密，以防止竞争对手获得。

3. 内容的时效性与综合性

竞争情报的价值大小是受时间影响的。随着社会信息化的高速发展，市场环境变化加剧，信息量激增，竞争对手和竞争环境的相关信息越来越多，并且信息的更新速度越来越快，信息零散无序，真实有用的信息隐藏于海量数据之中。这种情况下，企业需要专业的情报人员对这些信息进行针对性地搜集、整理、分析和提炼，确保竞争情报获取的及时性和有效性。如果获取的竞争情报失去了效用，那么毫无意义，甚至可能会引导企业做出错误的决策从而造成损失；而新颖、及时、准确的情报会使企业做出预判性的决策和行动，从而确保和提高竞争优势，获得最大效益。市场瞬息变化的环境和企业的决策需求决定了竞争情报必须注重时效性，时间就是企业的生命，时间就是企业的效益，竞争情报的提供必须及时而准确，这样才能有效地为企业的决策服务，落后于决策的情报对决策无任何实际意义。

另外，随着信息量的激增，大量零碎的信息充斥着整个竞争市场。竞争情报要想为企业提供良好的决策支持，就必须全方位、多元化、综合性地搜集、分析相关信息，只有这样才能充分了解竞争对手，正确评估自身，做到"知己知彼"。

4. 手段的合法性与正当性

竞争情报不同于工商间谍行为。工商间谍活动是指非法窃取竞争对手在科技领域、企业经营以及其他经济部门的秘密情报的间谍活动。而竞争情报是完全合乎法律规范的情报活动，它是一种跟踪竞争对手相关信息的持续性过程。在该过程中，通过公开的途径，采用合乎伦理规范和法律的方式，如从报纸、会议、专利、网络、数据库、广告等中提炼信息，而非通过欺诈、胁迫等一切不正当的手段来搜集获取有关竞争对手、竞争环境和竞争战略的信息和情报。对于某些非公开的资料信息可能会采用一些特殊的搜集方式，如反求工程，即通过拆卸、化验竞争对手的产品，获取其材料、工艺、成本、技术等信息，但其前提是这些产品是通过合法的途径获得的。国际上，通过反求工程获取情报是合法的，属于正当手段。综上，竞争情报与工商间谍是两种法律性质截然不同的行为，是否合法是区分它们的根本标志。因此，竞争情报具有合法性和正当性的特点。

5. 过程的对抗性与谋略性

竞争本是指为了获得某种利益或优势而胜过对方的一种较量与角逐，其本质就是双方的对抗。竞争情报的目的在于搜集分析对方情报以保障和提高自身竞争优势，赢得市场和利益。因此竞争的双方相互对立、互不协助、互不相让。竞争者需在对方极尽保护自身核心竞争力的情况下，秘密通过合法的渠道和正当的搜集方式获得对方的各方面信息，从而了解竞争对手并战胜它。所以，竞争情报的搜集、分析、利用过程具有强烈的对抗性特点。

由于竞争情报具有强烈的对抗性，要想在竞争情报活动过程中获得竞争对手更全面、更准确的信息和情报，使竞争情报的研究成果能够发挥到最大作用，竞争情报的研究就必须具有较强的智能化和谋略性。竞争的双方需要运用智慧和策略，在保护自身的商业秘密不被发现的情况下还要克服对手设置的重重障碍，获得精准有用的情报。由此可见，在竞争对抗中，竞争主体的智谋能力高低常常是影响其竞争胜败的关键因素。除了在搜集竞争对手信息时需要运用谋略，在对搜集到的信息进行分析研究时，要透过表面的数据看清隐藏的真实信息。这一分析过程也需要情报分析人员投入较多的智力活动，包括分析推理、战略分析和创新思维等。因此竞争情报是一种主动的、带有谋略性的情报活动，这种谋略性渗透竞争情报活动的全过程。

6. 活动的系统性和连续性

约翰·E·普赖斯科特教授认为：竞争情报不是对某一特定问题的一时的回答，它是持续地、系统地、有逻辑地搜集有关竞争对手和竞争环境有关的各方面信息。竞争是普遍的，所以竞争情报活动应该贯穿企业经营发展的始终，它不是一种短期行为，而是一种周而复始的、长期的、持续的跟踪过程。企业根据自身的规划目标搜集所需的有关信息，并对其进行分析研究，将综合精炼过后得到的情报提供给高层管理人员辅助决策，企业根据决策执行，而后产生新的规划目标，新的一轮竞争情报活动又开始了。因此竞争情报具有系统性和连续性的特点，贯穿企业诞生、发展直至衰落的生命全过程。

8.2　竞争情报分析方法

竞争情报分析就是对原始信息进行综合、评价、分析，使信息转化为情报，实现信息的智能化和增值化。竞争情报分析方法很多，既有与其他学科相同的一般分析方法，又有自己独特的分析方法。本节根据竞争情报分析的内容重点介绍竞争情报专用分析方法。

8.2.1　竞争环境分析方法

企业竞争环境分析一般要考虑行业发展状况、市场机会与威胁等要素，具有代表性的分析方法有波特五力模型、PEST 分析、洛伦兹曲线分析法等。本书第 3 章已详细论述了波特五力模型，因此本小节详细介绍 PEST 分析和洛伦兹曲线分析方法。

8.2.1.1　PEST 分析

PEST 分析是指宏观环境的分析，宏观环境又称一般环境，是指影响一切行业和企业发展的各种宏观因素。对宏观环境因素进行分析，不同行业和企业根据自身特点和经营需要，分析的具体内容会有差异，但一般都应对政治（political）、经济（economical）、社会（social）和技术（technological）这四大类影响企业的主要外部环境因素进行分析，再根据企业或组织对外部环境的敏感程度对每个方面的影响因素进行分解和研究。如图 8.1 所示。

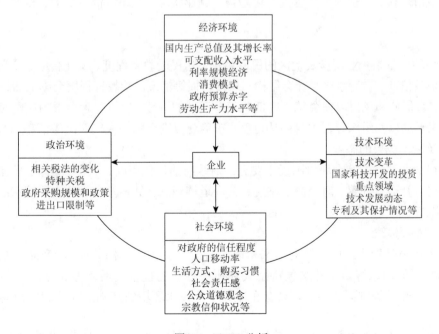

图 8.1　PEST 分析

1）政治环境

政治环境是指企业业务所涉及的国家或地区的政治体制、政治形势、方针政策、法律法规等方面对企业战略的影响。包括一个国家的社会制度，执政党的性质，政府的方针、政策、法令等。不同的国家有着不同的社会性质、不同的社会制度，对组织活动有着不同的限制和要求。即使社会制度不变的同一国家，在不同时期，由于执政党的不同，其政府的方针特点、政策倾向对组织活动的态度和影响也是不断变化的。

政治环境对组织产生影响的因素主要包括：经济体制、外交状况、产业政策、投资政策、知识产权保护法、政府财政支出、政府换届、政府预算、环境保护法、政府其他法规等。对企业战略有重要意义的政治变量包括：相关税法的改变、特种关税、政府采购规模和政策、进出口限制、税法的修改、专利法修改、劳动保护法的修改、公司法和合同法的修改、财政与货币政策等。

2）经济环境

经济环境是指企业在制定战略过程中须考虑的国内外经济条件、经济特征、经济联系等多种因素。经济环境主要包括宏观和微观两个方面的内容。宏观经济环境主要指一个国家的人口数量及其增长趋势，国民收入、国内生产总值及其变化情况以及通过这些指标能够反映的国民经济发展水平和发展速度。微观经济环境主要指企业所在地区或所服务地区的消费者的收入水平、消费偏好、储蓄情况、就业程度等因素。这些因素直接决定着企业目前及未来的市场规模。

企业应重视的经济变量包括：国内生产总值及其增长率、可支配收入水平、利率、规模经济、消费模式、政府预算赤字、劳动生产力水平、证券市场状况、地区之间的收入和消费差别、劳动力及资本输出、财政政策、贷款的难易程度、居民的消费倾向、通货膨胀率、货币市场模式、国内生产总值变化趋势、就业状况、汇率、价格变动、税率、货币政策等。

3）社会环境

社会环境是指企业所涉及地区的民族特征、居民受教育程度、文化传统、审美观、价值观、宗教信仰、教育水平、社会结构、风俗习惯等情况。受教育程度会影响居民的需求层次；宗教信仰和风俗习惯会禁止或抵制某些活动的进行；价值观念会影响居民对组织目标、组织活动以及组织存在本身的认可度；审美观点则会影响人们对组织活动内容、活动方式以及活动成果的态度。

值得企业注意的社会环境因素主要有：对政府的信任程度、人口移动率、生活方式、购买习惯、社会责任感、对经商的态度、公众道德观念、储蓄倾向、种族平等状况、宗教信仰状况等。

4）技术环境

技术环境是指企业所涉及的国家和地区的技术水平、技术政策、新产品开发能力以及技术发展的动态等。企业必须特别关注所在行业的技术发展动态和竞争对手在新技术、新产品开发等方面的动态，只有在充分了解技术环境的基础上才能制定出切实可行的战略方针。

技术环境除了要考察与企业所处领域的活动直接相关的技术手段的发展变化外，还应了解哪些行业、领域是国家科技开发的投资重点，以及这些领域的技术发展动态、技术转移和技术商品化速度、专利及其保护情况等。

8.2.1.2 洛伦兹曲线分析

从商业情报角度研究的竞争态势是指市场上各厂商所占市场的分配情况研究，市场上各厂商占有的市场份额越均匀，表示竞争阶段越低，市场尚处于自由竞争的阶段。而如果市场上几家大厂商瓜分了大部分市场份额，就表明竞争已经进入了寡头竞争的阶段。进行竞争态势分析可以借用洛伦兹曲线作为研究工具，具体步骤如下。

1. 计算各品牌市场占有率

例如，对于一个存在着十个品牌的市场，按从小到大进行市场占有率排序，如表 8.1 所示。其中 A 品牌占有 4.35% 的市场，到 A 品牌为止的累计市场占有率也为 4.35%；B 品牌占有 5.07% 的市场份额，A 品牌与 B 品牌的累计市场份额为 9.42%；其余品牌情况详见表 8.1。

表 8.1　某市场十个品牌的市场占有率情况

品牌	市场占有率/%	累计市场占有率/%
A	4.35	4.35
B	5.07	9.42
C	6.52	15.94
D	7.25	23.19
E	8.70	31.88
F	10.87	42.75
G	13.04	55.80
H	13.77	69.57
I	14.49	84.06
J	15.94	100.00
合计	100	—

2. 根据累计市场占有率绘制洛伦兹曲线

如图 8.2 所示，其中横轴为企业数量，纵轴为累计市场占有率，将表 8.1 上的数据标注在图中，并以平滑曲线进行连接，就可以得到一条向下凹进去的曲线。这条曲线最早是由统计学家洛伦兹发明用于研究收入不公平状况的，称为洛伦兹曲线。

从图中可以清楚地看出，曲线越向底边凹进，表明市场上的品牌所占有的市场份额越不均匀，越低的曲线反映出大多数小品牌只拥有一个较低的累计市场份额，而少数大品牌拥有市场份额的绝大部分。由原点斜向上方 45° 的直线称为绝对公平线，即

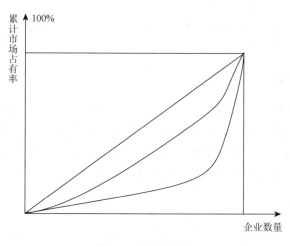

图 8.2　洛伦兹曲线

所有的品牌都拥有相同的市场份额。通过绘制这样的曲线，可以很直观地反映出市场的竞争情况。

3. 计算竞争水平

仅仅依靠曲线来反映竞争状况有时显得不够量化，从对洛伦兹曲线的分析中可以看到，曲线越向下凹，曲线与绝对公平线之间的面积越大，从而可以根据这一面积与整个下三角形面积的比值来计算竞争水平的高低，该比值的取值范围介于 0～1，值越大，反映出寡头垄断的程度越高。

8.2.2　竞争对手分析方法

分析竞争对手的目的在于把握其所可能采取的战略行动的实质和成功的可能性,洞察竞争对手对可能发生的产业变化或宏观环境变化做出的反应。具有代表性的分析方法有定标比超法、战争模拟和反求工程等。

8.2.2.1　定标比超法

1）定标比超法的概念

定标比超法是将本企业的经营管理各方面的状况与企业竞争对手或行业内外一流的企业进行对照分析，以外部企业的成绩作为企业内部赶超的目标，并将外部企业的最佳经验移植到本企业经营中去的一种做法。定标比超法有助于确定和比较竞争对手经营战略的组成要素，在此过程中能获得许多对评价整个竞争形势价值很大的信息。对一流企业所做的定标比超可以将从任何产业中最佳企业那里得到的信息用于改进本企业的内部经营，建立相应的赶超目标。做跨行业的技术性定标比超还有助于技术的跨行业渗透。

2）定标比超法的内容和操作流程

定标比超法的内容是指企业需要改善或希望改善的方面。根据所针对企业运作的不同层面，定标比超法可以分为战略层、操作层、管理层三类，如表 8.2 所示。战略层的定标比超主要是将本公司的战略和对照公司的战略进行比较，找出成功战略中的关键因素；操作层的定标比超主要集中在比较成本和产品的差异性，重点是功能分析，一般与竞争性成本和竞争性差异有关，其特点是较容易用定量指标来衡量；管理层的定标比超涉及分析企业的支撑功能，其特点是较难用定量指标来衡量。

表 8.2　不同层面定标比超法的主要内容

战略层	操作层	管理层
• 市场细分化	• 竞争性价格	• 日常运作维护
• 市场占有率	◆ 原材料	• 项目管理
• 原材料供应	◆ 劳动力和管理	• 订货和发货
• 生产能力	◆ 生产率	• 新产品开发
• 利润率	• 竞争性差异	• 合理化建议系统
• 工艺技术	◆ 产品特性	• 财务
	◆ 产品设计	• 仓储和配销
	◆ 质量	
	◆ 售后服务	

　　从定标比超法的操作过程来看，包括计划、分析、综合、行动、成熟 5 个阶段。

　　（1）计划阶段，即确定定标比超的内容，选定目标公司，收集信息。在进行定标比超时，企业首先通过自我分析，确定需要进行定标比超的具体项目，一般选择对公司利益影响最大的环节进行定标比超分析，如制造、质量管理、研究与开发、仓储管理、营销技巧、战略管理、信息技术应用、设计流程等。然后，选定目标公司，通常本企业的竞争对手和行业中领先企业是定标比超的首选对象，在某些方面拥有最优实践的行业外企业也应成为定标比超的对象。最后，针对企业的经营过程、经营结果搜集信息，一般通过经济类刊物寻找目标。

　　（2）分析阶段，即将本公司的各个经营环节与目标公司的进行对比，找出差距和原因。然后找到差距并确定缩短差距的行动目标，拟订一个与新的经营过程和活动相一致的计划。

　　（3）综合阶段，即报道分析结果并取得认可，将定标比超有关的观点结论清楚地告诉组织内的各管理层，并让雇员们也有充分的时间来评价定标比超过程中得到的数据和结论，并在主要方面取得较为一致的看法。在以上结论得到充分的评价和认可后，要使企业管理层及雇员同意为达到有关目标而要采取的修改目标的措施。

　　（4）行动阶段，即制订行动计划，尽量争取高层管理者的支持，在充分了解目标公司和本公司的情况下，制订具体的可行的赶超计划与措施。然后，实施计划并跟踪实施过程，整个定标比超过程必须包括定期衡量和评估，并根据评估结果进行修正，使其达到预定目标的程度。最后，确定新的目标，定标比超活动不是只进行一次就万事大吉了，本着精益求精的原则，企业应不断地向优秀的企业学习。

（5）成熟阶段，在该阶段，通过定标比超取得行业领先地位，开始把最优实践导入正常工作流程。

8.2.2.2　战争模拟

1）战争模拟的概念

在复杂多变的市场竞争中，竞争各方互动性越来越强，传统的竞争对手分析方法有时不能准确预测竞争对手在面对变化时会怎样行动，这时需要用战争模拟的方法来分析竞争对手。战争模拟分析法相当简单，它又称为作战室法、仿真法等，指让不同的人扮演己方、竞争对手或市场环境中的第三方及消费者等，在尽可能逼真的模拟环境中进行竞争，以发现情报人员凭着想象和推理无法发现的问题，预测竞争对手和市场环境可能的动向。

1995 年，网络浏览器作为进入国际互联网的必要工具，成为电脑软件业公司争夺的焦点。微软公司曾因判断失误，未投入全力开发该项目，致使网景公司一度占据高达 80% 的网络浏览器市场份额。为了重新夺取市场，微软充分发挥竞争情报部门"战争室"的特长，每月定期监测网络浏览器市场占有率的变化，以此作为微软制定网络浏览器市场策略的指导方针。在任何市场策略出台以前，微软公司都要在"战争室"经过"战争游戏"的严格考核，通过非常接近于实际商战的检验，使这些策略在这里得以去粗取精，变得更加实际有效。最终，网景公司被微软收购，"战争室"帮助微软公司成功地夺取了网络浏览器市场领导者的地位。

2）战争模拟的实施步骤

战争模拟法一般按下列步骤进行。

（1）准备。游戏的参与者决定他们需要考察哪些行动，需要研究哪些活动和竞争动机。在准备阶段，竞争情报技巧有着十分关键的作用，需要花费几周才能完成，情报要及时编印出来，发给参与者。情报内容包括：背景知识、竞争对手销售规模、市场发展趋势等。

（2）介绍。战争模拟主持者确定游戏的目的和游戏结果的用途。如果参与者对游戏不熟悉，事前还要花时间让大家熟悉。

（3）战争模拟阶段。这是战争模拟的核心部分。参与模拟的各方根据各自面临的竞争环境进行模拟竞争。与现实的企业竞争一样，一方制定策略，采取行动。另一方或几方审时度势，进行反击。在此过程中，充当消费者的一方要尽可能地投入，做到接近现实情境。因为消费者的反应是判定竞争双方胜败的关键。此外，因为扮演消费者的参与者数量有限，难以全面反映出竞争胜负，所以还需要安排市场专家来充当裁判。由裁判根据各方的行动和反应做出判决。

（4）分析与总结。战争模拟结束后，参与者应对本次战争模拟得出的结果进行分析。如通过游戏取得了哪些成绩，有哪些失误，是什么原因使得企业败于对方或胜于对方，行动中还有哪些不确定性，还需要哪些情报，企业应该如何行动等。

（5）落实行动。参与者根据以上分析得出的结论制定企业竞争决策。把工作分配到企业具体的集体和个人，将战争模拟转为真正的企业竞争。

（6）跟踪。为了总结提高，还应在游戏后进行跟踪分析。把战争模拟与现实竞争进行比较，找出战争模拟中失误和忽略的环节，并把其扩散到参与战争模拟的所有个人，以提高战争模拟开展水平。

8.2.2.3　反求工程

1）反求工程的概念

传统的企业产品的开发过程是一种正向过程。它遵循正向设计的基本思维，首先根据市场调查，从市场需求中抽象出产品的概念描述，然后据此建立产品的模型和形成技术图纸，最后形成产品的实物原型。反求工程又称逆向工程或反向工程，是相对于传统的正向工程而言的。它是以现代设计理论和方法为基础，通过反求分析、反求设计、探索消化、吸收他人的先进技术和设计理念的一种产品生产方法。它的目的是通过对引进的技术和设备进行解剖分析，掌握其功能原理、结构参数、材料、形状尺寸，尤其是关键技术，进行产品再设计。

反求工程一般分为实物反求、软件反求和影像反求三种类型。其中，实物反求是指以产品实物为依据，对产品的设计原理、结构、材料、精度、制造工艺、包装、使用等方面进行分析研究和再创造，最终研制出与原型产品相近或更佳的新产品。实物反求的对象可以是整机，也可以是部件、组件或零件。软件反求是指对产品样本、技术文件、设计书、使用说明书、图纸、有关规范和标准等技术软件进行反求。影像反求是指在无实物、无技术软件的情况下，对产品照片、图片、广告介绍、参观印象、影视画面等进行反求。它主要通过构思、想象来反求，所以难度较大。一般要利用透视变换和透视投影，形成不同透视图，借助专业知识从外形、尺寸、比例，去探索其功能和性能，进而分析其内部可能的结构。

2）反求工程的内容和实施步骤

反求工程以同类产品中具有领先地位的实物、软件或影像为反求对象，以现代设计理论和方法为基础，利用生产工程学、材料科学等相关学科的方法和工具，对研究对象进行系统深入地分析和研究，探索其关键技术，开发出新的产品。这一过程蕴含着对反求对象的由此及彼、由表及里的持续不断的认识、消化、吸收、改进和创新工作，具有极其丰富的内容。具体来说，主要包括：

（1）探索反求对象的设计指导思想；

（2）功能原理方案的分析；

（3）结构和精度分析；

（4）材料分析；

（5）工作性能分析；

（6）造型设计分析；

（7）工艺和装配分析；

（8）使用和维修分析；

（9）包装技术分析；

（10）反求对象系列化和模块化分析。

反求工程具有与传统设计制造过程截然不同的设计流程。以实物反求为例，如图 8.3 所示，包括以下四个关键步骤。

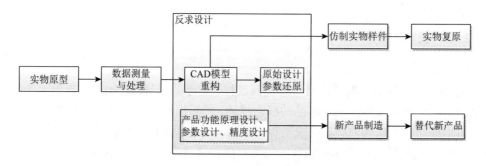

图 8.3　典型的反求工程流程图

（1）零件原型的数字化。通常采用三坐标测量机或激光扫描等测量装置来获取零件原型表面点的三维坐标值。

（2）从测量数据中提取零件原型的几何特征。按测量数据的几何属性对其进行分割，采用几何特征匹配与识别的方法来获取零件原型所具有的设计与加工特征。

（3）零件原型 CAD（computer aided design，计算机辅助设计）模型的重建。将分割后的三维数据在 CAD 系统中分别做表面模型的拟合，并通过各表面片的求交与拼接，获取零件原型表面的 CAD 模型。

（4）重建 CAD 模型的检验与修正。根据获得的 CAD 模型，采用重新测量和加工出样品的方法，检验重建的 CAD 模型是否满足精度或其他试验性能指标的要求，对不满足要求者重复以上过程，直至达到零件的设计要求。

8.2.3　竞争战略分析方法

竞争战略是关于企业朝何处发展的选择，是企业基于自身的实际情况、竞争环境、竞争对手现状及其竞争行为所制定的企业经营理念和思想，是企业在竞争中为取得竞争优势所进行的谋略。具有代表性的分析方法有 SWOT 分析、波士顿矩阵分析和通用矩阵分析等，由于第 3 章详细论述了通用矩阵模型，所以本节详述 SWOT 分析、波士顿矩阵分析。

8.2.3.1　SWOT 分析

1）SWOT 分析的概念

外部环境的变化给具有不同资源和能力的企业带来不同的机会与威胁。SWOT 分析方法是通过具体的情境分析，将与研究对象密切关联的内部优势因素（strength）、弱势因素（weakness）和外部机会因素（opportunity）、威胁因素（threat），分别识别和评估出来，依据"矩阵"的形态进行科学的排列组合，然后运用系统分析的研究方法将各种主要因素相互匹配进行分析，最后提出相应对策的方法。

2）SWOT 分析的流程

（1）关键外部因素分析。关键外部因素是指对企业发展有直接影响的因素，包括机会因素和威胁因素，存在于政策、经济、金融、技术、法律、文化、自然界、用户、供应商、中介机构、竞争对手、市场之中。不同的企业对应着不同的关键外部因素，如政策法规对大公司是关键因素，但对于小公司则不是关键因素。对公司的关键外部因素进行分析，即运用外部因素评价模型对那些会给企业造成重大影响的关键外部因素进行深入分析。如表 8.3 所示。

表 8.3　某公司的关键外部因素分析

	关键的外部因素	权重	评分	加权分数
机会因素	C1 社会主义市场经济体制逐步建立和完善	0.011	2	0.22
	C2 世界纺织品贸易向发展中国家转移	0.028	2	0.056
	C3 外贸政策的改变	0.035	3	0.105
	C4 国家制定方针政策推动企业改革发展	0.019	2	0.038
	C5 加强法治建设改善法律环境	0.013	1	0.130
	C6 入世后有利于扩大出口	0.053	3	0.159
	C7 入世后有利于企业引进外资引进技术	0.052	2	0.104
	C8 纺织行业产品丰富市场潜力大	0.086	3	0.258
	C9 纺织贸易行业需要走提高产品附加值的道路	0.074	3	0.222
	C10 纺织贸易行业需要改变传统组织结构	0.129	3	0.387
威胁因素	C11 纺织贸易行业市场竞争日趋激烈	0.043	4	0.172
	C12 存在潜在市场进入者	0.064	2	0.128
	C13 替代品的威胁	0.015	3	0.045
	C14 买方讨价还价能力强	0.023	3	0.069
	C15 目前对人才争夺激烈	0.140	3	0.42
	C16 银行贷款投放注重业绩和偿还能力	0.029	3	0.087
	C17 入世后技术引进代价增大	0.085	2	0.170
	C18 入世后需面对新的市场运行法制	0.101	3	0.303
	总计	1.000		2.875

该模型的评价步骤如下。

a. 列出企业外部环境中存在的主要机会和威胁；

b. 对每一种机会和威胁对企业成功的相对重要性进行判断，并在 0.0（不重要）和 1.0（非常重要）之间确定其权数，权数之和应等于 1.0；

c. 给每个机会和威胁进行打分，打分的方法是重大威胁、轻度威胁、一般机会、重大机会，分数分别为 1、2、3、4；

d. 将每个机会和威胁的分数和权重相乘得到其加权分数，再对加权分数求和。如果结果大于 2.5，说明企业面临的外部环境较好，存在的机会多，威胁小，反之则外部环境不佳。

（2）内部能力因素分析。内部能力因素是与竞争对手相比较，企业在发展中自身存在的因素，包括优势因素和弱势因素，存在于企业的组织管理、生产及产品、营销、财务、技术实力、企业信誉、形象、战略、联盟等方面。模型的评分方法与前面关键外部因素模型评分方法相同。

（3）构建 SWOT 分析矩阵。采用列表分析法，将获取的各种因素按影响程度大小进行排序。在此过程中，将那些对企业发展有直接的、重要的、久远的影响因素优先排列起来，作为关键因素，构造 SWOT 矩阵。而相对次要的、间接的、短暂的影响因素作简要说明或留作辅助决策，如表 8.4 所示。

表 8.4　某公司的 SWOT 矩阵分析

SWOT	优势（S）	弱势（W）
机会（O）	SO 对策 1. 确保产品质量，提高商誉，创建名牌 2. 引进外资及先进管理经验，提高企业竞争能力 3. 注重外资政策变化	WO 对策 1. 关注技术创新，积极开发新品种和高附加值品种 2. 针对公司运行情况，对制度加以调整，以增强企业活力 3. 投资第三产业，实现企业低成本扩散
威胁（T）	ST 对策 1. 逐步实现产品系列化、精细化、高档化 2. 实施企业多元化发展战略 3. 巩固现有优势，确保企业稳定健康发展	WT 对策 1. 多家贸易公司联合，实现优势互补 2. 逐步压缩成本高、附加值低的经营品种，提高企业整体效益 3. 人员分流、减员增效

矩阵中，SO 对策（最大与最大对策），即着重考虑优势因素和机会因素，目的在于通过决策的运用，努力使这些因素趋于最大。

ST 对策（最大与最小对策），即着重考虑优势因素和威胁因素，目的在于通过决策的运用使企业发挥优势的作用，化解威胁。

WO 对策（最小与最大对策），即着重考虑弱势因素和机会因素，目的在于通过决策的运用使企业充分利用机会因素克服弱势。

WT 对策（最小与最小对策），即着重考虑弱势因素和威胁因素，目的在于使企业充分认识到两者的组合带来的影响，通过决策的运用使企业努力弥补内部弱势，避免外部威胁。

3）SWOT 分析的现实意义

SWOT 方法的运用，有助于企业对所处的情境进行全面系统准确的研究，有助于企业领导在科学地认识企业所处的竞争环境与地位的基础上，制定卓有成效的竞争战略与战术。

在我国的社会主义市场经济体制下，市场竞争一定会越来越激烈，而随着世界经济一体化的趋势，我们的企业也必然会被推到国际市场上，这样一来，企业的决策就显得日益重要，它将以更强烈的力度直接影响企业的竞争地位。像以往那样由企业领导人比较草率地做出决策，等到发现问题时再匆匆忙忙地调整，将会打乱、阻碍企业前进的步伐，甚至会造成"一招不慎，满盘皆输"的严重后果。因此，企业的重大决策应根据企业的竞争情报部门或人员提供的报告做出，而要提出这样的报告，SWOT 分析方法是一种极具操作性的方法，值得推广使用。

8.2.3.2　波士顿矩阵分析

1）波士顿矩阵模型

通过对市场机会和企业市场占有率的相关分析，可以获得对于企业市场态势的认识。当代企业，尤其是大中型企业，往往有较长的产品线，同时在若干个市场上开展经营活动。例如，一家电器厂商可能生产彩电、冰箱、洗衣机、空调等各种家用电器，这些产品市场定位不同，技术含量不同，市场发育成熟程度也不同。市场态势研究就是针对这种情况所进行的调查分析活动，以求为经营者提供关于全部产品线的总体评价。市场态势分析一般采用波士顿矩阵分析模型，如图 8.4 所示。

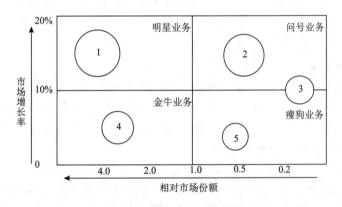

图 8.4　波士顿矩阵的分析法模型

波士顿矩阵是通过描述每一具体业务的市场份额相对于产业中最大的竞争对手的市场份额和具体业务所处的市场的增长率来显示公司的整个业务组合情况。划分市场增长率高低的标准是 10%的增长水平，划分市场份额的标准是与产业中最大竞争对手的份额之比。比例为 1，相对市场份额为持平；超过 1，市场份额为高；低于 1，市场份额为低。图中圆圈的数量代表公司的业务，圆圈的大小代表该业务在公司整个收入中所占的比重。

在波士顿矩阵中包含 4 个不同的业务部分，即矩阵中的四个象限，第一象限是问号业务，第二象限是明显业务，第三象限是金牛业务，第四象限是瘦狗业务。

（1）问号业务，也称"麻烦的小孩"，该业务处于快速增长的产业，市场增长率高，但其相对市场份额较低，创造现金流的能力比较弱，需要现金投入来保持地位。问号业务要发展为明星业务，必须扩大市场份额。对于该业务，公司战略必须做出选择：是投入更多的现金以增加其市场份额还是逐渐退出该领域。

（2）明星业务，市场增长率高，且占有较高的市场份额，是公司中最好的业务。但该业务能否为公司创造大量的现金流则取决于市场增长率。当市场增长速度相对较快时，它创造的现金流不能满足业务增长的需要，需要加大该业务的资金投入力度，不断改善技术和服务水平，以求在市场上获得更大收益；当市场增长速度相对较慢时，该业务能够为企业创造大量利润用于发展公司的其他业务。

（3）金牛业务，市场增长率低，发展潜力不大，但占有较高的市场份额，由于所处的市场低速增长，所需要的投资相对较少，能够为企业创造较为丰厚的利润。公司必须保持该业务的市场份额，才会继续产生大量的现金流。对于这样的项目，企业要做的是保持清醒的认识，一方面维持高占有率，以保证源源不断地获得收益，另一方面要避免在这类项目上进行大规模的投入。因为市场本身的发展余地并不大。

（4）瘦狗业务，处在增长缓慢的市场，市场增长率低，且市场份额也相对较低。虽然能够创造出足够的现金来保持其市场份额，但利润能力很差。对"瘦狗"业务所采取的战略为：允许其市场份额下滑，公司主要从其获取现金，最后退出该业务。公司退出的目的是把资源转移到更有利的领域，但是，有时该业务还需要投入现金扶持它。

上述 4 类业务的划分是建立在进行充分的市场发展速度和市场占有率研究之上的，其中市场发展速度并不是绝对的，应当参考相对于市场上各类产品市场的平均发展速度，此种产品市场的发展是更快还是更慢。

2）波士顿矩阵的应用法则

按照波士顿矩阵的原理，市场占有率越高，创造利润的能力越强；另一方面，市场增长率越高，为了维持其增长及扩大市场占有率所需的资金也越多。这样可以使企业的业务结构实现互相支持，资金良性循环的局面。按照业务在象限内的位置及移动趋势的划分，形成了波士顿矩阵的基本应用法则。

（1）成功的月牙环。在企业所从事的领域内各种业务的分布若显示月牙环形，这是成功企业的象征，因为盈利大的业务不止一个，而且这些业务的销售收入都比较大，还有不少明星业务。问题业务和瘦狗业务的销售量都很少。若业务结构显示为散乱分布，说明其所从事领域内的业务结构未规划好，企业业绩必然较差。这时就应区别不同业务，采取不同策略。

（2）黑球失败法则。如果在第三象限内一个业务都没有，或者即使有，其销售收入也几乎近于零，可用一个大黑球表示。该种状况显示企业没有任何盈利大的业务，说明应当对现有业务结构进行撤退、缩小的战略调整，考虑向其他业务渗透，开发新的业务。

（3）西北方向大吉。一个企业的业务在四个象限中的分布越是集中于西北方向，则显示该企业的业务结构中明星业务越多，越有发展潜力；相反，业务的分布越是集中在东南角，说明瘦狗类业务数量大，该企业业务结构不合理，经营不成功。

（4）踊跃移动速度法则。从每个业务的发展过程及趋势看，业务的市场增长率越高，为维持其持续增长所需资金量也相对越高；而市场占有率越大，创造利润的能力也越大，持续时间也相对更长。按正常趋势，问号业务经明星业务最后进入金牛业务阶段，标志着该业务从纯资金耗费到为企业提高效益的发展过程，但是这一趋势移动速度的快慢也影响到其所能提供的收益的大小。

如果某一业务从问号业务（包括瘦狗业务）变成金牛业务的移动速度太快，说明其在高投资与高利润率的明星区域时间很短，对企业提供利润的可能性及持续时间都不会太长，总的贡献也不会太大；但是相反，如果业务发展速度太慢，在某一象限内停留时间过长，则该业务也会很快被淘汰。

这种方法假定一个组织由两个以上的经营单位组成，每个单位业务又有明显的差异，并具有不同的细分市场。在拟定每个业务发展战略时，主要考虑它的相对竞争地位（市场占有率）和业务增长率。以前者为横坐标，后者为纵坐标，然后分为四个象限，各经营单位的业务按其市场占有率和业务增长率高低填入相应的位置。

在本方法的应用中，企业经营者的任务，是通过四象限法的分析，掌握业务结构的现状及预测未来市场的变化，进而有效、合理地分配企业经营资源。在业务结构调整中，企业的经营者不是在业务到了"瘦狗"阶段才考虑如何撤退，而应在"金牛"阶段就考虑如何使业务造成的损失最小而收益最大。

8.3　竞争情报系统

8.3.1　竞争情报系统的概述

8.3.1.1　竞争情报系统的概念

竞争情报系统（competitive intelligence system，CIS）目前尚无统一的定义。人们从不同的角度和因素出发，给出了各自的观点和认识。

美国匹兹堡大学约翰·E·普赖斯科特认为：竞争情报系统是一个持续演化中的、正规和非正规化操作流程相结合的企业管理子系统。它的主要功能是为企业等组织成员评估行业关键发展趋势，跟踪正在出现的非连续性变化，把握行业结构的演化，分析现有和潜在竞争对手的能力和动向，从而协助企业保持和发展可持续的竞争优势。

包昌火和谢新洲认为：竞争情报系统是以人的智能为主导，以信息技术为手段，以增强企业竞争力为目标的人机结合的竞争战略决策和咨询系统。

苗杰和倪波认为，竞争情报系统是指对反映企业内部和外部竞争环境要素或事件的状态或变化的数据及信息进行搜集、存储、处理和分析，并以适当的形式将分析结果发布给战略管理人员的计算机信息系统。

由以上观点可看出，竞争情报系统虽然没有明确统一的定义，但是人们对它的界定都包含了以下特点。

（1）竞争情报系统是一个管理系统，它是为企业经营战略管理决策服务的。

（2）竞争情报系统是一个战略决策支持系统，它通过对企业内外部信息资源的开发和利用，为企业高层管理者制定竞争战略、提供情报支持。

（3）竞争情报系统是一个信息系统，是一个基于现代信息技术的完善的竞争情报系统。

（4）竞争情报系统是一个人机交互系统，人的智能永远是它的核心因素。

（5）竞争情报系统是一个开放的系统，它输入的是信息原料，输出的是竞争情报产品，并时刻与外界进行着信息交换活动。

在上述分析的基础上，结合自己的认识，本书给出竞争情报系统的定义：竞争情报系统是企业等组织为了增强他们的竞争力而建立起来的，通过对组织内外部竞争对手、竞争环境的信息加以收集整理、分析研究，为高层决策者制定竞争战略提供支持的决策辅助系统。

8.3.1.2 竞争情报系统的功能

竞争情报系统可帮助企业跟踪行业发展变化，评估行业发展趋势，把握行业结构的深化并分析现有和潜在竞争对手的能力和动向，为企业竞争情报的搜集、管理和使用创造良好的环境，为企业的竞争决策提供论证和依据。可以说竞争情报系统是现代企业管理者的智囊团和重要参谋部。具体来说，竞争情报系统的功能可归纳为以下 6 个方面。

1）竞争环境监视

随着现代市场的多元化与全球化，竞争环境越来越复杂，企业所处的环境对其生存和发展产生重大影响，所以，企业要想在复杂动荡的环境中立足，就必须全面地、准确地对竞争环境进行监视，以及时地、主动地对变化的环境做出正确的反应，而竞争情报系统就能及时地监视竞争环境并跟踪市场需求的变化。这里的竞争环境分为外部环境和内部环境。外部环境即为宏观环境，例如政治环境、经济环境、市场环境等；内部环境则指企业内部的环境。企业内部环境的监视也很重要，它让企业对自身能力有个清晰的认识，有利于竞争情报活动的开展。

2）危机预警

竞争情报系统可以通过对竞争环境的监视，及时捕捉到环境的变化，并预先发出警告，使企业有更多的时间准备应付即将出现的变化，帮助企业最大限度地做到未雨绸缪，将危机化解在萌芽时期。在竞争情报系统，可以单独建立一个子系统来实现危机预警的功能，该系统以一定的技术为基础，通过先兆信息的识别和转换，从而动态地监视预警指标，实现危机预警的功能。

3）技术跟踪

竞争情报系统通过连续不断地跟踪分析对企业生存与发展有重大影响的相关技术，运用较强的消化吸收能力，及时发现或预见新技术对现有产品的冲击，预测技术未来的发展趋势对企业竞争力产生的影响。通过技术跟踪帮助企业集中力量在产品上进行必要的技术创新，主动出击，在目前及未来的市场竞争中抢占先机。

4）竞争对手跟踪

竞争对手跟踪是竞争对手分析的前奏、基础和重要内容，没有有效的竞争对手跟踪，就不能进行高效的竞争对手分析。竞争对手分析是竞争情报系统的核心内容，它通过竞争对手跟踪阶段获取的大量相关资料，利用相关分析方法，全面掌握了解竞争对手的优势和劣势，评估竞争对手的能力，了解竞争对手的战略和目标，对其目前状态和未来趋势做出判断和评价，预测竞争对手可能采取的战略行为，从而制订应对对手的竞争战略计划。

5）战略决策支持

战略决策成功与否决定着企业经营的成败，关系到企业的生存和长远发展。有效的竞争战略是企业获得和维持竞争优势的先决条件。而竞争战略离不开决策信息的支持，包括行业机会、潜在威胁、竞争格局、企业能力等方面。在战略决策过程中，企业高层管理者需要综合利用上述各项信息，结合自身企业的发展状况，将其转化为准确、实用的战略情报，用以支持高层管理者进行决策。竞争情报系统犹如企业的"情报局"，发挥着企业"情报站"的战斗堡垒作用。

6）信息安全保障

对企业而言，在法律与职业道德所允许的范围内，既要千方百计地获取企业内外部的情报，又要对所获得的信息及自身内部的信息采取一定的安全措施，对其进行有效的保护，否则将给企业和国家带来无可挽回的损失。针对这一问题，竞争情报系统要发挥自己的优势，做好反情报工作。技术上构建一个完善的安全体系，配置完善的防火墙、功能强大的入侵检测系统和结构复杂的系统密码；管理上在企业全体员工中宣传保密的重要性及方法，提高员工保护商业秘密的意识；制定保护商业秘密的管理制度，强化保护商业秘密的技术措施，依靠法律武器保护企业的商业秘密。

8.3.2　竞争情报系统的构成

竞争情报系统一般都包括三个组成部分：竞争情报搜集、竞争情报处理与分析、竞争情报服务。有的竞争情报系统还包括反竞争情报等。

8.3.2.1　竞争情报搜集子系统

竞争情报搜集子系统的主要功能是将搜集到的有关竞争对手的信息、企业自身的信息、市场信息以及政治、经济、技术、人口、社会等环境信息经初步组织加工后存入企业竞争信息数据库。由于涉及企业敏感性信息的内容十分广泛，且形式多种多样，所以，无论这些信息是通过正式渠道搜集到的专利说明书、公司财务年报、社会新闻、网上下载文件，还是通过诸如电话访谈、邮件交流、实地调查等非正式渠道获得的陈述性信息，竞争情报搜集子系统都应具备搜集、存储它们的能力。及时、准确、全面地搜集各类敏感信息是企业有效开展竞争情报活动的基本保证。

竞争情报搜集子系统应具备以下五个基本功能。

（1）数据录入功能。系统应提供良好的录入界面，便于人工录入、组织各类零碎无序的信息。如访谈录、参观笔记等。

（2）数据格式转换。竞争情报人员搜集的很多数据往往直接来自商业情报数据库、竞争对手的网站、企业内部的其他业务数据库等电子信息源。这些格式各异的数据只有经统一规范后方可存入竞争信息数据库。

（3）信息分类导航系统。由于许多原始资料主题不明确，冗余信息多，系统无法将其自动组织归类，所以需要人工干预。信息分类导航系统主要用于帮助情报人员方便地将这类资料按主题组织存储到竞争信息数据库中。

（4）信息过滤系统。由于情报人员搜集到的信息中往往包含一些虚假的、不合逻辑的错误信息，它们不利于情报分析工作，甚至会误导决策人员做出错误的判断。因此，在将各类信息存入数据库之前应将虚假信息予以剔除，从而提高信息的准确率。

（5）信息自动搜集。竞争情报的搜集不仅依赖情报工作人员的劳动，而且也依赖企业其他人员，尤其是直接与市场、竞争对手、用户打交道的营销人员的积极配合。因此竞争情报搜集子系统应具备及时搜集各类反馈信息的能力。

8.3.2.2 竞争情报处理与分析子系统

对竞争情报人员而言，仅仅依靠直觉和归纳、推理等方法来进行数据分析是远远不够的。这不仅仅由于他们面对着庞大的信息量，而且因为竞争对手总是在积极不断地试图阻挠企业获得竞争优势。因此，在数据分析过程中，情报人员必须依靠有效的竞争情报处理与分析子系统的帮助，才能及时对市场、企业自身、竞争对手和竞争环境的过去与现在，以及彼此的优势与弱势进行充分的了解，得出客观合理的判断，预测未来，为决策层提供准确可靠的情报。竞争信息数据库直接、详细地记载着大量企业敏感性的信息，是竞争情报的一个重要数据源。情报处理与分析子系统必须建立在面向主题的、包含历史数据的、集成的、数据相对稳定的竞争情报数据仓库之上，其主要功能是根据竞争情报工作的特点，从竞争信息数据库、文件系统、其他业务数据库以及外界数据库等电子信息源中抽取数据，并将检验、整理、重新组织后的数据存储在竞争情报数据仓库中，通过向用户提供分析工具和统一、协调、集成的信息环境，支持企业全局的决策过程，提高企业对竞争环境的响应效率。数据分析工具是竞争情报处理与分析子系统的重要组成部分，其采用关联、序列、聚类、分类等方法从大量完整、彼此关系不明确的敏感性信息中找出隐含的、事先未知的有用信息，揭示数据内在的复杂联系，帮助情报人员进行深层次的分析，获得更多、更有价值的竞争情报。

8.3.2.3 竞争情报服务子系统

竞争情报服务子系统的主要功能是根据情报分析人员、决策者及企业内其他人员的信息需求，动态地创建各类分析报告，并通过约定的方式及时地将它们传递给用户。在多维数据库中，由于数据是按企业的运营方式来组织的，直观地体现了企业活动的各个方面，且由于其存储的数据大多为总计型数据，所以便于情报用户直接参与数据分析工作，定制各类报告，及时获得竞争情报。竞争情报服务子系统提供的报告主要有以下四种形式。

（1）记分卡式报告。记分卡式报告以图形方式同时显示如固定资产、职工人数、产品成本、利润率等多个反映企业运营状况的指标，直观地反映企业自身或竞争对手的综合实力。

（2）成绩评价报告。这类报告帮助用户历史地衡量、比较企业运营、发展的关键性指标。通过它们，用户可以清楚地看到影响企业发展的真正原因，并可预测企业未来发展趋势。

（3）状态报告。它是最常用的一类报告，通常定期生成，其内容为对某一组数据的直接反映。如每周的进货量、产品销量等。

（4）特别追踪报告。特别追踪报告是为满足用户偶然的特殊信息需求而及时生成的每周、每天、每时的追踪性分析报告。通过企业内部信息网，竞争情报人员运用推送方式将这些分析报告传送到用户手中。

8.3.2.4　反竞争情报子系统

反竞争情报是竞争情报活动的重要组成部分，忽视竞争对手的竞争情报活动、低估竞争对手搜集竞争情报的能力势必会导致企业失去已有的竞争优势。目前，在竞争情报计算机系统中，主要通过运用分析访问者的 IP 地址、客户端所属域、信息访问路径等监控技术，统计敏感信息访问率等方法实现对竞争对手的防范，以达到识别竞争对手、保护企业敏感性信息的目的。

第9章　专利信息分析

在科学技术是第一生产力的大背景下，专利信息作为集技术信息、法律信息、经济信息等多种类型信息为一体的重要信息源，正越来越被人们所重视。它积累、汇聚了人类发明创造的聪明才智，成为人类智慧的宝库之一。依靠科学的专利信息分析，可以方便人们从专利信息中获得许多真实、准确、详尽的信息，例如关于专利发明的年代（优先权时间）、技术的分类、受让人（申请公司）以及发明人等诸多不同类型的信息，以揭示行业技术发展规律，跟踪最新技术动态、考察行业的技术走向，为制定发展战略奠定基础。

9.1　专利、专利文献与专利信息

9.1.1　专利

9.1.1.1　专利的含义

专利（patent）一词来源于拉丁语"Litterae patentes"，意为公开的信件或公共文献，是中世纪的君主用来颁布某种特权的证明。在英国，专利是指代国王亲自签署的独占权利证书，英语"patent"一词包括了"垄断"和"公开"两方面的意思，与现代法律意义上的专利基本特征吻合。

9.1.1.2　专利的类型

根据我国《中华人民共和国专利法》，专利包括三类：发明专利、实用新型专利以及外观设计专利。

1）发明专利

发明专利是指对产品、方法或者其改进所提出的新的技术方案。从词义上来看，发明是指科技开发者依据自然规律原则，运用自己的资金和智力创造出来的具体的技术性方案。发明专利是技术层次最高的专利，俗称"大专利"，如爱迪生发明的电灯。

2）实用新型专利

实用新型专利是指对产品的形状、构造或其结合所提出的实用的新的技术方案。同发明一样，实用新型专利保护的也是一个技术方案。但实用新型专利保护的范围较窄，它只保护有一定形状或结构的新产品，不保护方法及没有固定形状的物质。实用新型专利的技术方案更注重实用性，其技术水平较发明专利而言略低一些，俗称"小专利"，如电灯的省电装置。

3）外观设计专利

外观设计专利是指对产品的形状、图案或其结合及色彩与形状、图案所做出的富有美感并适于工业上应用的新设计。外观设计要求在外表上有一个具体的形状或者形态作为对象，必须具有视觉可见性，即能够让使用该产品的人看到有关产品的形状、图案、色彩的新设计；还必须具有能够为产业上所应用的实用性。

需要指出的是，发明专利和实用新型专利保护的是技术思想，而外观设计专利实质上保护的是美术思想。虽然外观设计专利和实用新型专利都与产品的形状有关，但两者的目的却不相同，前者的目的在于使产品形状产生美感，而后者的目的在于使具有形态的产品能够解决某一技术问题。此外，发明、实用新型和外观设计专利是三种不同的发明创造，一旦经审查批准，就是三种不同形式的专利。但根据我国《中华人民共和国专利法实施细则》的相关规定，三种专利之间可以进行某些转换，例如，将发明专利转换为实用新型专利，或将实用新型专利转换为发明专利等。

9.1.1.3 专利的特征

专利权是"专利"指代的重要含义之一，是指专利申请人发明创造，即发明、实用新型或外观设计专利向国务院专利行政部门提出专利申请，经国务院专利管理部门依法审查合格后，向专利申请人授予的在规定的时间内对该项发明创造享有的专有权。作为专利权的代名词时，专利具有以下特点。

1）排他性

专利权人依法对其发明创造享有的排他性权利，是指在一定的区域范围内，任何未经许可者都不能对该发明创造进行制造、使用和销售等，否则属于侵权行为。但是，专利实际上并不具有严格的独占性。

2）区域性

专利权是一种限制在某区域范围内的权利，它只在法律管辖区域内有效。一般情况下，技术发明在哪国申请专利，就由哪国授予专利权，而且只在专利授予国内有效，对其他国家则不具法律约束力，其他国家不承担任何保护义务。但是，同一发明可以同时在两个或两个以上的国家申请专利，获得批准后其发明便可以在所有申请国获得法律保护。

3）时间性

专利只在法律规定的期限内有效，有效保护期限结束以后，专利权人所享有的专利权自动丧失。发明便随着保护期限的结束而成为社会公有财富，其他人可以自由使用。专利受法律保护期限的长短由各国家的专利法或有关国际公约规定，目前世界各国的专利法对专利的保护期限规定不一。

4）实施性

除美国等少数几个国家外，绝大多数国家都要求专利权人必须在一定期限内，在给予保护的国家内实施其专利权，即利用专利技术制造产品或转让其专利。国家在授权发明者拥有一定时段的垄断经营权利的同时，要求个人和企业公开其技术，为社会创造价值。

9.1.2 专利文献

9.1.2.1 专利文献的含义

专利文献是专利制度的产物，也是专利制度的重要基础。专利文献是专利信息的主要载体，因而是专利分析的原材料。各种类型的发明、实用新型、外观设计专利的说明书、专利公报、文摘、索引及有关的分类资料等，构成了专利文献的主要组成部分。

世界知识产权组织在 1988 年编写的《知识产权法教程》中阐述了现代专利文献的概念：专利文献是包含已经申请或被确认为发现、发明、实用新型和工业品外观设计专利的研究、设计、开发和试验成果的有关资料，以及保护发明人、专利所有人及工业品外观设计和实用新型专利注册证书持有人权利的有关资料的已出版或未出版的文件（或其摘要）的总称。该教程还进一步指出：专利文献按一般的理解主要是指各国专利局的正式出版物，如专利申请说明书、专利说明书、专利公报、专利通报等。

9.1.2.2 专利文献的类型

专利文献有多种形式及不同的载体，不仅包括发明、实用新型及外观设计的专利申请书和专利说明书，也包括有关发明的其他类别的文件，还包括知识产权管理部门公开出版的各种检索工具书（如专利公报、专利年度索引等）。总的来说，专利文献可分为以下三种类型。

1）一次专利文献

一次专利文献指各种类型的专利说明书。专利说明书属于一种专利文件，是指含有扉页、权利要求书、说明书等组成部分的用以描述发明创造内容和限定专利保护范围的一种官方文件或出版物，包括发明专利申请公开说明书、发明专利说明书、实用新型专利说明书等。

2）二次专利文献

二次专利文献是指各国知识产权管理机构出版的专利公报、专利文摘出版物和专利索引。例如，发明专利公报、实用新型专利公报和外观设计专利公报、专利年度索引等。以《中国专利公报》为例，它主要刊载专利申请公开、专利权授予、专利事务、授权公告索引等多项内容。

3）专利分类资料

专利分类资料是按照专利发明技术对专利申请进行分类和对专利文献进行检索的工具，即专利分类表及分类表索引等。

9.1.2.3 专利文献的特征

1）数量巨大、内容广博

据中国知识产权网统计，截至 2018 年，我国每年出版的专利文献超过 190 万件，全世界累计可查阅的专利文献已超过 1 亿件。专利文献几乎涵盖人类生产活动的全部技术领域，据统计，世界上每年发明创造成果的 90%～95%记载在专利文献上。

2）集多种信息于一体

专利文献不仅记录发明创造的内容，展示发明创造的实施效果，同时还揭示每件专利保护的技术范围，记载专利的权利人、发明人、专利生效时间等，集技术、法律、经济等多种信息于一体。

3）传播最新的科技信息

包括我国在内的大多数国家采用先申请原则，即两个以上的申请人分别就同样的发明申请专利时，不管是谁最先完成的发明，专利权授予最先提出专利申请的申请人。这就促使发明者必须尽早申请专利以获得专利权，也保证了最新的科技信息能够充分体现在专利文献之中。德国的一项调查表明，有 2/3 的发明创造是在完成后的一年之内提出专利申请的，第二年提出申请的接近 1/3，超过两年提出申请的不足 5%。

4）格式统一、形式规范，分类体系一致

各国出版的专利说明书文件结构一致，均包括扉页、权利要求、说明书、附图等几部分内容。专利文献均采用或标注国际专利分类划分发明所属技术领域，从而使各国的发明创造融为一体，成为便于检索的、系统化的科技信息资源。

9.1.3　专利信息

9.1.3.1　专利信息的含义

专利信息（patent information）从本质上讲属于一种科学信息。狭义上是指所有可以从专利机构出版的文件中获得的技术、经济、法律等有关权利人的任何信息。换句话说，专利信息是以专利文献为载体，以专利文献形式再现客观事物属性的信息总和。从广义上说，专利信息是指一件专利从递交开始，围绕其产生的任何信息，泛指人类从事一切专利活动所产生的相关信息的总和，其中包括没有在文献中展现的应用范围、影响因素等信息的综合。如各种权利主体（主要指企业）围绕专利开展专利工作的信息、或以专利为主题，各国立法机关的立法活动、司法机关的司法活动、行政机关的行政活动等方面的信息。

长期以来，人们将专利信息和专利文献混为一谈，但其实仔细推敲，会发现其间的区别。从专利文献与专利信息的关系上说，专利信息是指以专利文献作为主要内容或以专利文献为依据，经分解、加工、标引、统计、分析、整合和转化等信息化手段处理，并通过各种信息化方式传播而形成的与专利有关的各种信息的总称。一般说来，对于狭义的专利信息的研究和利用更多一些。根据世界知识产权组织的统计，专利文献中包含了世界上 95% 的研发成果。如果能够有效地利用专利情报，不仅可以缩短 60% 的研发时间，还可以节省 40% 的研发经费。

9.1.3.2　专利信息的类型

专利信息可分为以下五类信息。

1）技术信息

技术信息是指在专利说明书、权利要求书、附图和摘要等专利文献中披露的与该发明创造技术内容有关的信息，以及通过专利文献所附的检索报告或相关文献间接提供的与发明创造相关的信息。

2）法律信息

法律信息是指在权利要求书、专利公报及专利登记簿等专利文献中记载的与权利保护范围和权利有效性有关的信息。其中，权利要求书主要用于说明发明创造的技术特征，清楚、简要地表述请求保护的范围，是专利的核心法律信息，也是对专利实施法律保护的依据。其他法律信息包括：与专利的审查、复审、异议和无效等审批确权程序有关的信息；与专利权的授予、转让、许可、继承、变更、放弃、终止和恢复等法律状态有关的信息等。

3）经济信息

经济信息是指在专利文献中存在着一些与国家、行业或企业经济活动密切相关的信息，这些信息反映出专利申请人或专利权人的经济利益趋向和市场占有欲。例如：有关专利的申请国别范围和国际专利组织专利申请的指定国别范围的信息；专利许可、专利权转让或受让等与技术贸易有关的信息等；与专利权质押、评估等经营活动有关的信息。这些信息都可以看作经济信息。竞争对手可以通过对专利经济信息的监视，获悉对方经济实力及研发能力，掌握对手的经营发展策略，以及可能的潜在市场等。

4）著录信息

著录信息是指与专利文献中的著录项目有关的信息。例如：专利文献著录项目中的申请人、专利权人和发明人或设计人信息；专利的申请号、文献号和国别信息；专利的申请日、公开日和授权日信息；专利的优先权项和专利分类号信息；以及专利的发明名称和摘要等信息。著录项目源自图书情报学，用于概要性地表现文献的基本特征。专利文献著录项目既反映专利的技术信息，又传达专利的法律信息和经济信息。

5）战略信息

战略信息是指经过对上述四种信息进行检索、统计、分析、整合而产生的具有战略性特征的技术信息和经济信息。例如，通过对专利文献的基础信息进行统计、分析和研究所给出的技术评估与预测报告和"专利图"等。美国专利及商标局 1971 年成立的技术评估与预测办公室（Office of Technology Assessment and Forecast，OTAF）就是专门从事专利战略信息研究的专业机构。该机构在过去的几十年间，陆续对通信、微电子、超导、能源、机器人、生物技术和遗传工程等几十个重点领域的专利活动进行研究，推出了一系列技术统计报告和专题技术报告。这些报告指明了正在迅速崛起的技术领域和发展态势，以及在这些领域中处于领先地位的国家和公司。这些报告是最重要的专利战略信息之一，它是制定国家宏观经济、科技发展战略的重要保障，也是企业制订技术研发计划的可靠依据。

9.1.3.3　专利信息的特征

1）技术新颖性

目前大多数国家都规定，专利信息所包含的技术内容必须是国内外出版物上没有公开发表过的。很多国家在专利保护中采取先申请制和早期公开制，从而鼓励发明人（设计人）在发明构思基本完成之时便提出专利申请。专利申请内容将在 6 个月后或者满 18 个月即行公布。这些都使专利信息的传播速度进一步加快，能够及时反映新的科技信息。

2）技术广泛性

专利信息汇集了极其丰富的科技信息，从航天技术到人们生活用品的制造，几乎涉及人类生产、生活活动的全部技术领域。专利信息包含了世界上发明创造成果的 90%～95%，而且很多发明成果仅仅只通过专利信息公开。

3）技术可靠性

各国专利法都规定专利信息中的专利说明书应对申请专利的发明创造做出清楚、完整的说明，以所属技术领域的技术人员能够实现为准，而且实行审查制的知识产权局（专利局）都有严格的审批程序。因此，专利信息的技术内容是准确可靠的。

4）法律性

任何一件专利都有它的保护范围和保护有效期限。这可以在权利要求书、专利公报以及专利登记簿等专利信息中获取。其中权利要求书是专利实施法律保护的依据，是专利信息法律性的核心。它说明了发明创造的技术特征，清楚和简要地表述了请求保护的范围。

5）经济性

通过对专利信息分析，从中获取大量的经济情报，用于反映出专利申请人的经济利益趋向和市场开拓方向，可以得知竞争对手的研究开发方向、能力和经济实力，掌握其经营发展战略和潜在的市场。

9.2　专利信息分析的概念与作用

9.2.1　专利信息分析的概念

9.2.1.1　专利信息分析的含义

专利信息分析，从广义上来说，就是通过对专利信息进行系统的统计、归类、加工整理等，将孤立的信息通过分析形成专利竞争情报，并针对其中的著录项、技术信息和权力信息等进行组合统计分析，整理出直观易懂的结果，并以图表的形式展现出来。从狭义上来讲，专利信息分析就是从专利文献中采集专利信息，再通过科学的方法对专利信息进行加工、整理和分析，最终形成专利情报和谋略的一类科学劳动的集合。通过专利信息分析可以对行业领域内的各种发展趋势、竞争态势有一个综合了解，为战略决策的制定提供依据。专利信息分析的处理过程如图 9.1 所示。

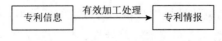

图 9.1　专利信息分析的处理过程

9.2.1.2　专利信息分析的内容

专利信息分析包括对专利信息的内容、专利数量以及数量的变化或不同范围内各种量的比值（如百分比、增长率等）的研究，对专利文献中包含的各种信息进行定向选择和科学抽象的研究。专利信息分析是情报信息工作和科技工作结合的产物，是一种科学劳动的集合。

专利信息分析的过程是具有增值性质的信息再生产过程。它是通过使用各种定量或者定性的分析方法，对大量杂乱、孤立的专利信息进行相互关联性研究，挖掘深藏其中的事实，从而对特定技术做出趋势预测，对竞争对手进行跟踪研究等，最终产生指导国家、行业、企业生产和经营决策的重要情报。

在专利信息分析的过程中，无论采用什么分析方法和技术手段，其目的是希望对特定的问题做出合乎逻辑的解答。通过分析，将孤立的信息按照不同的聚集度，由普通的信息转化为有价值的专利竞争情报，再根据这些情报从专利这一特殊的视角研究和判断企业或国家在相关产业和技术领域的重点技术及技术发展方向、主要竞争对手的技术组合和技术投资动向，为企业乃至国家制定与总体发展战略相匹配的专利战略提供依据。根据不同的专利信息分析目的，我们将专利信息分析的内容主要分为以下五个部分。

1）行业技术发展及衍变趋势的分析

企业涉足某种产品、技术的市场竞争，必须了解其技术发展变化趋势以及影响这些变化的技术因素，这些不同因素在不同区域的差别，这种差别源自哪些发明人。因此，进行产品、技术的发展及演变趋势的分析能够帮助企业了解竞争的技术环境，增强技术创新的目的性。

（1）行业技术发展总体分析：了解目标技术领域的演变过程和变化周期，并对该技术领域指定时期的技术演变过程进行全程描述。

（2）各阶段关键性技术构成分析：了解技术演变过程中不同时期，构成周期性变化的关键性技术。

（3）行业技术的地域分布分析：了解不同时期各国、各地区的关键技术构成之差异及其变化周期。

（4）行业技术的竞争对手分析：了解关键性技术的掌控者，并进行技术细节方面的差异性比较。

（5）行业技术的发明人分析：了解关键技术的发明人，并进行特长分析。

（6）行业技术的发展趋势预测分析：预测今后一段时期的产品、技术竞争的热点。

2）行业竞争的地域性分析

企业欲以某种产品、技术参与不同国家和地区的市场竞争，必须了解其区域性竞争状况及消费需求。而这些需求往往通过申请人、专利申请量以及产品、技术的某些技术特征来体现。因此，通过专利信息的地域性分析，可以了解行业发展的重点地域、不同地域内专利研发的重点方向和各地域之间技术的差异性、不同地域内专利技术的主要竞争者（申请人）和发明人。换而言之，进行专利信息的地域分析，就是对不同地域的消费者需求进行分析。

专利信息的地域性分析可以通过技术发展趋势、分支技术、申请人技术构成、发明人构成进行。

（1）地域的技术发展趋势分析：了解一段特定时期目标地域的技术演变过程和变化周期。

（2）地域的分支技术构成分析：了解目标地域的技术构成及其周期性变化、形成这种变化的重要技术和各阶段性关键技术。

（3）地域的申请人技术构成分析：了解目标地域的申请人专利技术保护类别，比较目标地域内申请人之间的技术特长差异。

（4）地域的发明人构成分析：了解活跃在目标地域的发明人构成、各自技术特长和活跃程度。

（5）行业竞争的地域性综合分析：在上述分析的基础上，进行地域竞争状况的综合描述。

3）行业竞争者的分析

行业竞争决定于行业的供方、买方、竞争者、新进入者和替代产品，不同的企业提供的产品技术不同，决定了其在行业中扮演的角色也不同，为自身经济利益保护的专利类别也各不相同。因此，进行目标技术领域的申请人分析，了解行业竞争体系及其状况，有利于企业分析竞争环境，制定竞争策略和与之相关的专利战略。

（1）行业竞争结构分析：通过其申报技术类型的区别，甄别行业的供方、买方、竞争者以及新进入者。

（2）行业竞争者技术特长分析：比较行业的竞争者之间各自的技术构成的特点与差异。

（3）行业竞争者申报地域分布分析：了解行业竞争者各自关注的竞争与扩张地域。

（4）行业竞争者技术来源分析：了解为行业竞争者提供各类技术的发明人。

（5）行业竞争的综合分析：综合上述行业竞争分析，对行业竞争结构进行综合描述。

4）行业发明人分析

发明人是技术的来源，了解发明人对于企业技术创新特别是技术合作具有重要意义。围绕某一核心技术，往往会衍生出很多相关技术，表面上看这些技术与核心技术之间未必有直接联系，但却对核心技术的效能产生很大的支撑作用，而通过发明人往往会使这些不同类型的技术产生某种关联。

（1）发明人趋势分析：了解各个时期发明人的活动状况。

（2）发明人技术构成分析：了解发明人的发明涉及的主要技术领域。

（3）发明人地域分布分析：了解发明人主要活跃于哪些国家和地区。

（4）发明人和申请人构成分析：了解发明人与申请人之间的合作情况。

5）企业自身技术能力分析

企业进行竞争战略决策和专利战略制定的过程中，需要对自身的竞争能力、技术创新能力做一个客观的评价，这个评价参照体系应该是横向比较而不是纵向比较。所谓横向比较，更多的是在行业竞争环境中，与同一时期其他行业竞争者之间的比较。在比较项目选择方面应该进行细分，通过差别分析来确定自身的优势劣势。

9.2.2　专利信息分析的作用

从全球产业竞争形势来看，在当前以美、日、欧发达国家和地区为主导的产业竞争格局下，作为一种新兴生产要素，以专利为代表的知识产权在世界范围的产业竞争中发挥着越来越重要的战略性作用。专利不仅能够影响企业的市场行动自由，而且能够影响利润成本的构成；不仅能够影响技术研发策略，而且能够影响技术发展路线的选择；不仅能够影响产业的竞争与合作态势，而且能够影响产业生态系统的构成。可以说，专利已经深深渗透到当今产业竞争的方方面面，就其在产业竞争中发挥的钳制作用而言，专利已经成为影响甚至决定产业竞争成败的关键。

而借助于专利信息分析，可以为国家和企业决策提供战略支持。从国家层面而言，通过专利信息分析可以把握相关产业和技术领域的整体状况及其发展趋势、行业技术创新热点及专利保护特征，了解相关产业和技术领域企业或国家的技术活动及战略布局，从而为国家制定产业政策提供依据；从企业层面而言，通过专利信息分析可以了解竞争对手在不同地域或国家的市场经营活动，竞争企业间的技术合作、技术许可动向、新产品预测、新技术的推出、市场普及情况以及相关国家的市场规模等情况，从而为企业的决策者把握特定技术的开发、投资方向等提供依据。

1）专利信息分析在政府机构决策中的作用

政府的有关科技、经济管理部门在制订工业发展计划和确定哪些技术应得到优先发展时，可以通过使用各国专利局与世界知识产权组织公布的专利信息统计数字以及对特定技术领域的专利信息进行深入研究以预测国内工业发展趋势和国外发展状况，确定哪些技术适于扩大生产、哪些技术能节约能源、哪些技术可在农村推广应用增加就业机会等，以制定出可行的科技、经济发展规划。

另外，由于发明专利是衡量一个国家科技实力的主要指标。发明专利数量多则标志着该国科技实力强大；发明专利增长快，则表明该国科技实力呈不断上升趋势。因此以发明专利信息的统计分析来确定本国与外国的科技实力，并进行科技实力对比，可为国家政府机构的宏观决策提供科学依据。

政府主管部门还可通过应用专利信息分析，以信息的发布、传播和管理来体现政府宏观意图，达到引导市场经济主体专利行为的目的，促使专利工作更好地为经济、科技和社会发展服务。2000 年 1 月，国家知识产权局与国家经贸委员会通过制定发布《企业专利工作管理办法（试行）》，进一步提高了企业的专利意识，引导企业加强专利的无形资产评估和管理工作，引导企业向发展专利战略的高层次迈进，使企业的专利工作向规范化、纵深化发展。

2）专利信息分析在技术研究开发中的作用

专利信息汇集了人类的发明创造构思与研究成果，为技术研发人员学习、借鉴世界各国的先进技术提供了重要的参考依据，以使科研工作少走弯路。

科研、生产单位在制订科研计划，确定科研课题时，应进行专利信息检索，并在研发过程中及完成后，进行必要的跟踪检索。通过信息查询，可了解本技术领域及相关领域的技术发展历史和趋势，从而提高研究开发的水平和效果。避免低水平的重复研究和研发工作的盲目性，合理配置有限的资金、人力、设备等技术创新资源，有利于启迪和激发研发人员的创造性思维；有利于确定研发的重大方向性问题；有利于寻求研发课题有效的、可借鉴的技术解决方案；有利于从已有的专利夹缝中寻找技术空白点以开拓新的发明创造，以实现总体上节约科研开发经费、缩短研发周期的目的。

3）专利信息分析在专利申请中的作用

由于我国的实用新型专利和外观设计专利申请经初步审查没有发现驳回理由的即被授予专利权。所以，如果不经过专利信息的检索，该专利申请即使授权也有可能与他人的在先申请相抵触，不仅可能导致自己的专利权被宣告无效，使开发项目得不到应有的保护，而且可能导致侵权行为的发生，落入他人的专利陷阱，使自己处于十分被动的境地。

另一方面，经过有效的专利信息分析，可对相关技术进行充分了解、分析和研究。那么在拟申请的专利中，就可以区分哪些是现有技术，哪些是技术创新点；哪些应列入权利要求的保护范围；哪些应作为技术秘密加以保密而确定不申请专利（因为专利保护是有一定期限的，一旦超过有效期即成为公用技术）。必要时，需在该基本专利申请的同时申请多项外围专利，构成一道完整的专利防护网，以阻止他人的专利侵入或者防止他人的外围专利钳制，从而最大限度地、有效地保护自己的合法权益。

4）专利信息在科技查新与科技成果鉴定中的作用

科技查新是查新机构根据查新委托人提供的需要查证其新颖性的科学技术内容，按照有关规范操作，并做出的结论。科技查新所论证的是"有"、"没有"或者"部分没有"，而科技成果鉴定是由所属技术领域的有关专家对已完成的科技成果做出"先进"、"领先"或者"填补空白"等水平性评价。

在进行科技查新和科技成果鉴定活动中，专利信息数据库是一个非常重要的、必须检索的数据库。这是因为参与查新、鉴定的专家无论知识有多么渊博，也只是某一具体领域的权威，不可能掌握该技术领域的所有技术，尤其是全部最新技术。专利信息数据库统计梳理了有关专利信息，尤其是专利信息中固有产品的形状、机械制造、电子线路、工艺流程、材料配方等详细信息，能够提供完备的专利统计结果，帮助专家进行专利分析，所以具有了其他文献数据所无法比拟的功能。依据详细的统计结果，专家可以分析判断该技术的科技含量如何，是否已由他人研究并申请专利等，由此做出具有科学依据的反映该技术新颖性或者水平性的结论。

应当注意的是，在专利信息分析时所利用的专利数据，不完全覆盖整个创新过程。科技，甚至研发，只是创新中的一个因素，专利仅反映了创新活动的一个方面。一件专利不可能描述发明的所有的细节，也不能完全衡量发明人的财力投入以及专利权人的组织机构的情况，但这些信息如同它的根本效用和市场一样，是不可或缺的。众所周知，专利保护不是创新技术在市场上取得成功的唯一途径。这就是说，虽然涉及专利申请的技术创新范围相当广泛，但是专利没有覆盖发明创新活动的所有领域，所以在专利信息分析过程中应当科学、合理地运用专利指标对科技活动进行诠释，同时专利指标应当与其他科学技术指标综合使用。

9.3　专利信息分析的主要方法

专利信息分析是专利战略研究的核心，是指对专利说明书、专利公报中大量零碎的专利信息进行分析、加工、组合，并利用统计学方法和技巧使这些信息转化为具有总揽全局及预测功能的竞争情报，为企业的技术、产品及服务开发中的决策提供参考。专利信息分析方法的分类有许多种，总体上，按照性质分类常见的有专利信息定性分析方法、专利信息定量分析方法；按照专利信息挖掘的维度又可分为一维分析方法、二维分析方法和多维度立体综合分析方法。

9.3.1　按性质分类

9.3.1.1　专利信息定性分析方法

专利信息定性分析是指通过对专利文献内在特征，即对专利技术内容进行归纳和演绎，分析与综合以及抽象与概括等分析，了解和分析某一技术发展状况的方法。具体地说，就是根据专利文献提供的技术主题、专利国别、专利发明人、专利受让人，专利分类号、专利申请日、专利授权日，专利引证文献等技术内容，广泛进行专利信息搜集，同时对搜集的专利文献（说明书）内容进行阅读、摘记等。在此基础上，进一步对这些信息进行分类、比较和分析等加工整理，形成有机的信息集合，进而有重点地研究那些有代表性、关键性、典型性的专利文献，最终找出专利信息之间的、内在的甚至是潜在的相互关系，从而形成一个比较完整的专利情报链。常见的定性分析方法包括专利技术定性描述分析和专利文献的对比研究分析。

1）专利技术定性描述分析

在专利信息分析中，一种行之有效的方法是通过对专利技术的研究，从多视角进行分群描述，形成各种图表，辨别专利分布态势。常用的有：专利技术功效矩阵分析、技术角度分析法和技术发展图等。

（1）专利技术功效矩阵分析。专利技术功效矩阵分析是通过对专利文献的主题技术内容和技术方案反映的主要技术功能的特征进行研究，揭示彼此之间的相互关系。这种研究方法的结果常常用功效矩阵图表形式表示。

专利技术功效矩阵分析的步骤是先对研究的技术内容进行分类，然后再按照技术功能分类，最后进行归纳、推理、分析与综合。这种方法可以用来研究现有技术的发展重点以及尚未开发的技术空白点。

（2）技术角度分析法。专利技术角度分析法是专利功效矩阵分析方法的延伸。在专利信息定性分析中，分析人员常常会将采集的专利文献集合，按材料（material）、特性（personalit）、动力（energy）、结构（structure）和时间（time）这 5 个方面进行加工、整理和分类，构造 MPEST 技术角度图。从技术分类入手，将研究对象进行分群，以此来揭示被研究的技术领域的专利特征。

有些分析软件将技术分析角度分为处理（treatment）、效果（effect）、材料（material）、加工（process）、产品（product）和结构（structure）这 6 个方面，如表 9.1 所示，并且对每个方面做出一定的延伸，简称 TEMPOS 地图。在实际工作中也可以将类与类进行组合，例如将材料与处理方法、材料与产品等组合，形成多种矩阵图表，将之用于技术重点或技术空白点的研究。

表 9.1　技术角度分类示意图

	技术分析角度	概念的延伸
T	处理（treatment）	温度、速率、时间、概率等
E	效果（effect）	目标、履行、功效等
M	材料（material）	材料、成分、混合物或化合物、附加物等
P	加工（process）	制造方法、系统、程序等
O	产品（product）	产品、部件、结果、产量等
S	结构（structure）	结构、形状、组分等

无论使用 MPEST 技术角度图还是 TEMPOS 地图，技术角度分析法所反映的技术特征有时并不是专利文献中直接提及的，在加工过程中，现阶段尚需要一定的人工干预。但是从分析结果看，该方法结果显示直观，能揭示专利文献潜在技术特征，是专利信息分析中的一种深层次的定性分析方法。

由于技术角度分析方法需要一定的人工干预，所以在不少专利分析软件中，需要技术专家或分析人员对相关的专利文献进行二次加工和分类。随着信息处理技术的迅猛发展和自然语言技术的广泛应用，这种人工干预的现象将有望得以解决。

（3）技术发展图。在专利信息定性分析中，分析人员常常会按照技术发展的时间先后，将分析结果中专利文献的简要内容用图示的方式直接展示给客户。在技术发展图中，根据研究目的的不同，用户可以自行设计展示的技术内容，以便为决策者提供简洁、直观的技术信息。

2）专利文献的对比研究分析

在判断申请专利的发明创造是否具有专利性，以及在对他人的专利提出无效时，都需要通过检索，找出现有技术中与目标专利或专利申请技术方案最为接近的一件或多件相关文献进行对比，并在此基础上，将目标专利或专利申请所要求保护的技术方案与对比文献进行比较分析，从而做出是否具有新颖性和创造性的正确判断。为了防止在科技创新活动中侵犯他人的专利权，也需要通过检索，查找是否存在与所开发出的新产品、新技术相关的处于专利有效期内的专利技术文献。因此，对比文献的分析是十分重要的内容之一。

在专利定性分析中，对比文献研究是重要的分析方法之一。了解对比文献的定义、掌握阅读对比文献的方法，是对比文献分析的首要任务。

（1）对比文献的定义。为了判断专利或专利申请是否具备新颖性或创造性，就要检索出与该专利或专利申请技术方案相关的现有技术文献（包括专利文献和非专利文献）和抵触申请文献（仅为专利文献），用来与该专利或专利申请的技术方案进行比较。这些通过检索得到的相关文献被称为对比文献。一份或多份清楚、完整地公开了发明或者实用新型专利申请的技术方案的对比文献，是能够评价发明或者实用新型专利或专利申请的新颖性、创造性的文献。所引用的内容可以是每件对比文献的全部内容，也可是其中的部分内容。

对比文献是客观存在的技术资料。在引用对比文献所记载的内容，判断申请的新颖性和创造性等特性时应当以对比文献公开的技术内容为准。该技术内容不仅包括明确记载在对比文献中的内容，而且包括对于所属技术领域的技术人员来说，隐含的且可直接地、毫无疑义地确定的技术内容。但是，不得随意将对比文献的内容扩大或缩小。另外，对比文献中包括附图的，也可以引用附图。但是引用附图时必须注意，只有能够从附图中直接地、毫无疑义地确定的技术特征才属于公开的内容。从附图中推测的内容，或者无文字说明，仅仅是从附图中测量得出的尺寸及其关系，不应当作为已公开的内容。

（2）阅读专利文献的习惯。在阅读专利文献时，通常习惯的顺序是先阅读说明书及附图，然后再阅读权利要求书。这种阅读思路的缺点在于，当评价权利要求时，容易受到说明书中有关技术内容的干扰，有时会导致对权利要求的保护范围不能做出理智的判定；另外就是把握核心内容的速度会比较慢。

9.3.1.2　专利信息定量分析方法

专利信息定量分析是研究专利文献的重要方法之一，它是建立在数学、统计学、运筹学、计量学、计算机科学等学科的基础之上，通过数学模型和图表等方式，从不同角度研究专利文献中所记载的技术、法律和经济等信息。这种分析方法能提高专利信息质量，可以很好地分析和预测技术发展趋势，科学地反映发明创造所具有的技术水平和商业价值；同时能科学地评估某一国家或地区的技术研究与发展重点，用量化的方式揭示国家或地区在某一技术领域中的实力，从而获得市场热点及技术竞争领域等经济信息；能及时发现潜在的竞争对手，判断竞争对手的技术开发动态，及时获得相关产品、技术和竞争策略等方面的情报。

专利信息定量分析首先要对专利文献的有关外部特征进行统计。这些外部特征有专利分类号、申请人、发明人、申请人所在国家、专利引文等，它们能从不同的角度体现专利信息的本质。在专利信息分析中应用的定量分析方法主要有专利技术生命周期法、统计频次排序法、布拉德福文献分散定律应用法、时间序列法和技术趋势回归研究法。本小节重点介绍专利技术生命周期法、统计频次排序法和布拉德福文献分散定律应用法。

1）专利技术生命周期法

技术生命周期分析是专利定量分析中最常用的方法之一。它是通过分析专利技术所处的发展阶段，推测未来技术的发展方向。它所研究的对象可以是某件专利文献中某项代表性技术的生命周期，也可以是某一技术领域整体技术生命周期。

人们通过对专利申请数量或获得专利权的数量与时间的序列关系、专利申请企业数与时间的序列关系等分析研究，把技术的发展过程分为五个阶段：萌芽期、发展期、成熟期、衰退期和复苏期（见图9.2）。通过分析专利技术所处的发展阶段，可以推测未来技术的发展方向。

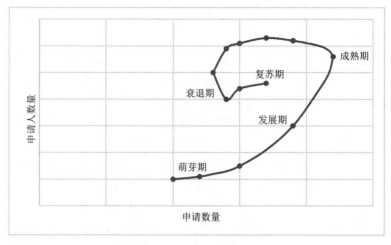

图 9.2 专利技术生命周期

这五个阶段可以通过一些统计参数来度量：①技术生长率（γ），是指某技术领域当年发明专利申请或授权量占过去 5 年该技术领域发明专利申请或授权总量的比率，若连续数年 γ 递增，则技术处于萌芽或发展阶段；②技术成熟系数（α），是指某技术领域当年发明专利申请量或授权量占该技术领域当年发明专利和实用新型专利申请或授权总量的比率；③技术衰退系数（β），是指某技术领域当年发明和实用新型专利申请量或授权量占该技术领域当年发明专利、实用新型和外观设计专利申请或授权总量的比率；④新技术特征系数（N），计算公式为 $N = \sqrt{\gamma^2 + \alpha^2}$，表示某技术新兴和衰老的综合指标，$N$ 越大，则新技术特征越强，发展潜力越大。

2）统计频次排序法

对专利数据进行统计和频次排序分析是定量分析专利信息中的一项最为基础和重要的工作。专利分类号、专利申请人、专利发明人、专利申请人所在国家或专利申请的国别、专利申请或授权的地区分布、专利种类比率、专利引文等特征数据是进行统计和频次排序的对象。

（1）统计和频次排序的基本做法。在对专利信息进行分析时，首先要对专利分类号、专利申请人等特征数据进行统计分析，在完成数据统计的基础工作后要对统计数据进行频次排序分析。频次排序分布模型是科学计量学中的重要模型，主要用来探讨不同计量元素频度值随其排序位次而变化的规律。这一模型用于专利文献的计量分析是非常合适的。因为不同专利分类所包含的专利数量的变化，以及不同专利权人所申请的专利数量的变化等，是科学地评价和预测专利技术，发现专利权人动态的极具价值的信息，能够从不同角度体现专利中包含的技术、经济和法律信息。专利信息定量分析的统计对象一般是以专利数目为单位。频次排序分布模型对于展示这些专利信息是非常直观和有效的。

根据专利信息分析的目的，进行相关的专利检索，并对检索结果中专利分类号、专利申请人、专利发明人、专利申请人所在国家或专利申请的国别、专利申请或授权的地区分布、专利种类比率等特征数据项进行升序、降序排列。排序表中通常包括表格名称序号、专利统计项的名称和频度值（专利申请数量或专利授权数量等）。然后在图中建立频次排序分布模型，后进行回归分析。

（2）数量统计。专利信息分析中专利申请或授权量统计是最为基础的工作，统计方法因分析目的而异。如逐年统计某一技术领域专利申请量，以便进行时序分析；或统计某技术领域3种专利类型，以便判断该技术领域的特征等。

（3）分类号统计排序。不同国家的专利局有自己的专利分类法，由于各国的专利分类法指导思想的差异，任何国家在利用其他国家的专利文献时都会面临因分类体系不同而带来的困难。因此，在这种情况下，国际专利分类法应运而生。在专利信息分析中比较常见的是利用国际专利分类号（international patent classification，IPC）进行统计和频次排序分析。此外美国专利分类体系因其类目详细、主题功能强劲等特点被专利信息分析人员广泛使用。

（4）国别统计分析。国别统计分析是指按照专利申请人或专利优先权国别，统计其专利申请量或授权量，研究相关国家的科技发展战略，及其在各个不同的技术领域中所处的地位。应该注意的是，国别统计分析方法也可以用于地区间对比研究。科研院所在完成竞争情报分析时，应该对相关技术领域中主要国家地区的技术活动做进一步的深入分析，专门针对主要国家申请人在中国申请的相关专利和企业产品出口地申请的国际专利做深入研究。

（5）申请人统计排序。申请人统计排序是指按申请人或权利人的专利申请量或专利授权量进行统计和排序，研究相关技术领域的主要竞争对手。

在进行专利申请人统计分析时，如果涉及的专利申请被批准，统计中的专利申请人即为专利权人。因为各国专利法都规定专利申请权或者专利权可以依法进行转让，有些国家将经过合法转让获得专利申请权或者专利权的个人或单位称为专利受让人。在使用美国专利数据、德温特世界专利索引数据库数据进行专利信息分析时，常常会使用专利受让人做统计分析。值得注意的是，专利申请人统计排序后，根据分析目标，应当对重点申请人的专利活动做深入研究。

专利申请人分析实际上是竞争对手分析。应当在专利申请人排名分析的基础上，针对本企业的具体情况，将排名在本企业之前的申请人作为主要竞争对手，对这些申请人做进一步的专利检索，并关注竞争对手的技术特点和申请专利的技术领域变化。同时，对于排名在本企业之后的申请人，应当关注那些申请量连年增加的企业，因为这些申请人是本企业的主要潜在竞争对手。

3）布拉德福文献分散定律应用法

利用布拉德福定律对专利文献按国际专利分类号进行区域划分，可以较为科学、准确地确定某技术领域中专利文献的核心分类，为寻找技术领域中的核心技术提供理论依据。

1934年英国文献学家布拉德福明确指出，对某一主题而言，将科学期刊按刊载相关论文减少的顺序排列时，可以划分为对该主题最有贡献的核心区，以及含有与该区域论文数量相同的几个区域。每个区域里的期刊数量成 $1:n:n^2:n^3\cdots$，这就是为后人所称道的布拉德福文献分散定律。布拉德福这一研究结果表明，科学论文在科技期刊中的分布是不均匀的。少数期刊中"拥挤"着大量高质量的论文，大量的期刊中"稀释"着少量的高质量论文。也就是说，文献的分布存在着高度集中与分散的现象，这种不均匀分布的现象也同样存在于专利文献中。

　　专利文献在分类体系中的不均匀分布与科技论文的分布情况十分相似。国际专利分类体系是按照专利文献的技术主题进行分类的体系。因此即便是同类技术，由于专利申请提出的技术主题保护的侧重点不同，其专利文献分类号也会有区别。有时，一件专利可能同时具有几个 IPC 号，而且每个 IPC 号按照国际专利分类表都有对应的技术主题。专利文献中 IPC 号的特点，为应用布拉德福文献分散定律进行核心技术研究，提供了便利的条件。

　　核心专利技术研究是专利信息分析的重要组成部分，不仅可以使企业了解本行业重点技术、了解某个国家或地区的关键技术优势，还可以及时跟踪竞争对手的核心技术的变化，制定适合企业发展的竞争战略。

9.3.2　按照专利信息挖掘维度分类

9.3.2.1　一维分析方法

　　一维分析方法，是指将获得的专利文献适当整理，并从中提取想要的信息。例如发明内容、发明时间、发明人、技术覆盖范围等，然后将提取后的信息按照一定方式排序，从而得到有序化的、具有统计意义的情报。一维分析方法又可分为"点"情报分析和"线"情报分析。

　　1）专利申请的时间序列分析。

　　专利申请的时间序列分析，是指专利技术按时间的分布研究，即将简单统计分析的结果按时间序列整理。如以时间为横轴，以专利申请量（或授权量）为纵轴，统计分析专利随时间变化的趋势，得到有关发明先后的信息。

　　2）技术生命周期分析

　　技术的发展同产品一样，具有一定的生命周期。通过统计一段时间内某项技术相关专利的申请数量和专利申请人数量的变化，可以绘制技术生命周期图。一般来说，技术的发展可能经历起步期、发展期、成熟期、下降期、复苏期等几个阶段。我们可以根据技术的历史发展轨迹预测未来的发展趋势，这可以为一个企业判断是否介入某技术领域提供有益的参考。

　　3）专利申请的空间分布分析

　　专利技术按空间的分布研究，即以不同的空间分析对象（如国家、地区、行业、企业等）为横轴，以专利申请量（或授权量）为纵轴，统计分析专利随着空间变化的趋势。空间分布分析一般用于识别竞争对手，分析其技术策略、R&D 动向等。

　　4）专利申请的分类号分析

　　专利申请的分类号分析，是指专利技术按分类号进行排序，即以分类体系为横轴，以专利申请量（或授权量）为纵轴，统计分析不同技术领域专利申请情况的情报，从而获知该领域的技术构成情况，以及该领域内各竞争主体所关注的技术焦点等。

9.3.2.2　二维分析方法

　　二维分析方法，是将上述信息加以组合，得到相互联系的关于技术发展状况或者关于技术创新能力的情报。

1）专利授权人的时间序列分析

专利授权人的时间序列分析，即在确定授权人的基础上，逐个统计授权人在研究年限内专利申请的变化趋势，综合了授权人与时间两个因素，挖掘专利文献中的发明主体与发明时间的关系。

2）专利授权人的分类号分析

专利授权人的分类号分析，即在确定授权人的基础上，逐个统计授权人在不同技术领域的专利申请情况，综合了授权人与技术领域构成这两个因素，挖掘专利文献中的发明主体与发明内容的关系。通过分析可以获知研究主体在该特定领域的技术构成情况，以及该领域内各竞争主体所关注的技术焦点等。对不同技术类别的公司的专利数进行统计，可以了解它们的专利申请都分布在哪些领域中；特定领域是否在企业中占有绝对的重要地位；如果进行企业之间的横向比较，是否某些企业在专利申请上具有一定的相似性。

3）技术功效矩阵分析

技术功效矩阵分析以技术手段为纵轴，分别定义了算法和应用两部分；以技术功效为横轴，分别定义了方式、性能、组建三部分，每部分又细分为若干要素。横轴与纵轴交织而成四十个功效区域，使用者可以发现哪些区域是技术研发的热点，哪些是技术空白点。将技术内容通过矩阵的形式表现出来，通常以行和列来选择不同的技术信息因素构成，以分析其间的关系变化，研究技术开发的程度。

4）专利引文分析

专利引文分析是一种重要的专利管理方法，并已经在许多领域得到广泛应用。专利引文分析是指利用各种数学和统计学的方法，以及比较、归纳、抽象和概括等逻辑方法，对专利文献的引用或被引用现象进行分析，以揭示专利文献之间、专利文献与科学论文之间相互关联的数量特征和内在规律的一种文献计量研究方法。

9.3.2.3　多维度立体综合分析方法

多维度立体综合分析方法是对专利文献的多种特征进行深层次挖掘的分析方法，一般包括专利文献的外部特征和内在特征。通过多维度立体分析方法不仅可以对专利文献的外部特征进行组合、配合分析，还可以对专利文献进行神层次内在特征挖掘，了解专利技术的特征、发展及相关技术的区别和联系。多维度立体分析主要包括两类方法：一种是文本挖掘技术和联合分析、形态分析相结合的方法，利用专利信息发现新的、潜在的技术机会；另一种是专利优先权网络分析，在给出专利族成员、优先权专利概念的基础上，构建专利优先权网络，编织关键技术链、显著技术链、核心优先权专利的算法。

9.4　专利信息分析的主要工具

专利分析工具的主要作用是在分析期提供准确的数据并进行科学的分析，同时要为应用期报告的撰写提供可视化的分析结果展示。因此，专利分析工具需要支持分析前的数据准备工作,支持多种统计分析维度和对专利分析的指标,并能将分析结果以直观的形式展现出来,当然也要能方便地导出用户所需的详细专利信息。国内外较为成熟且商品化的专利分析工具有几十种,分别实现了专利数据监测、采集、清洗、加工、统计分析、文本挖掘、信息可视化。

1)数据监测

数据监测是指用户在某些专利检索平台上进行专利检索后,将检索条件保留在检索平台或本地检索管理工具,只要保留的检索条件返回的检索结果有变化,检索平台或本地检索管理工具就会将变化信息以邮件的形式通知用户,提醒用户其所关注的专利数据发生了变化。

2)数据采集

数据采集是指一些本地化的专利分析工具中,工具本身和工具提供商并没有专利数据,只是提供指向各国官方专利局专利检索平台的数据采集功能,在用户进行检索后将检索的专利数据批量采集到本地,然后在本地进行数据加工和分析。

3)数据清洗

专利数据清洗一方面是对原始专利数据进行规范化操作,如申请机构和发明人名称规范、引证信息规范;另一方面允许用户对检索结果相关性进行判断,筛选出符合条件的专利集合,从而为专利分析提供准确的数据基础。

4)数据加工

数据加工也称数据标引,是指通过人工解读专利数据后,将专利按照预先定义的技术类别进行分类,同时,对专利所解决的技术问题、采取的技术手段、达到的技术效果、创新程度等进行人工标注,从而提炼出隐含于专利中的更加明确的技术信息。

5)统计分析

统计分析是指依据专利的著录项目,对专利申请时间、申请人、申请机构、申请国家、同族专利数量、引证专利数量等指标进行组合统计,用于把握专利的分布状况及其发展态势。

6)文本挖掘

专利文本挖掘本质是将文本挖掘技术应用于专利文本的过程。从理论上说,任何文本挖掘技术都可在专利中进行应用,而现实应用中以专利的自动分类、自动标引、主题聚类、主题关联、机器翻译居多。一些高级的专利分析工具常把文本挖掘与可视化结合,形成技术图谱,在揭示技术领域分布和技术发展趋势方面具有广泛的应用。

7)信息可视化

应用于专利的信息可视化方法主要有基于社会网络分析法的网络图,如科研合作网络、引证网络、共词网络、关联网络,以及和文本挖掘密切结合的技术主题图和技术热力图,用以揭示技术领域分布。

目前,在我国范围内应用最为广泛的专利采集和分析工具,包括北京理工大学知识管理与数据分析实验室的 Itg-Mining,恒河顿 HIT_恒库等;文本挖掘与可视化工具主要来源于欧、美、日等国家和地区,以日本野村综合研究所的 True-Teller,英国 Biowisdom 公司的 OminiViz,美国汤森路透的 ClearForest。专利分析工具分析数据源为结构化、非结构化文本数据。结构化数据包括时间、地域、机构、作者等,可从不同维度进行组合分析。

非结构化数据主要是指大段的文本数据，如专利的摘要、专利原文等，采用自然语言理解、文本挖掘、信息可视化技术进行非结构化信息的分析与结果呈现。目前，专利分析工具的技术先进，融合了文本挖掘、信息可视化等技术，表现形式规整美观，以网络图、聚类图为主，分析对象不仅限于专利数据，任何文本数据，只要符合软件的输入标准，即可进行分析。

总体比较而言，国外专利分析工具比国内专利分析工具更加灵活，使用更加方便，这主要体现在数据的导入导出以及数据的显示与标示上。在统计分析功能方面，国内外的各种工具都具备相应功能，统计维度与显示方式种类很多。但在聚类分析与引证分析上，国内工具与国外工具就具有较大的差距。

与国外较成熟的专利分析方法及指标体系相比，国内目前对专利分析的重视度仍不够，利用较少，分析中对专利信息资源的加工程度较低，且专利数据库中对专利的引用情况没有记录，以至于一些重要的分析方法如专利引证分析及其相应指标都无法利用，最终导致专利分析的价值在国内的企业战略中没能得以充分发挥。然而应该看到专利分析对企业的战略决策确实有着很好的辅助作用，所以国内开展专利分析应学习借鉴国外分析方法及指标，加深对专利信息的加工，建立专利引文等数据库，更好地发挥专利信息的价值，为企业战略竞争服务。

9.5 专利信息分析的主要应用场景

1）经济管理中的应用

在知识经济时代，技术和商业信息瞬息万变，任何一个企业在准备进入某一技术领域进行新的商业运作时，都必须对该技术领域全局有全面的了解。通过对专利进行分析，我们可以揭示各技术实力的分配、各国或各地区的工业水平结构和申请人的类型，从而了解技术实力状况；通过揭示国外技术扩展趋势、目标技术市场的差异、技术不同发展阶段、竞争者数量的变化、竞争者的技术特征，帮助应对商业竞争；通过揭示技术应用的潜在目标市场、技术创新的潜在入口，帮助寻找商机。

2）技术研发中的应用

在技术发展压力和市场需求细分的影响下，技术总是在不断变化中。因此，企业的技术研发战略需对不同层次、不同主体的技术研发情况有系统的了解。通过对专利进行分析，我们可以了解并解析某技术领域的组成及扩张情况、不同技术领域间的关联、技术的应用扩展、技术研究热点与技术渗透，以帮助掌握技术领域的全局状况；通过揭示技术发展历程、技术组成的变化状况、技术发展的成熟度，以及影响技术发展的相关工业领域，帮助搜寻技术变革的历程与机会；通过揭示技术难题发展的变化趋势、技术难题的解决之道，帮助解决技术难题。

3）权利要求定位中的应用

专利分析在权利要求定位中的应用主要表现在两个方面：其一是新技术研发过程中，通过对现有专利的权利要求点的分析，从中寻找技术的权利空白点，进行新技术的开发。

必要时需不断调整技术研发的方向,以避开专利地雷,为自身新技术能顺利获得专利申请,并得到最大的经济利益,规划正确的权利空间。其二是在侵权判断中的应用,新产品上市后,不管是被诉侵权还是诉他人侵权,都可以由专利、技术和法律专业人员借助专利,分析对双方技术要点、权利要求点进行对比,由此分辨侵权的可能。

专利信息分析为企业的战略提供了广阔的应用前景。通过相应的专利指标,企业在进行专利分析时,能不断从专利数据中挖掘出更多有价值的竞争情报。这些专利情报的应用能更好地为企业的战略管理服务。

第 10 章　科技信息分析

　　科技信息资源是人类社会科技活动所产生的基本科学技术数据、资料，以及面向不同需求加工整理形成的各种科学数据产品和各种载体的科技图书、期刊、报告、论文、专利等科技文献。许多国家把科技创新作为国家的发展战略，所以科学技术战略地位的提升对科技信息分析提出了强烈的需求。大体来说，本章主要包括科技信息分析的内涵、科技信息分析的主要内容、科技信息分析的方法与科技信息分析的应用等。

10.1　科技信息分析的内涵

　　科技信息是一切有关科学技术活动信息的总称。现代科学技术发展受到来自自然、社会和经济等多种因素的影响和制约，所以科技信息涉及的范围也十分广泛，不仅包括科技活动主体的信息，还包括一切与科技活动有关的经济信息和管理信息。

　　科技活动分为基础研究、应用研究和开发研究三个层次，科技信息在不同的层次具有不同的特点。基础研究重在知识体系的建立，包括数学、物理学、化学、天文学、地质学和生物学六大基础学科中的纯科学理论研究领域以及材料科学、能源科学、环境科学、农业科学、医学科学、计算机科学等应用学科研究领域；应用研究致力于解决国民经济和社会发展中涌现出来的实际科学技术问题，目的是设法把基础研究的成果发展到可应用的状态；开发研究是将应用研究的成果直接应用于生产实践，目的是将科学技术转化为社会生产力。例如，基础研究人员趋向于在某一专门科学技术领域认识未知的东西，即在看来杂乱无章甚至毫不相干的因素间找到相互联系的纽带；应用研究和开发研究人员趋向于利用科学技术信息解决具体的科技应用和开发难题。

　　科技信息分析是指根据特定的需求，在广泛收集有关科技信息的基础上，通过信息整理鉴别、综合归纳、推理等，提出有依据、有分析、有评价、有预测性意见的研究结论。它是为获取某一科技领域发展变化情况而开展的分析活动。其主要任务就是为科学技术向社会生产力的转化活动提供信息服务。实践证明，通过科技信息分析可以有效地促进基础研究、应用研究和开发研究，加快科技成果转化为社会生产力的速度。

10.2　科技信息分析的内容

　　科技信息分析就是围绕国家科技发展的决策需要，在掌握有关信息的基础上，运用现代技术手段和战略信息分析方法，揭示科技发展规律和发展态势，进而对科技发展态势和未来前景进行预测，最后提出科技发展的政策和决策建议，从而形成能够满足国家科技战略决策需要的情报信息的研究过程。根据科技信息分析的内容和层析，将科技信息分析分为科技发展态势监测分析、科技发展趋势预测分析和科技发展战略对策分析三大类型。

首先，三种不同类型在研究内容上有侧重和区别。科技发展态势监测分析主要是监测科技发展战略领域的最新信息，并对科技发展战略形势和状态进行客观、准确地反映。换而言之，在实时监测的基础上通过信息分析揭示科技发展战略领域的基本态势。例如，中国科学院国家科学图书馆创办的《科学研究动态监测快报》、日本科学技术政策研究所定期出版的电子期刊《科学技术指引》、韩国科技信息研究所开发的用于趋势性科技信息的信息系统等。科技发展趋势预测分析是对某些国家、机构或学科领域战略对象的未来发展趋势进行预测，做出基本的趋势判断，作为国家或机构制定科技发展中长期规划的参考依据。例如，中国科学技术信息研究所的《技术发展预测与评论》，中国科学院的《科学发展报告》《高技术发展报告》，20 世纪 80 年代中期以来包括美、日、加、德、英、法、荷、欧盟及亚太经济合作组织等 20 余国家和组织在国际、国家、领域层次分别进行的大时间跨度的技术预见等。科技发展战略对策分析是在科技发展态势监测分析、科技发展趋势预测分析的基础上，分析科技发展战略目标、重点和关键的对策措施，提出行动计划和政策建议，其侧重点是科技发展的战略措施分析。例如，美国能源部科学办公室为美国政府在能源方面提供的长期计划、优先领域和发展战略建议，兰德公司近 60 年来采用许多预测方法进行的长期政策分析，主要国家技术预见计划所得出的战略对策和政策建议等。

从研究流程来看，三种类型之间又具有紧密的联系。科技发展态势监测分析是科技发展趋势预测分析和科技发展战略对策分析的基础，它为预测分析和对策分析提供关于科技发展战略方面的监测信息和态势情报；科技发展趋势预测分析是科技发展战略对策分析的基础，它为对策研究提供了关于科技发展未来趋势的分析情报，使对策研究在时间维度上有了关于未来发展样式的判断；而科技发展战略对策分析又以前两类分析为基础。因此，三者之间是相互关联、相互制约、相互促进的关系。此外，从研究内容上来看，三者之间也不是截然区分的，态势监测往往包含了趋势预测的内容，趋势预测或预见研究也往往包含了态势分析或对策研究。从这一意义上来说，科技发展战略信息分析三种类型的区分是相对的。

10.2.1　科技发展态势监测分析

具体来说，科技发展态势监测分析是以数据库、网页、图书期刊、专家知识库等为数据源，以科技信息动态监测、信息抽取、技术组群聚类和关联分析、监测指标、概念层析、数据可视化等技术为支撑，对科技发展战略与规划、科技发展环境与需求、特殊技术领域、技术项目、科技文献、技术专利、研发主体等对象的监测与分析。因此，监测对象、监测内容、监测技术方法和数据源是科技发展态势监测分析的几个关键要素。科技发展态势监测的主要内容如表 10.1 所示。

表 10.1 科技发展态势监测的主要内容

监测对象	监测内容	监测技术方法	数据源
科技发展战略与规划监测	国际、国内科技发展战略与计划的内容、目标、实施举措、未来趋势等	提供科技战略与计划所需的信息支持，实现科技战略的科学管理	科研规划、计划、传统的科技文献资源、网络科技信息资源、专家知识
科技发展环境与技术需求监测	科技发展一般环境与具体环境，科技的需求分析	提供科技发现环境与需求的信息和知识	结构化的文献、专利数据库、网页非结构化资源
特定技术领域监测	国内外特定技术研发的现状及其发展趋势，如研发现状对比、研究机构、人员、装备等	提供国内外特定技术研发的现状及其发展趋势，为技术预测、技术评估、竞争情报提供支持	文献数据库、专利数据库、网络信息资源、专家知识
技术项目监测	技术创新项目研发的需求和技术状态信息	为技术研发项目提供充分的市场信息和需求信息，减少项目风险	网络科技信息资源、专家知识
科技文献监测	特定科技文献作者、研究机构、研究主题、发表时间、所在国家等信息监测分析	提供特定技术研发现状、研发主题、研发机构和人员、研究时间等关联关系分析	文献数据库，如 SCI、EI、INSPEC、ISTP、CSA、WPI、OGSA-DAI、IEEE、期刊网等
技术专利监测	特定技术专利的申请者、研究机构、研究主题、申请时间、所在国家信息	特定专利研发现状、研发主题、研发机构和人员、研究时间等关联关系分析	各国专利数据库，如 PCT、IPDL、DI、QPAT-US、Delphion 等
研发主体监测	研发主体从事研究的资源和任务，包括研究机构、人员、研究设备与装备、研究项目、计划等	为科技管理提供研发主体的信息支持	文献数据库、专利数据库、项目计划、网络信息资源

1）科技发展战略与规划监测

科技发展战略与规划监测是对国际、国内的科技战略规划进行历时性监测，明确指导方针、发展方向、重点领域、研发顺序、资源分配、政策投入等，识别不同时期战略重点的转变；对主要国家的科技战略规划的异同进行比较，明确相同或相似之处，识别国家间科技发展战略的不同发展方向和路径选择。

2）科技发展环境与需求监测

科技发展环境包括科技发展的一般环境和具体环境。一般环境诸如经济、政治、社会、法律及技术环境等，还包括那些可能影响科技发展但联系尚不清楚的条件；具体环境是指与实现科技发展目标直接相关的因素，如相关科技发展情况、研究机构和人员、技术装备、科研管理等。科技需求监测主要是指科学技术的实际需求，包括社会的和经济的需求。

3）特定技术领域监测

特定技术领域监测主要是对高新技术领域特定技术研发状况及发展趋势的监测、分析和评估。包括某一技术在不同时期的研究主题、分支领域及其变化情况，技术发展的不同阶段，不同国家、科研院所、企业、科学家个人之间在研究方向上的联系、关联度及其研究水平的相对比较，技术的产业化水平及政策支持等。

4）技术项目监测

技术项目监测是对重大技术创新项目的实施主体、社会需求、技术状态、研发进展、市场前景及项目管理等方面的状态和进展进行监测分析。由于项目是科技研发的载体，以重大技术创新项目为对象的监测分析,会得出一个国家或组织科技发展和运作管理方面的重要情报。

5) 科技文献、技术专利和研发主体监测

科技文献监测主要是对不同科技领域的文献数量、数量变化情况以及分布态势的监测分析,文献作者、研究机构、所在国家、研究主题文献类型、引用状态、文献日期等是监测分析的重要指标。技术专利监测主要是对专利的申请者或权利人、专利数量、专利结构及其变化趋势的监测分析,专利的技术状态和经济状态是监测的两个重要维度。研发主体监测涉及个人、组织和国家三个不同的层次,它们之间存在合作或竞争关系,并有不同的利益诉求和表达,监测的重点是研发能力(包括人员、项目、设备、技术、资金等)和相互之间的合作与竞争关系。

10.2.2　科技发展趋势预测分析

科技发展趋势预测从整体上看,经历了从技术预测（technological forecasting）到技术评估（technology assessment）,再到技术预见（technology foresight）的发展过程。

第二次世界大战之后到 20 世纪 80 年代,科技战略信息分析主要是以定量预测为特点的技术预测。但科技是一柄双刃剑,在给人类带来福音的同时也带来了一些负面效应,为了在技术开发和选择中趋利避害,70 年代开始技术评估受到重视。80 年代中期开始,科技与经济社会的联系日益密切,单纯从技术角度进行预测的局限性日益显现,涵盖技术、经济、社会等综合因素的技术预见开始兴起,并逐渐成为科技发展趋势预测的主导模式。技术预测、技术评估、技术预见三者之间的关系见表 10.2。

表 10.2　技术预测、技术评估与技术预见的比较分析

方法	任务	应用领域	解决的问题	成果
技术预测	在较大领域内跟踪观察并分析新技术发现的条件和潜力	具体技术框架;私营部门	技术发展的条件和产生的成果;发现技术突破领域,以及具体技术框架内的早期预警功能	支持政治决策,促进实现知识经济,发现技术突破领域,具有早期预警功能;在全面的知识基础上做好制定综合科技政策的预备和工作;获取更广领域内的信息,减少决策前期工作的时间;避免由于未能充分考虑技术发展的复杂性以及某项政策的副作用,而可能导致的错误
技术评估	全面评估新技术,支持决策过程	具体技术领域或具体问题;各国国会	分析评估具体技术潜能或技术问题	
技术预见	确定具有战略性的研究领域,选择对经济和社会利益具有最大贡献的关键技术和通用技术	支持国家及国家以上层面的决策	分析技术发展的影响,确定发展过程中的共同问题;确定具有战略性的研究领域,同时具有早期预警功能	

1) 技术预测

广义的技术预测可以分为两大类——探索性预测（exploratory forecasting）与规范性预测（normative forecasting）,狭义的技术预测主要指探索性预测。

探索性预测立足于现有技术,做出关于未来技术发展的预报。探索性预测要解决的问题包括:①未来可能出现什么样的新机器、新技术、新工艺;②怎样对它们进行度量,或者说它们可能达到什么样的性能水平；③什么时候可能达到这样的性能水平；④它们出现的可能性如何、可靠性怎样。由此可以概括出探索性预测所包含的四个因素：定性因素、定量因素、定时因素、概率因素。

规范性预测是在假设探索性预测所预言的未来技术革新确定能实现的情况下，指出实现这些技术的方式或方法。规范性预测方法主要建立在系统分析的基础上，将预测系统分解为多个单元，并且对各单元的相互联系进行研究。规范性预测的常用方法有：矩阵分析法、目标树法、统筹法、系统分析法、技术关联分析预测法、产业关联分析预测法等。

面向决策和行动计划的技术预测通常将上述两种类型的预测结合使用，首先通过探索性预测方法确定按计划所做的努力要达到的目标；然后根据该目标的要求，用规范性预测方法选择要采取的相应措施。

技术预测的典型案例包括第二次世界大战后美国空军科技顾问团《迈向新的地平线》（*Towards New Horizons*）报告对二十年后重要军事科技的预测；1964 年美国军方发表的机密预测报告，美国国家科学基金会的《科学：永无止境的前沿》（*Science，The Endless Frontier*）；日本 2000 年以前所进行的 7 次德尔菲法技术预测等。继军方和科技界之后，民间企业也迅速跟进，通过技术预测进行研发计划与生产策略规划，以至欧洲工业研究管理协会（European Industrial Research Management Association，EIRMA）的报告指出，技术预测已经完全发展为工业界的研究方法。

2）技术评估

按照日本科学技术厅的界定，技术预测就是综合检查、评价技术的直接效果、间接效果和潜在的可能性，将技术控制在整个社会希望的方向。技术评估是解决技术社会发展问题的方法和决策活动，也是一种管理技术和政策工具，具有多重价值观以及跨学科和预测的性质。根据研究对象的不同，技术评估常分为"技术驱动型评估"和"问题驱动型评估"，前者主要研究具体的技术或技术群，后者则主要研究技术所带来社会、经济影响。

技术评估是在技术预测的基础上提出的，最初用于预测评价技术的负面效应，防止有害技术的扩散，后扩大到多个方面，形成了技术评估的三种战略模式，即早期预警性技术评估、建构性技术评估、整合性技术评估。早期预警性技术评估侧重于静态技术的负面效应和影响，从而对其进行控制；建构性技术评估则是评估技术带来的正负两方面的影响，重视技术的建构过程和实际建构过程的相关参与者；整合性技术评估旨在降低研发成本，提高研发效率。三种战略模式的主要区别见表 10.3。

表 10.3　三种战略模式的主要区别

区别分类	战略模式		
	早期预警性技术评估	建构性技术评估	整合性技术评估
理论假设	科学和技术发展的各种社会影响是可以被预测的；决策者能公正地利用这些预测进行决策	技术动力学研究和技术的社会建构思潮；决策者难以保证决策过程中的公正性	技术动力学研究和技术的社会建构思潮；实事求是的思维
产生原因	技术的社会负面影响日益显著	早期预警性技术评估的科林格里奇困境	工业企业对技术的经济效益的特别要求

续表

区别分类	战略模式		
	早期预警性技术评估	建构性技术评估	整合性技术评估
分析方法	静态分析，技术是既定状态，重视分析结果	动态分析，技术是待定状态，重视技术的建构过程	动态分析，技术是待定状态；重视在 R&D 同时对技术进行合理的修正
强调技术的社会作业	负面	负面和正面	负面和正面
技术评估委员会的参与者	政治家、社会科学家	政治家、社会科学家、技术工程师、股东权益人、普通的技术消费者	正在 R&D 技术工程师、专业技术评估咨询师、技术工程师、股东权益人、普通的技术消费者
实施途径	通过对技术的社会负面影响进行预测，从而对其进行控制	增加决策参与者的范围，提高技术评估的公正性	增强那些 R&D 人员的社会责任心，降低研发成本，提高研发的经济效益

技术评估没有统一的程序，它与对象的性质、内容及其所处的环境有密切的联系，但总体来说，包括以下四个基本环节：①明确对象技术和评估范围；②影响识别和影响分析；③个别评价和综合评价；④政策分析。

3）技术预见

技术预见也叫技术前瞻，是在技术预测、技术评估基础上发展形成的一个新的综合性科技预测领域。

技术预测覆盖了趋势和时间点两个向度，主要根据技术自主发展的逻辑进行预测。但是，科技研发自身具备极大的不连续性，研发的阶段性成果也会不断地创造与改变趋势，同时，科技的推进不是单靠个别领域的发展，而更依赖各相关领域的共同突破，科技的发展也不再是孤立于政治、经济和社会影响之外的自主性活动。这些因素使技术预测无法处理的盲点越来越多，也使其预测成果对科技决策的帮助日益有限。1984 年，英国学者艾文和马丁在其所发表的名为《科学中的预见：挑选赢家》（*Foresight in Science：Picking the Winners*）的报告中，首次使用"预见"一词表示一套系统化、科学化的科技长远预测过程，强调整个社会系统不是依循自然法则运行，而科技发展的非线性发展本质不能勉强以线性发展来预测。之后，"技术预见"和"研究预见"的概念开始替代"技术预测"，成为科技发展趋势预测的主导方法，其预测结果被陆续应用于国家科技规划和科技政策的制定中。

需要指出的是，技术预见在进行具体的技术分析和趋势判断时，仍需借助技术预测、技术评估的方法，所以，技术预见的实践与研究，仍然离不开技术预测和技术评估方法的支持。

10.2.3　科技发展战略对策分析

科技发展战略对策分析是在科技发展态势监测分析和科技发展趋势预测分析的基础上开展的，也是科技信息分析的重要内容。科技发展战略对策分析的主要内容有：科技发展目标分析、科技发展重点领域分析、科技发展战略思想和发展对策措施分析。

1）科技发展目标分析

科技发展目标是一定时期国家科学技术发展的总方向。科技发展目标要明确表述未来一定时期内科技发展的方向、任务及所要达到的基本目标,综合分析国内外科技发展态势和发展趋势,根据国家科技和社会经济发展的需要,在充分权衡自身科技力量的基础上提出的对一定时期内科技发展的总要求。科技发展目标一般分为总体目标和具体目标,具体目标还可进一步分为中期目标和远期目标。

2)科技发展重点领域分析

科技发展重点领域是根据本国科技发展优劣势条件和经济社会发展需要所确定的若干重点支持的科技领域,或在科技领域中可以起带头作用、能实现重点突破而应该得到优先发展的若干学科或技术领域,也被称为"国家关键技术选择"。《国家中长期科学和技术发展规划纲要(2006—2020 年)》指出:重点领域是指在国民经济、社会发展和国防安全中重点发展、亟待科技提供支撑的产业和行业,优先主题是指在重点领域中急需发展、任务明确、技术基础较好、近期能够突破的技术群。

3)科技发展战略思想和发展对策措施分析

为实现科技发展目标和重点发展领域,需要确立科学的战略思想,即总的指导原则,并制定相应的对策措施,这是未来国家科学技术发展的指导方针和重要保证。

科技发展战略思想是指导科学技术发展的总原则、总政策、总构想。例如,《国家中长期科学和技术发展规划纲要(2006—2020 年)》指出我国的科技发展指导方针是:自主创新、重点跨越、支撑发展、引领未来。自主创新,就是从增强国家创新能力出发,加强原始创新、集成创新和引进消化吸收再创新。重点跨越,就是坚持有所为、有所不为,选择具有一定基础和优势、关系国计民生和国家安全的关键领域,集中力量、重点突破,实现跨越式发展。支撑发展,就是从现实的紧迫需求出发,着力突破重大关键共性技术,支撑经济社会的持续协调发展。引领未来,就是着眼长远,超前部署前沿技术和基础研究,创造新的市场需求,培育新兴产业引领未来经济社会的发展。

10.3　科技信息分析的方法

10.3.1　技术预见

10.3.1.1　技术预见的概念与特点

技术预见是在技术预测、技术评估的基础上发展形成的一个新的综合性科技预测领域,强调综合科学、技术、经济、社会等因素,对科技长远发展趋势进行系统化、科学化的预测。

国际上公认对技术预见阐释比较全面的是英国萨塞克斯大学科学政策研究所(Science Policy Research Unit,SPRU)马丁的定义:技术预见就是对未来较长时期内的科学、技术、经济和社会发展进行系统研究,其目标就是要确定具有战略性的研究领域以及选择那些对经济和社会利益具有最大化贡献的共性技术。

技术预见具有以下 6 个特点。

(1)对未来的探索过程必须是系统的,强调以系统性分析工具为基础的操作模式。

（2）技术预见着眼于远期未来，时间一般是 5～30 年；透过对未来科技发展与政治、经济、社会与文化变迁长远的思考，提高对未来大环境变化趋势的意识与应变能力。

（3）技术预见不仅关注未来科技的推动因素，而且着眼于市场的拉动作用，也就是说技术预见既包括对科学技术机会的选择，也包括对经济、社会相关需求的识别。

（4）技术预见的主要对象是战略性的研究领域（侧重于科学）和共性新技术（侧重于技术）。共性新技术即处在竞争前阶段的技术，WTO（世界贸易组织）规则允许政府对此类技术的 R&D 予以一定支持。

（5）技术预见必须关注未来技术可能产生的社会效益（包括它对环境的影响），而不仅仅着眼于其经济影响。

（6）技术预见是政府、研发机构和产业部门间一个咨询、对话、互动的过程，通过建立持续而有意义的互动关系，刺激知识和信息的交换，研判创新的机会、利益与风险，建立集体化的创新模式，达成资源分配的共识。

由技术预见的以上特点可以看出，技术预见旨在通过对未来可能的发展趋势及带来这些发展变化的因素的了解，为政府和企业决策提供战略信息，而传统的技术预测仅是准确地预言、推测未来的技术发展动向。技术预见的假定条件是：未来存在多种可能性，最后到底哪一种可能变成现实，要依赖于我们现在所做出的选择。因而就对未来的态度而言，技术预见比技术预测更积极，它所涉及的不仅仅是预测，更多的是对我们所选择的未来进行塑造乃至创造。

10.3.1.2　技术预见的方法

技术预见方法主要是指那些信息收集、分析、成果产出为一体的，生成群体智慧的方法。技术预见从早期偏向采用量化的预测方法，逐渐演变为非量化的情景、远景分析预测方法。常用的技术预见方法有专家咨询法（关键技术法）、德尔菲法、情景分析法、头脑风暴法、技术路线图等。不同的国家在技术预见时会选择不同的技术预见方法或者若干方法的组合，目前主流方法是基于德尔菲法的技术预见。技术未来分析方法工作组（Technology Future Analysis Methods Working Group）2003 年发布的关于技术远景分析报告中，对技术未来分析（technology future analysis，TFA）方法进行了总结，见表 10.4。

表 10.4　技术未来分析方法举例

英文	中文
action [option] analysis	行为（观点）分析
agent modeling	代理模型
analogies	类推法
analytical hierarchy process	层次分析法
backcasting	倒推法
bibliometrics	文献计量学
brainstorming	头脑风暴法
casual models	因果模型
checklists for impact identification	影响因素集合

续表

英文	中文
CAS	CAS 复杂适应系统模型
correlation analysis	关联分析
creative workshops	创新研讨会
cross-impact analysis	交互影响分析
decision analysis[utility analysis]	决策分析（效用分析）
delphi[interative survey]	德尔菲法（重复调查）
demographic	人口统计学
diffusion modeling	扩散模型
economic base modeling [input-output analysis]	经济基础模型（输入输出分析）
field anomaly relaxation model	场域异常张弛方法
focus groups	焦点小组法
innovation system modeling	创新系统模型
interviews	面谈法
institutional analysis	制度分析
long wave analysis	长波分析
mitigation analysis	缓和分析
monitoring[environment scanning，technology watch]	监测（环境扫描，技术观测）
morphological analysis	形态分析
multicriteria decision analysis[dea-data environment analysis]	多准则决策分析（DEA-数据环境分析）
multiple perspective assessment	多视角评估
organization analysis	组织分析
participatory techniques	技术分享
precursor analysis	前提分析
relevance trees	关联树
requirements analysis	需求分析
risk analysis	风险分析
roadmapping[product-technology roadmapping]	关键路线图（产品-技术关键路线图）
scenarios	情景分析
scenario-simulation	情景模拟
science fiction analysis	科学幻想分析
social impact assessment	社会影响评估
stakeholder analysis[policy capture，assumption analysis]	相关利益者分析（政策捕捉，假想分析）
state of the future index	未来指数走势
sustainability analysis	持续性分析
technological substitute	技术替代
technology assessment	技术评估
trend extrapolation	趋势推断
trend impact analysis	趋势影响分析
triz	计算机辅助创新
vision generation	可视化

10.3.1.3 技术预见的框架

技术预见的框架即技术预见的内容、方法以及它们之间的相互关系。从世界主要国家的技术预见实践来看，基本的工作框架具有一定的相似性，其中日本的第 8 次技术预见框架和"中国未来 20 年技术预见研究"框架具有代表性。

1）日本的技术预见框架

日本是世界上进行技术预见最早的国家之一，从 1971 年开始，日本每 5 年都要进行一次技术预见调查。2005 年 5 月 13 日，日本文部科学省科学技术和学术政策研究所发布了本国的第 8 次技术预见调查报告，作为日本制定第 3 期科学技术基本计划的依据。与前 7 次技术预见调查相比，除传统的德尔菲调查之外，还增加了社会经济需求调查、利用文献计量分析方法进行的快速发展的研究领域调查、基于专家对重要研究领域评价的情景分析调查，形成了具有特色的日本技术预见的总体框架（图 10.1）。

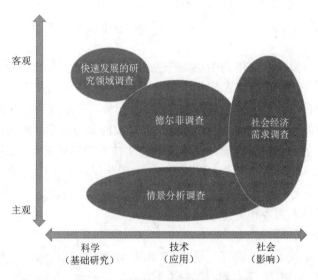

图 10.1 日本技术预见的总体框架

社会经济需求调查从技术应用的需求角度进行研究，为德尔菲调查和情景分析提供科学依据。首先，它以第 7 次技术预见调查的社会经济需求为基础，用各政府机构发布的白皮书和调查资料中与需求相关的项目做补充，整理出与市民相关的需求项目提案，然后将该提案进行聚类分析得到需求表。接着，用层次分析法将该表中的项目进行优先度排序。对于经营者的需求，通过各种文献资料和对有识之士的采访选取出需求项目。以这些结果为基础，分 3 个小组（有识之士小组、市民小组、经营者小组）对未来 30 年社会形象展望进行调查，收集整理出社会经济需求。组织者为了了解这些需求与科学技术之间的相关程度，将与科学技术紧密相关的项目以问卷调查形式交给技术预见调查的技术分会委员进行德尔菲调查，与科学技术以外关系密切的项目交给需求分会委员进行讨论研究。

快速发展的科学研究领域调查首先以 SCI 1997～2002 年收录的论文数据为基础，运用共引分析对被引频次居于前 1%的高被引论文（约 45 000 篇）进行聚类，得到了 5 221 个研究前沿，再利用共引分析对研究前沿聚类得到 679 个研究领域。然后从中选取出了 153 个研究领域（含有 2 个以上被引频次快速增长的研究前沿），最后确定出了 51 个快速发展的研究领域（含有 4 个以上被引频次快速增长的研究前沿）。快速发展的研究领域调查以引文分析法为基础，不仅有利于了解新的研究领域，比较各国的科技研究水平，还有助于日本中长期科技政策的制定。

情景分析调查主要是为了把握未来发展面对技术层面需求开展的调查。在该项调查中，由社会经济需求调查（需求分会）、快速发展的科学技术领域的调查（文献计量）以及德尔菲调查（技术分会）将各自的希望和要求信息反馈给情景分析分会，由分会委员研究确定出方案主题，由相关学（协）会及相关产业界推荐并选举产生提案者进行技术可行性分析，然后将发展方案（包括现状分析、今后 10～30 年的发展方案以及应该采取的措施）提交给技术预见调查委员会。该项调查共确定了 47 项主题，提交了 87 篇发展方案。发展方案一般要求 5 000～7 000 字，被选中的提案，其作者将会得到一定的酬金。

德尔菲调查主要以技术应用为中心，但也涉及一部分科学与社会领域的调查。本次德尔菲调查还选入了一些社会技术课题作为调查对象，与前 7 次调查的不同之处主要包括两方面：①前 7 次调查中以"预见课题"为基本分析单位，而本次调查却是以"技术领域—研究范围—预见课题"作为调查分析对象；②前 7 次的调查使用"阐明、开发或普及"词汇对预见课题设计了一个发展阶段，而本次通过"技术实现时间"（某种技术有希望实用化时所具备的技术环境）和"社会应用时间"（实用化了的技术作为某种产品或服务形式被社会所接受）对预见课题设计了两个发展阶段。这样的课题设计更有助于分析技术的发展过程，更体现了以人为本和可持续发展的理念。

2）中国的技术预见框架

"中国未来 20 年技术预见研究"是 2003 年中国科学院高技术研究与发展局批准立项的知识创新工程重要方向项目，旨在构建官产学研互动平台，设立沟通、协商与协调机制，使各方对未来技术发展趋势及其作用达成共识，并据此相应调整各自的战略。该项目的框架内容包括 5 个方面：技术预见方法研究、中国未来 20 年技术需求分析与情景构建、德尔菲调查、政策分析、技术发展趋势跟踪与监测方法研究（图 10.2）。

技术预见方法研究重点在于比较国外技术预见方法，特别是比较各国德尔菲调查的问卷结构、组织流程以及调查结果，提出适合中国国情的系统化技术预见总体方案、阶段性目标、管理控制节点和技术保障条件等，通过技术预见过程模拟、修正和完善系统化技术预见方法。

中国未来 20 年技术需求分析与情景构建重点在于情景分析，围绕中国未来 20 年社会发展图景，如全球化、信息化、城市化、工业化、循环型和消费型社会等，分析国家战略需求、市场需求及技术发展趋势，推演技术需求集群。

德尔菲调查充分考虑国家战略需求和国际可比要求，选择信息技术、生物技术、绿色技术和空间技术 4 大门类 9 组研究对象（信息、通信与电子技术、先进制造技术、生物技

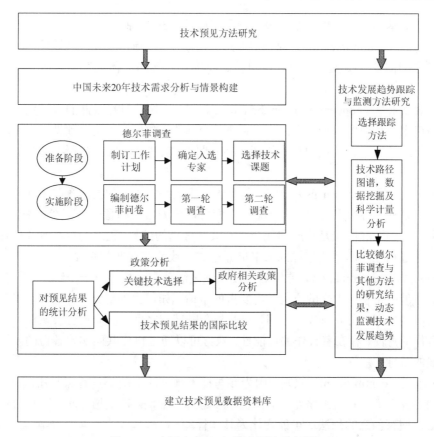

图 10.2　中国未来 20 年技术预见研究框架

术、能源技术、化学与化工、资源与环境、空间技术、材料技术），就其未来 20 年应重点发展关键技术及系列相关问题开展大规模德尔菲调查。

　　政策分析是在德尔菲调查结果的基础上，综合文献计量与专题研讨等方法，提出中国未来 20 年应优先发展的战略技术集群和技术课题；分析技术对社会、经济、环境和人民生活等造成的潜在影响；分析技术发展趋势与远景、相关产业竞争格局，提出相应的发展战略；确定主要技术方向的领先国家，提出国际科技合作和技术引进策略；评估技术课题发展环境，包括分析相关技术、产业、基础设施发展状况和政府科技、产业、人才政策等。

　　技术发展趋势跟踪与监测方法研究是对德尔菲调查的补充，并为下一轮调查做准备。为此，需要建立技术发展动态监控平台，采用文献计量、数据挖掘、技术路径图谱等方法，跟踪、监控基于德尔菲调查结果遴选的战略技术课题的发展状况，及时更新技术课题清单。

10.3.1.4　技术预见的实施

1）基本原则

　　为最大限度地体现技术预见所倡导的基本理念，技术预见专家们就开展技术预见活动应该坚持的最基本的原则做了长期研究，提出了许多有益的见解。马丁教授在考察日本技术预见活动的基础上，提出了指导技术预见实施的"5C"原则。

（1）沟通（communication）原则。促进官产学研的沟通与交流，增进不同领域之间、不同部门之间的信息交流和共享，就科技、经济与社会的一体化发展达成共识，以形成合力。

（2）聚焦未来（concentration on the longer term）原则。日趋激烈的市场竞争迫使企业将注意力集中于紧迫的短期问题之上，而缺乏长远的战略眼光。技术预见活动有助于促使社会各界将注意力适当地集中在中长期战略问题上，重视整个国家和所在部门的可持续发展问题。

（3）协商一致（consensus）原则。与基于"历史决定论"的技术预测模式不同，技术预见认为未来的世界有多种可能的形态，人们可以根据自己的意愿去塑造未来世界，也可以说未来世界的发展图景是政府和社会公众共同选择的结果。正因为存在着各种各样的选择，人们通过相互协商塑造怎样的未来世界达成一致就变得非常必要。

（4）协作（co-ordination）原则。在技术预见活动中，要让每一个组织、每一个人都明确自身所处的位置、未来的方向、需要做的事情、如何去做等。具体而言，就是如果企业与科研部门之间、企业与政府之间、企业与金融部门之间、产业投资公司与项目所有人之间有合作的意向，存在着合作的可能性，双方可以通过协作共同实现各自的发展目标或共同发展的目标。

（5）承诺（commitment）原则。因为参与技术预见活动的都是有深厚知识背景、有热情冲动的各界专家和社会经济组织，在整个参与过程中，必将就相互间的项目合作或协作做出承诺，使有创意的想法尽可能转化为具体行动。

2）实施步骤

要保证技术预见达到预期目的，就要遵循其原则精心组织安排整个预见过程。预见过程可分为三个基本阶段：前期准备阶段、预见实施阶段和后期修正阶段。

（1）前期准备阶段。

①由高层领导机构做出技术预见的决策。如果以前没有进行过技术预见，缺乏相应的经验和知识，往往需要政府或产业部门的领导组织和引导技术预见，组织有关的研究群体组建工作团队，开展技术预见工作。

②界定技术预见的范围和边界。并不是所有的领域和技术都可以成为技术预见的对象，技术预见以战略性研究领域，以及对经济和社会利益具有最大化贡献的通用技术为主要对象。而且，技术预见是一项耗时耗力的系统工程，需要选择那些对国家和社会产生重大影响的关键通用技术，如信息技术、能源技术、材料科学技术等。

③保证团队内部的认识一致性和行动协作性。如果在技术预见的参与者之间，不能对技术预见工作达成共识，技术预见就不可能成功。在预见开始之前，应该建立高层次的咨询委员会和专家工作小组，通过研究讨论，使参与技术预见的各方取得一致的认识。

（2）预见实施阶段。

①设计预见进程。预见步骤的设计很关键，实际上是技术预见各参与部门间相互学习和相互交流的过程。在此过程中需要明确技术预见结果，提交部门的需求；取得政府决策部门、产业界和研究机构的支持；尽量使技术预见与目前的科技资源分配体系兼容，采取

循序渐进的方式；对参与技术预见的人员进行培训，掌握必要的科技知识和预见方法；重视交叉学科和跨部门之间的联系；避免技术预见出现过度保守的结果；综合考虑"技术推动"和"需求拉动"这两种推动力，将"自上而下"和"自下而上"的研究方法结合起来；设计一个完整而连续的链条，涵盖技术预见的各个阶段。例如，2006 年，上海市科学学研究所主持的"上海市科技发展重点领域技术研究"项目具体分为四个阶段：搜索筛选阶段、系统评价阶段、综合反馈阶段及咨询决策阶段。

②综合分析和评价。这一阶段的主要目标是评价有关的研究对象，包括技术预见参与者、科技资源的潜在利用能力、商业化机会与 R&D 成本、社会和经济对未来的影响及技术与社会、经济之间的协同效应等，搜索跟踪技术趋势并预测未来需求。分析和评价可使用 SWOT 分析法，同时要注意平衡"技术推动"和"需求拉动"，不平衡的评价和分析可能导致技术预见的失败。

③筛选技术领域，建立备选技术库。首先，要对符合未来需要的科技发展对策提出几套备选方案，然后根据事先确定的标准比较各种方案的优劣，选择出最佳方案，即优先发展领域。与此同时必须制定一个能够完成这些优先发展目标的配套的发展战略。对于选择优先领域的标准，各国针对不同的发展目标，提出的标准也不相同。如英国和澳大利亚的技术预见中，优先领域的选择标准是"可行性"和"吸引力"；美国在由白宫科技政策办公室组织的关键技术选择中，提出的标准是"国家需要""重要性和关键性""市场规模和构成"等。

（3）后期修正阶段。

①政策支持。政策支持是指对技术预见的结果进行政策上的保护和支持，包括资金、人员上的支持等。也只有技术预见的结果相对契合国家、区域、企业的要求才会得到官产学研的支持，这更加体现了技术预见活动中有效沟通的重要性。

②效果评价。效果评价主要包括三个方面：方法评价、实施评价和结果评价。评估人员可根据以下问题来进行尝试性评估：该预见方法是否适合本次预见活动？该预见方法是否是本次预见活动的最佳方法？该预见方法的准确度如何？实施过程中，人员参与度如何？专家团队协作如何？信息传达与反馈的速度与准确度如何？（初期）预见结果是否符合预定目标？预见活动参与人员之外的人员对预见活动过程及结果反馈如何？预见结果的实施程度如何？

③经验总结。在结果评价时不能仅仅只看已实现技术项目的多少，因为那些没有实现的技术可能受各种因素影响。根据效果评价进行书面性的经验总结是下一次技术预见活动的重要参考。

10.3.2　技术路线图

技术路线图是一种具有战略性和策略性双重特性的前瞻性技术预测与管理工具。通过关注技术与市场的互动关系，并以图形或表格等方式展示市场、技术、产品及服务的发展演化路径，决策者据此能够有效检测外部环境变化，制定出科学合理的技术发展规划。

10.3.2.1　技术路线图的发展

20 世纪 70 年代，为应对激烈的市场竞争，美国汽车行业发明了一种新型的技术预测、规划和管理方法，即技术路线图。技术路线图真正的奠基人是当时摩托罗拉公司的 CEO 罗伯特·高尔文。当时，高尔文在全公司范围内发起了一场绘制技术路线图的行动，主要目的是鼓励业务经理适当地关注技术发展，并为他们提供一个预测未来的工具。这个工具为产品设计和研发工程师、市场调研和营销人员之间提供了交流的渠道，建立了各部门之间识别重要技术、传递重要技术的机制，使得技术为未来的产品开发和应用服务。

摩托罗拉的成功引起了全球企业高层管理者的注意。20 世纪 90 年代后，企业对技术路线图的关注空前高涨，技术路线图被迅速应用到各个领域，如微软公司、三星公司、朗讯公司、飞利浦公司等都有过广泛应用。而技术路线图在国际半导体行业中的成功运用，将其发扬光大并成为一种先进的战略层技术规划与管理工具。

2000 年，英国对制造业企业的一项调查显示：大约有 10%的公司使用过技术路线图方法，在使用过技术路线图的公司中超过 80%用过不止一次。此外，国际上还成立了几个专门研究技术路线图的机构，比较著名的有英国剑桥大学技术管理中心（Centre for Technology Management Within the Institute for Manufacturing at Combridge University）和美国普度大学技术路线图研究中心（The Center for Technology Roadmapping at Purdue University）。

近十年来，技术路线图从产品技术路线图拓展到学科领域路线图和综合科技路线图，并广泛应用于科研机构发展计划、学科发展预见和国家科技发展的远景规划中。特别是技术路线图已从少数科技发达国家的行动，拓展成几乎所有科技发达国家的行动，很多国家都将技术路线图用于本国科学研究和技术发展的规划和预测，以及国家战略政策的制定。

我国对技术路线图的研究，始于 2001 年对《欧洲钢铁工业的技术发展指南》的编译和介绍。由于研究时间较短，国内对于技术路线图的研究，不论从学科领域或是研究主题来看，都还比较分散。概而言之，基本属于借鉴国外理论和典型范例研究我国实际问题。我国国家层面的技术路线图实践始于 2007 年，由科学技术部发起，并组织有关专家首次开展了我国国家技术路线图研究。同时，全国不少省市和研究机构紧贴当地实际情况，制定了相关领域的技术路线图，广东省于 2008 年在全国率先启动了产业技术路线图的绘制工作，并在当年完成广东省绿色无铅产业、陶瓷产业、食品安全检测与评价产业等几个技术路线图。

10.3.2.2　技术路线图的定义与基本形式

1）技术路线图的定义

技术路线图因强调以图示的形式表达技术和时间的关系，以及技术和资源、研发、产品、市场的关系而得名。技术路线图反映了对某一领域前景的看法，以及实现这个前景的方法。尽管技术路线图已经广泛应用于很多国家、产业和企业，但还没有一个标准的定义。其主要原因是技术路线图已成为实践的工具，使用者的层面和经验各不相同，路线图的表现形式和使用的技巧也不一样。

技术路线图的奠基人罗伯特·高尔文认为技术路线图是一个技术规划工具，是对某一特定领域的未来发展的看法。该看法集中了该领域中集体的智慧和最优秀的技术驾驭者的想象,一般采用绘图的形式表达出来,可作为这一领域发展方向的指南。美国科学技术顾问、哈佛大学教授刘易斯·布兰斯科姆认为:技术路线图是以科学的知识和洞见为基础的、关于技术前景的共识。

如果说美国学者的定义更强调路线图制定的结果,那么加拿大和英国则更重视其过程。加拿大工业部认为:技术路线图是一个过程工具,帮助识别行业、部门、公司未来成功所需的关键技术,以及获得执行和发展的这些技术所需的项目或步骤。英国学者戴维·普罗伯特认为:技术路线图是利益相关者关于如何达到未来前景的看法,以及对达到目的途径的看法,像地图一样,它描述的是从一地到另一地的路径。技术路线图的目的是帮助这个群体确信其能在合适的时候达到某个目标。

"路线图"一词传达了技术路线图的主要目的,即描绘技术发展或使用的大体方向,给技术人员以及其他人员指明技术航线。技术路线图一词既包括技术路线图结果本身,也包括技术路线图构建的过程。

2)技术路线图的基本形式

技术路线图是以图形或表格的形式来表达一个高水准的、综合的、集成的战略规划,它的基本结构如图 10.3 所示。

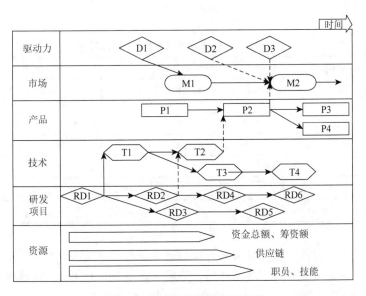

图 10.3 技术路线图的基本结构

技术路线图所采用的基本结构形式是基于时间的多层表,它给出了不同战略功能是如何实现的方案,可以从多个角度理解。

(1)技术路线图是一个基于时间的规划图,描述从现在到未来某个时间点过程中的各个目标或各种需要解决的问题。它是一个过程图,并非某个时间点的现状图。

(2)技术路线图一般包括两条路径,指明了两个方向的发展。水平方向,指技术随时间的变化过程(如图 10.3 中的 T1→T2 或 Tl→T3→T4);竖直方向,反映技术和研发项目、产品、市场的关系路径（如图 10.3 中的 RD2→T2→P2→M2）。当然，中间可能有多种路径，如一个技术可能有两种产品，有几个市场等。技术路线图就是由纵横两个维度的众多路径组成的。

（3）技术路线图包括三个层次。技术路线图顶层是关于组织期望的目的（知道为什么），目的的影响因素（包括市场、客户、竞争者、环境等），也即是图 10.3 中的驱动力层和市场层；中层是关于实现目的的方法和途径（包括产品、服务、流程等），反映"知道是什么"，直接与业务内容相关，也即是图 10.3 中的产品层、技术层和研发项目层；底层包括技术在内的相关资源（如资金、技能、设施、职员等），通过配置资源开发出资源转化为产品的转换机制（知道如何实现），也即是图 10.3 中的资源层。

归纳起来，技术路线图是技术与市场两方面因素的结合，既有技术自身生长的推动作用，也有市场需求的拉动作用。通过制定路线图，使一些混沌的思路演变成定位清晰的实施方案，由发散性思维，走向收敛和集成。

10.3.2.3 技术路线图的主要类型

根据划分依据的不同，可以对技术路线图进行多种角度的分类。技术路线图主要分为国家技术路线图、产业技术路线图、企业技术路线图三大类。这三种技术路线图之间的区别和联系见表 10.5。

表 10.5 三种技术路线图的比较与联系

类别	国家技术路线图	产业技术路线图	企业技术路线图
功用	科技战略制定，关键项目选择	指引技术方向；诱导社会资源配置和市场走向	标示企业技术位置；技术经营战略和战术的制定
公开程度	基本公开	成员共享，部分公开	业务机密，策略性公开
绘制方式	政府主导，官产学结合	行业联盟主导，产学结合	CTO 主导，企业内外结合
相互关系	基础	中间	前端

（1）国家技术路线图，通过对未来五年乃至更长时期的国家战略需求、科技发展进行系统研究，提出国家发展目标、战略任务、发展重点及其相互关系，明确技术发展优先次序，确定实现时间和发展路径，为科技规划的制定奠定基础。例如，日本经济产业省于2005 年至 2009 年分别发布了《技术战略图（2005）》《技术战略图（2006）》《技术战略图（2007）》《技术战略图（2008）》《技术战略图（2009）》。在《技术战略图（2009）》中，编制了信息通信、生命技术、纳米技术与部件、系统与新制造等 30 个技术领域的技术路线图。这些路线图不仅供产业界和学术界开展跨领域共同研究时参考，而且为在国家层次上制定科技发展规划奠定了基础。

（2）产业技术路线图，是通过时间序列系统地描述"技术—产品—产业"的发展过程，引导研发，构建新的创新联盟，加强创新主体的协作，为产业抓住未来市场发展机会指明方向。例如，1998 年，由美国半导体产业协会完成的《国际半导体技术发展路线图》，制定了关于半导体需求和可能解决方案的远景规划，为设备、材料和软件供应商提供指导，并为研发人员提供了一个清晰目标，在促进美国乃至世界半导体技术发展方面发挥了重要作用。

（3）企业技术路线图，是通过时间序列系统地描述"技术—产品—市场"的发展过程，用于企业技术选择和部门之间的协作。据英国一项调查，在英国 2000 多家制造企业中，大约有 10% 的公司应用了技术路线图方法。

如果按照技术路线图的目标进行划分，则可以将其分为 8 种类型：产品规划、服务/能力规划、战略规划、长期规划、知识财产规划、项目规划、过程规划和综合规划。而如果按照技术路线图的格式进行划分，则包括多层次型、条型、表格型、图解型、绘画型、流程图、单层次型和文本型 8 类。

10.3.2.4　技术路线图的绘制

1）绘制前要分析的要素

技术路线图的主要功能是描述、交流、计划与协调。通过技术路线图，将宏观的政治经济、社会文化、外部竞争环境、政策法规等因素与微观的技术资源等整合在一起进行关联分析，可以拓宽技术创新的视野。因而，在绘制技术路线图前除了需要把握以上要素外，要重点分析资源、研发项目、技术方案、产品和市场需求等核心要素。技术路线图绘制过程中要分析的基本要素见表 10.6。

表 10.6　技术路线图分析的基本要素

基本要素	内容
宏观环境	政策法规、社会文化、政治力量等
竞争环境	竞争对手、供应商、分销商、替代产品商、潜在进入者等
技术环境	技术组成、技术发展阶段、替代技术等
市场环境	需求发展趋势
组织内环境	战略、文化、组织结构、管理制度、激励政策、信息技术基础设施等
技术创新层次	涉及的技术创新层次和特征

2）绘制的基本原则

根据技术路线图基本原理和方法，在技术路线图制定过程中，应遵循以下几个指导原则。

（1）柔性原则。技术路线图并不是黑箱系统，每一次应用都是一次学习经历，需要采取相应灵活的方法来调整，以适应特定的情况。

（2）整合原则。技术路线图的许多优势源于路线图的制定过程，而不仅仅是路线图本身。在这个过程聚集了不同领域的专家，为信息和观点的共享创造了机会，并且提供了一个整体考虑问题、创新思维的方法。要充分实现路线图的益处，可能需要若干次迭代过程，经过整合的技术路线图将推动产业或企业的战略规划过程。

（3）时间原则。技术路线图清楚地表明了时间维度，这在确保研发、技术、产品、服务等协同发展，并及时反映技术和商业环境动态变化等方面都极为重要。

（4）协调原则。多个部门或组织参与制定技术路线图能够促进知识共享，并有利于形成共同远景。

3）绘制的方法和模式

常见的技术路线图绘制方法主要有基于专家、基于工作组、基于计算机和混合方法四种，见表10.7。而当前国际上技术路线图的绘制模式则可以分为三种类型，分别是自上而下规划模式、自下而上需求驱动模式和双向结合的综合模式，见表10.8。

表 10.7　技术路线图绘制的方法

绘制方法	简介
基于专家的方法	该方法是技术路线图绘制中最常见、最基本的方法，一般是召集特定领域的一组专家进行讨论，以确定技术路线图中节点或连接的定性和定量特征
基于工作组的方法	该方法适用于规模较大的团队，一般是将来自不同部门的人员组成团队分成几个工作组，通过知识和经验的共享来确定技术路线图中的节点和连接的属性
基于计算机的方法	该方法通过检索大型数据库确定技术、工程和产品等相关领域，并利用计算机智能算法和其他模型工具，协助估计和量化这些领域的相对重要性以及这些领域与其他领域的关系
混合方法	基于专家和工作组的方法由专家确定，主观性较强；以计算机为基础的方法以数据为主，较为客观，但易出现收集到的资料不足、缺乏能动性的问题。所以混合方法将三种方法综合起来绘制技术路线图，以减轻各种方法的消极影响

表 10.8　技术路线图的绘制模式

绘制模式	简介
自上而下规划模式	是指以技术路线图的顶层设计为起点，通过技术预测调查和专家论证，凝练出战略目标、重点技术项目，并确定主要任务的内容框架、预算、年度目标和评估标准
自下而上的需求驱动模式	是指面向未来需求，广泛征求社会各方面意见，组织专家分析现实科技能力和水平，指出规划发展的科技目标
双向结合的综合模式	是指从产业分析、社会需求出发，规划出远景目标，然后依据远景目标确立未来科学与技术发展的方向和具体战略目标乃至关键技术

4）绘制流程

技术路线图的绘制包括三个基本阶段，即前期准备阶段、绘制实施阶段和后续更新阶段，各阶段中的具体工作和任务目标如图10.4所示。

（1）前期准备阶段。

前期准备阶段是路线图的启动阶段，主要工作包括组建技术路线图工作团队、收集文献资料、建立文献数据库、培训相关人员、设计工作方案等。

①选择技术领域。根据市场调查获得的市场需求情况，通过分析企业、地区或国家的各项资源及基础设施现状，选择那些市场需求大、自身有研发基础和相对优势的技术领域。必要时，可以通过专家会议讨论统计专家意见或 SWOT 分析综合考虑内外部影响因素。

②明确领导者，选择参与者。由于在技术路线图的实施过程中时间和团队精力是有限

的，所以首先必须确定一个强有力的领导者，最合适的人选是具有相关产业技术背景并担任领导职务的人。在参与者的选择上，可以采用领导者推荐、调研问卷筛选及专家自荐等多种方式，要保证路线图的参与者涵盖其涉及领域的各类主要人员，如营销人员、技术人员、研发人员、战略规划人员、政府人员、学者甚至普通消费者等。

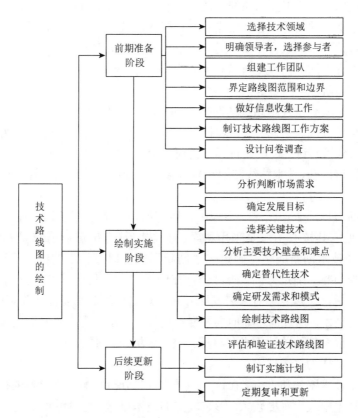

图 10.4　技术路线图的绘制

③组建工作团队。通过领军人物和组织共同构建技术路线图工作团队，团队成员应包括顾问专家、指导委员会、秘书及工作人员等。在技术路线图的绘制过程中需要各部门人员的通力协作，可以构建一个扁平化的组织结构来驱动技术路线图的发展，并同时利用技术路线图进行机构间的资源分配。

④界定路线图的范围和边界。这一阶段的核心内容是确定技术路线图的关键点，范围和边界需要依据产业链或价值链情况采用模块划分的方法进行界定。路线图范围和边界的确定有助于在工作人员之中形成共同的远景目标。

⑤做好信息收集工作。团队要依托战略目标，收集文献资料和人际情报两类信息，即显性知识和隐性知识，并建立文献数据库和专家知识库。根据专家建议，确定信息检索策略，选择合适的数据库，重点收集知识产权类、论文类、成果类、政策类、产业发展状况类等信息。鼓励专家推介其他专家参与，以弥补遴选专家时的疏漏。由于技术路线图的绘制可能涉及企业秘密，所以要注意资料保密，必要时可签署保密协议。

⑥制订技术路线图工作方案。在核心工作团队的指引下，制订详细的工作方案，确定具体的工作进程和工作计划安排。工作方案中要包括：工作背景、预期目标、工作依据、研究领域、研究方法、项目组织、推进步骤、人员构成、时间进程等内容。为确保管理流程的系统和规范，需要建立严格的工作文档。

⑦设计调研问卷。依据技术路线图的目的和需要，咨询顾问专家组的意见，设计、发放和统计德尔菲法调研问卷。通过这些问卷获取制定技术路线图所需要的数据和信息。问卷的设计要符合德尔菲调查方法的规范，在编排和内容上都要进行充分的讨论。问卷要配套指标说明、处理方法、回收处理等机制，避免流于形式。

（2）绘制实施阶段。

绘制实施阶段是制定技术路线图的核心部分，其关键工作是召开高质量的研讨会，通过研讨会有效整合资源和信息。根据项目目标和进展情况，筹备召开若干次递进式的研讨会，如市场需求分析研讨会、产业目标分析研讨会、技术壁垒分析研讨会、解决技术壁垒的研发需求分析研讨会、技术路线图绘制研讨会及后续的技术路线图管理和制订实施计划研讨会等。

①分析判断市场需求。在这一步骤中，所有的市场需求都必须明确，并要求团队成员达成一致意见。其核心工作是采用科学的方法，筛选出市场需求要素优先序列，为产业、企业选择技术创新战略、确定技术创新形式及研发计划的组织管理提供依据。

②确定发展目标，确定方向。研讨会是在明确产业发展现状和未来市场需求的基础上，通过统计分析，聚焦专家对未来发展方向的判定，确定发展目标并对目标进行排序。

③选择关键技术。通过德尔菲问卷和专家会议，初步得出未来发展的若干技术，这些技术可以帮助实现系统的关键需求和目标。综合分析研发水平，对以上技术进行分析，选取其中的具体分支作为关键技术。

④分析主要技术壁垒和难点。在这一步骤中，要分析影响战略目标的技术壁垒。主要工作是从关键技术中找出难度较大、影响较重的技术壁垒，通过讨论确定关键技术壁垒优先排序。

⑤确定替代性技术。对于难以突破的技术壁垒，可以选择替代性技术，但对每种替代性技术都必须明确它是如何满足技术驱动与目标的，进而确定需要推进的替代性技术。在此过程中，必须充分权衡替代技术与战略目标及研发基础的关系。

⑥确定研发需求和模式。总结前几次会议，确定突破技术壁垒和关键技术难点的研发需求，纵向找出现实与目标的差距，横向找出自身与先进水平的差距，理清需要培养和提升的核心能力，确定技术发展模式，是自主研发、技术合作还是技术引进。

⑦绘制技术路线图。在时间坐标上识别出关键的时间节点，按照时间节点有效地组合和连接各层间的内容，绘制出几类实用、目标明确、具有参考价值的路线图（包括研发需求技术路线图、优先研发需求技术路线图、风险路线图、技术发展模式路线图、综合路线图等）。详细阐明各阶段需要配置的资源、防范风险措施，采用的技术创新模式等。

（3）后续更新阶段。

技术路线图报告或文件的产生并不标志着路线图绘制工作的完结，还要经历评估、实施、更新等后续阶段，此阶段的目的是保证技术路线图的顺利实施并持续发挥作用。更新阶段的主要工作包括评估和验证技术路线图、制订实施计划、定期审查和更新等。

①评估和验证技术路线图。技术路线图是团队智慧的结晶，凝聚着各方专家的远见卓识。但技术路线图的绘制过程，毕竟只是小规模的专家会议，其结论可能失之偏颇，而且专家会议法和德尔菲法都有其方法论上的缺陷。因此，需要将技术路线图成果递交给一个相当大规模的专业团队来验证评估，发现纰漏并及时修正。

②制订实施计划。一旦技术路线图通过评估和验证，就要着手实施。计划应包括实施的方法和时间安排，以及必要的资金和政策支持。计划的制订要基于路线图中关键技术的选择。

③定期审查和更新。技术路线图报告要根据客观条件和技术成长的变化而做出相应调整，在这一过程中技术路线图已经发挥了一定的作用，实施者对相关技术的理解也更加透彻，技术路线图的完善及修正能够更加准确而高效地为发展服务。

10.3.3　科学知识图谱

科学知识图谱也称为知识图谱、知识域可视化、引文分析可视化等，它是通过将应用数学、图形学、信息可视化技术、信息科学等学科理论与方法与科学计量的引文分析、共现分析等方法相结合，并利用可视化的图谱形象直观地展示科学的核心结构、发展历史、前沿领域以及整体知识结构，以达到多学科相互融合为目的的现代理论。

10.3.3.1　科学知识图谱的发展

科学知识图谱是引文分析与数据、信息可视化相结合的产物。1955 年加菲尔德发表题为《引文索引用于科学》的论文，系统地提出用引文索引检索科技文献的方法，并于1963 年出版《科学引文索引》（Science Citation Index，SCI）。1965 年，普赖斯借助 SCI发表了论文《科学论文网络》，研究了科学论文之间的引证和被引证关系，以及由此形成的引证网络。普赖斯指出在这个网络图上，有密集分布的小条或小块，如果把这些小条小块研究清楚，就可以绘制当代科学的"地形图"。尽管当时没有使用"知识图谱"这一概念，但是，实际上以引文为基础的"知识图谱"理论与方法已经应运而生了，这是对知识图谱的最早定义。

计算机技术的快速发展及其在科学计算领域的应用，为数据和信息处理提供了有力的工具，可视化技术的产生为引文分析提供了一个更好地表达和阐述内涵的途径。计算机可视化信息处理软件是通过直观的动态图像处理方式，显示出专业领域中出现的交叉学科的复杂现象，从而获得相近的前沿科学信息分析结果。这些信息分析结果将有助于科学家在最短的时间里了解和预测前沿科技研究动态，有助于在复杂的科研信息中开辟新的未知领域。可以说，信息可视化把科学计量学推进到以知识可视化为标志的新阶段。

此外，统计物理学关于复杂网络系统的研究和社会网络分析的兴起及其在引文网络中的应用，促使科学知识图谱进一步发展。在引文网络中引入复杂网络和社会网络的基本概念与最新成果，统一引文分析、复杂网络和社会网络三种理论与方法，将科学知识图谱理论与方法提高到一个新的水平。

知识图谱的理论与方法，以其理论上的综合化、方法上的可视化、描绘上的形象化等诸多特征，获得迅猛发展，一跃成为当代科学计量学的研究热点与最新前沿，研究极为活跃。按其理论与方法，知识图谱可分为传统科学计量图谱、三维构型图谱、多维尺度图谱、社会网络分析图谱、自组织映射图谱、寻径网络图谱等。

10.3.3.2 科学知识图谱的绘制步骤

1）确定研究主题

在绘制知识图谱之前，首先要确定绘制什么类型的图谱，想得到怎样的效果，以及确定研究主题、学科范围。既可以选择研究宏观层面的全学科或比较大的学科，在宏观层次揭示学科整体的结构和科学发展规律，也可以进行微观层面的小学科或学科分支、研究方向，在微观层次描述单个学科或交叉学科的发展态势、研究重心、核心作者、核心文献等。

2）选择数据源

确定了研究主题之后，就要从众多数据源中选择与研究主题吻合的可靠数据源。选择数据源时应考虑以下几个方面：覆盖率方面，数据源中应包含与研究主题相关的绝大多数权威核心期刊；数据源的可获得性方面，即在上一步骤中选择的数据源是否能获得；数据库内容方面，要考虑数据源是全文数据还是文摘数据。如果要绘制有关文献的详细的图谱时，可能需要全文数据库，其他的情况下，影响不大。在选择数据源时，最好咨询相关检索人员。

3）确定分析单元

在确定了研究主题并选定了数据源后，接着要做的是确定拟分析的单元与对象。目前在科学知识图谱中常见的分析单元主要有期刊、论文、作者、词与短语。以期刊为分析单元，可反映学科或主题之间的关系，体现科学整体或某个学科的总体结构；以论文为分析单元，可通过这一关键思想的联系及论文群之间的联系揭示出思想学派、学科专业或主题领域之间的关系；以作者为分析单元，可以揭示出作者所体现出的各种思想学术流派之间的关系，以及作者群所体现出的学科专业间的关系，并能勾勒出不同学科领域核心作者图谱；以词或短语为分析单元，可揭示文献间"词"级别的关系，以及热点词集，从而在词的层面揭示学科或主题领域间的关联。不同的分析单元应用于不同的场合，而且一定的分析单元也在一定程度上决定了理论方法的选择。

4）确定分析对象

分析对象的选择要注意其代表性和覆盖范围。文献和期刊的选择一般以被引次数为根据，选择引文量高的文献或学科核心期刊；作者的选择除可以以被引次数为依据外，还可咨询研究领域的权威专家或根据协会会员列表等权威数据源；词的选择一般以词频为依据，选择词频适中的那些词为下一步的分析对象。根据被引频次选择分析对象时重要的是确定被引频次的阈值。该阈值一方面应当定得足够低，以便可以通过被引频次列出所有可能视为核心的分析对象，使这些对象可以全面地涵盖所关注领域的重要研究活动。另一方面该阈值又必须定得足够高，以便把与确定研究领域无关，甚至可能在某些方面引起混淆的对象排除在子集之外。根据词频选择分析对象时要设定词频的频次，并且要去掉那些没有意义的助词、停用词等，选择那些有意义且频次适中的词。

5）搜集相关数据

将上述几项内容确定后，就可以以一定的检索词在确定的数据库中进行检索，搜集相关数据。

6）选择合适的软件工具

常用的科学知识图谱绘制软件有 SPSS、CiteSpace、Pajek、TDA 等。很多研究人员为了绘制自己需要的图谱，自编软件，不过这样的软件一般不公开，比较实用的公开且免费的软件如 CiteSpace。

7）对检索结果进行清理

选择好软件之后，将数据导入软件，对结果进行初步分析。然后，进行数据清理，将需要的分析对象保存下来，以进一步使用，这个过程比较烦琐，是绘制图谱耗时最长的一项工作。

8）利用文献计量学方法绘制知识图谱

这一过程涉及很多步骤，这里以 TDA 为例。在绘制图谱时，TDA 首先将分析对象转化为相关矩阵，再依据节点之间的关联，借助可视化技术，生成图谱。

9）结果的解释说明

对绘制的知识图谱进行解释说明，能使分析对象的格局更加清晰直观，而且能增加科学知识图谱的可读性；提供分析对象之间更准确的位置关系和相互关联，甚至能揭示图谱中隐含的新信息。对知识图谱结果的解释最好结合相关领域的专家意见，这样可促使图谱的可读性进一步提高，结果也更完善。

10.4　科技信息分析的应用

技术预见、技术路线图与科学知识图谱这三种方法被广泛地应用于科技信息分析领域，取得了大量的研究成果，下面以三个应用实例举例说明。

10.4.1　技术预见的应用实例

陈云伟等构建了引擎技术预见模型（impelling technology foresight mode，ITFM）用于预见引擎技术，该模型包括了四类指标：技术生命周期（专利演化分析）、国际环境、合作（专利权人合作网络）和影响力。通过专家咨询选择生命科学领域的四项技术用于验证分析，并对 ITFM 进行量化。最后发现引擎技术进入成熟期后专利数量稳定在一定的水平；重大政策、计划和规划往往会推动引擎技术的快速发展；引擎技术的专利合作程度更高；引擎技术的专利件均被引频次更高。实证分析表明，ITFM 可揭示出合成生物学技术尚处于发展的成长期，具有演化为引擎技术的潜力。引擎技术预见模型（ITFM）的构建包括以下内容。

1）定义与假设

假设 1：从技术生命周期角度而言，技术发展过程通常可以被分为起步期、成长期、成熟期和衰退期四个阶段，引擎技术一般会较快地从成长期演化到成熟期，并在所在学科领域发挥引领作用。目前，专利数据已经被广泛用于评估特定技术所处的发展阶段，以下将利用专利数据来揭示引擎技术在不同发展阶段的特定特征。

假设 2：在引擎技术发展过程中，重大政策或计划通常会推动引擎技术的发展。例如，人类基因组计划的实施推动了一系列生物技术的飞速发展，其中就包括 DNA 重组技术。DNA 重组技术在此期间获得了长足的发展，也被认为是生命科学领域的引擎技术。

假设 3：引擎技术的合作水平相对更高。例如，目前已有研究表明合作与科研表现之间存在正相关关系，在专利权人合作方面，引擎技术的重要性更大、研发活跃度更高，专利权人之间研发合作和专利转移率高，导致专利权人合作网络更紧密。

假设 4：引擎技术拥有更高的影响力。引文分析是用于开展影响力分析最常用的方法之一，最初利用引文进行评价的是汤森路透公司的 JCR 系统，该系统利用引用数据来评价期刊的影响因子。加菲尔德早在 1979 年就指出，引文分析方法是一种低成本且有效的方法。当前，已有大量方法被用于开展基于专利引文信息的未来技术影响力评估中，核心目的是在现有技术中识别哪些可以在未来发挥主导作用。本案例利用专利的引文数据来比较引擎技术与非引擎技术的影响力。

2）ITFM 理论框架

ITFM 理论框架如表 10.9 所示。

表 10.9　ITFM 理论框架体系

指标		用于验证相应假设
技术生命周期	专利演化	假设 1
国际环境	政策	假设 2
	计划或项目	
合作-专利权人合作网络	孤立点比例（n_i/n）	假设 3
	最大簇中节点数所占比体（n_{ilc}/n）	
	簇数与节点数比值（n_c/n）	
	平均度数（$\eta(G)$）	
	直径	
影响力	专利件均被引频次	假设 4

3）生命科学 ITFM 的验证与构建

通过对生命科学领域科学家的咨询，本案例选择 DNA 重组技术（recombinant DNA，RbDNA）和单克隆抗体技术（monoclonal antibody，mAb）作为引擎技术，酶联免疫吸附剂测定技术（enzyme linked immuno sorbent assay，ELISA）和发酵技术（fermentation technology，FT）作为非引擎技术，用于开展比较研究，验证 ITFM 并对其进行赋值。利用 derwent innovations index（DII）收录的 1970～2012 年（基本专利年，即 DII 数据库收录的某一专利家族成员中的最早公开年）美国专利作为专利分析数据基础（数据检索日期为 2013 年 5 月）。结果分析如下。

（1）专利演化分析。为了在同一标准下比较四项技术的专利公开数量，对专利数量进行了标准化处理,将四个技术 2002 年的专利公开数量标准化为 1,其他各年数据与 2002 年数据的比值作为各年标准化数据的值。图 10.5 呈现了四个技术专利数量逐年演化趋势,两个引擎技术 RbDNA 和 mAb 的专利公开数量在 2002 年达到峰值后的各年总体稳定在一定水平,而两个非引擎技术的专利公开数量则没有稳定迹象,其中发酵技术的专利公开数量依旧呈现出逐年增加的态势,而 ELISA 技术专利公开数量则逐年减少。此时,必须要指出的是美国专利历年公开数量并没有出现激增或稳定态势,而是总体呈现稳步增长的态势,从 1980~2010 年,美国专利年均增长率为 4%左右,由此表明,以上两个引擎技术的专利演化特征有其特殊性,即进入成熟期后专利总量相对维持稳定。

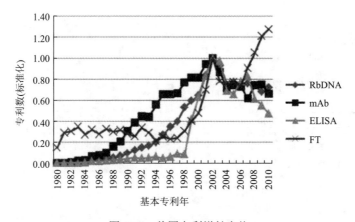

图 10.5 美国专利增长态势

　　(2)国际环境。通过分析两个引擎技术的发展历史可见,人类基因组计划极大地推进了两个引擎技术从成长期快速进入了成熟期,然而,两个非引擎技术虽然也受益于人类基因组计划的推动,但并未表现出进入成熟期的特征。事实上,除人类基因组计划外,还有很多重大计划推动了引擎技术的发展,例如,美国曾经发布了首个《DNA 重组技术研究指南》用于规范相关研究。直到现在,美国政府仍旧不断出台激励政策来维持引擎技术的驱动功能,例如美国联邦法院裁定合成 DNA 可被授予专利,这或许将再一次推进 RbDNA 技术的发展。在工业领域,技术的起步期,通常仅有少数几家专业公司,而在成长期和成熟期的早期阶段,专业公司的数量则呈现井喷式增长。例如,得益于 RbDNA 技术的发展,首家生物技术公司 Genetech 在 1976 年成立。一旦引擎技术进入成熟期,相关工业领域也将快速扩张,例如 mAb 的市场额从 2002 年的 40 亿美元激增到 2006 年的 260 亿美元。

　　(3)专利权人合作网络。图 10.6 和图 10.7 以可视化图形的方式呈现了四个技术的专利权人合作网络的演化特征。其中,图 10.6(c)表明,随着时间的演化,四个技术的孤立点比例逐年下降并趋向于稳定在一定的水平,然而,两种引擎技术的孤立点比例显著低于两个非引擎技术,后者的该比值是前者的 2 倍左右。随着孤立点的减少,越来越多的节点通过合作形成较大的簇,且许多小的簇也会合并为更大的簇,也会不断有小的簇和孤立点融入最大的簇当中。需要指出的是,一个孤立点也被作为一个簇来统计,所以,拥有高合作水平的网络的簇数相对较少,原因在于有更多的孤立点和小的簇倾向于合并为更大的簇,这样合作表现较好的网络通常拥有更大的簇，簇数与节点数比值低[见图 10.6（a）]。图 10.6（b）呈现了四个技术专利权人合作网络中最大簇中节点数所占比例的信息，两个引擎技术进入成长期以后，最大簇拥有的节点数约占全部节点数的一半，明显高于两个非引擎技术的该比值。

　　得益于良好的合作表现，两个引擎技术专利权人合作网络的平均度数始终高于两个非引擎技术，在两个引擎技术的成熟期阶段，这种差异在 3 倍左右，在起步和成长期的差距更大。两个引擎技术的网络直径在进入成熟期后稳定在 12 左右，而两个非引擎技术的网络直径则没有稳定的迹象[图 10.7（a）]。

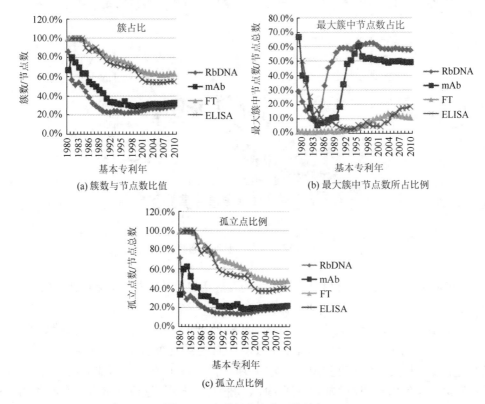

图 10.6　专利权人合作网络特征

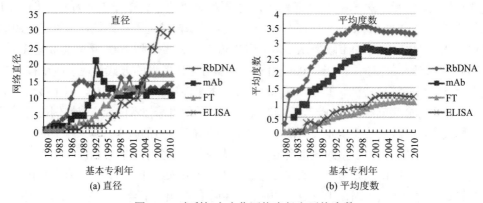

图 10.7　专利权人合作网络直径和平均度数

（4）影响力。图 10.8 和表 10.10 呈现了四个技术美国专利被引情况，数据表明在整个生命周期范围内，两个引擎技术的美国专利件均被引频次是两个非引擎技术的 4 倍左右，特别是在起步期和成长期，引擎技术的影响力更高，随着时间的推移，这种影响力的优势则逐步减弱。

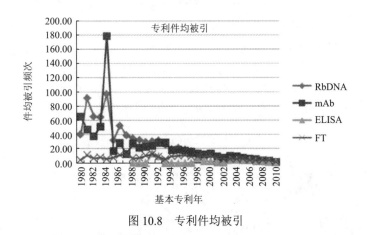

图 10.8　专利件均被引

表 10.10　专利件均被引

美国专利		起步期 （1980～1986 年）	成长期 （1987～1993 年）	成熟期 （1994～2010 年）	1980～2010 年
	引擎技术	62	28	9	25
	非引擎技术	8	7	5	6

通过以上针对四个技术的比较分析，可以将引擎技术不同发展时期的特征进行定量归纳，见表 10.11。

表 10.11　定量 ITFM 模型

指标		起步期 （1980～1986 年）	成长期 （1987～1993 年）	成熟期 （1994～2010 年）
技术生命周期	专利演化	稳步增长	稳步增长	稳步（无稳定迹象）
国际环境	政策、计划或项目	新驱动，制定专项政策	重大计划显著驱动	依旧出台针对性的政策、计划
合作-专利权人合作网络	产业	创业公司	公司数急剧增长	产业快速扩张
	孤立点比例（n_i/n）	40%（95%）	20%（70%）	20%（50%）
	最大簇中节点数所占比例（n_{ilc}/n）	20%（10%）	35%（3%）	55%（10%）
	簇数与节点数比值（n_c/n）	60%（97%）	35%（80%）	30%（65%）
	平均度数（$\eta(G)$）	1（0.1）	2（0.5）	3（1）
	直径	3（1）	12（3）	稳定性在 11～14（无稳定迹象）
影响力	专利的件均被引频次	62（8）	28（7）	

为了检验上述构建的 ITFM 是否具有实用性，是否可用于判断一个技术演化为引擎技术的潜力，下面以合成生物学（syntheic biology，SynBio）技术为例开展实证分析，判断该技术未来是否有潜力成长为引擎技术。本节基于 Reiss 对合成生物学的定义中的 I 和 II 部分，从 Derwent Innovations Index 平台下载 20 世纪 70 年代到 2010 年的美国专利（数据下载日期为 2015 年 7 月），下面从两个角度将合成生物学与 ITFM 进行对比。

4）实证分析：从专利演化角度比较。

图 10.9 呈现了合成生物学与两个引擎技术和两个非引擎技术的演化情况。结果显示，虽然合成生物学概念在最近 10 年左右的时间里才获得极大的关注，但其也有较长的研究历史。图 10.9 显示出，如果按照自然时间统计，合成生物学的演化特征与两个非引擎技术的特征更为接近，因此，从这个角度来看，合成生物学或许仅是非引擎技术。

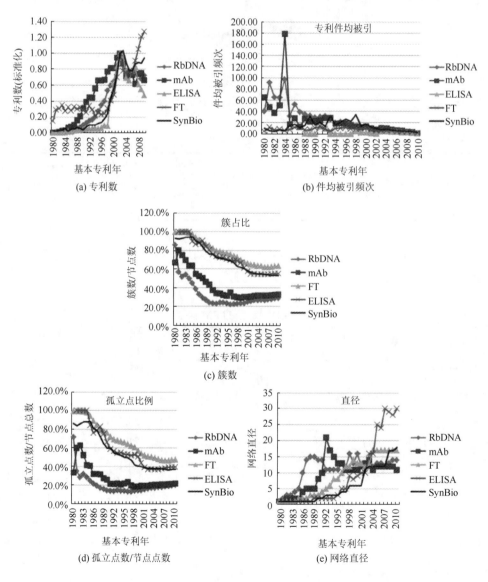

(a) 专利数 (b) 件均被引频次 (c) 簇数 (d) 孤立点数/节点点数 (e) 网络直径

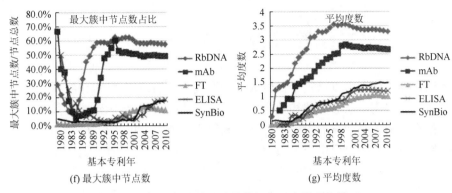

图 10.9　合成生物学演化特征与四个技术比较

合成生物学美国专利的件均被引频次显著高于两个非引擎技术,特别是在两个引擎技术的成长期,该值与两个引擎技术相近。从图 10.9(e)中也可发现,合成生物学专利权人合作网络的直径尚未呈现出稳定在成熟期的迹象,且在多数年份中均低于其他四个技术,仅在 2007~2010 年呈现出急剧增长的态势。合成生物学所具有的这两个特征表明,合成生物学或许还处于发展的成长期。从发展阶段的角度将合成生物学与两个引擎技术和两个非引擎技术在 ITFM 中进行定量比较,将合成生物学美国专利数开始快速增长的 1999 年选定为成长期的起始年。成长期定量比较结果见表 10.12。

表 10.12　合成生物学与 ITFM 定量比较

指标	成长期		
	引擎技术	合成生物学(1999~2010 年)	非引擎技术
政策、计划或项目	重大计划显著驱动	重大计划显著驱动	
专利演化	稳步增长	快速增长	快速增长
孤立点比例(n_i/n)	20%	38%	70%
最大簇中节点数所占比例 (n_{ilc}/n)	35%	12%	3%
簇数与节点数比值(n_c/n)	35%	63%	80%
平均度数($\eta(G)$)	2	1.4	0.5
网络直径	12	6~18	3
专利的件均被引频次	28	8	7

此应用案例在提出引擎技术相关基本假设的前提下,构建了引擎技术预见模型 ITFM,并开展了验证和实证分析。其理论基础是提出的四个假设与引擎技术表现之间的正相关性,并以生命科学领域的两个引擎技术(RbDNA 和 mAb)和两个非引擎技术(ELISA 和 FT)为对象开展了验证研究,最终构建了包含四大类指标的 ITFM 并用于针对合成生物学的实证分析。其主要意义在于:如果一个引擎技术可以提前被预见,这对科学家、政策和规划制定者以及利益相关方而言将具有重大意义——可以确保在制订研发计划和重点领域投资时,避免方向性错误,准确布局和投资引擎技术。

10.4.2　技术路线图的应用实例

技术路线图的应用将以《基于机器人产业发展阶段的政策-技术路线图构建》为例展开说明。本案例采用专家会谈法构建中国机器人产业的政策-技术路线图基本框架，在此基础上，结合机器人产业发展阶段，并通过政策样本内容分析法绘制机器人产业的政策-技术路线图，图谱化地展示机器人政策对技术、产品和市场的作用机制。

1）机器人产业的政策-技术路线图基本框架设计

（1）政策-技术路线图设计方法。绘制机器人产业的政策-技术路线图的方法主要是专家会谈法和政策样本内容分析法，在确定机器人产业的政策技术路线图基本框架时主要基于专家会谈法。共进行 3 轮专家会谈，其目的分别是：①确定技术路线图框架的关键维度及具体的政策工具；②分析政策—技术—产品—市场互动机制；③结合机器人产业发展实际，绘制机器人产业的政策-技术路线图基本框架。在每一轮会谈中均邀请相关领域的专家对路线图绘制的每个步骤进行判断和讨论，以保证路线图制定的科学性和有效性（表 10.13）。在绘制具体的机器人产业的政策技术路线图时，主要在前述基本框架的基础上，运用内容分析法阐述不同的政策工具对机器人技术—产品—市场的影响机制并进行图谱化展示。而在具体的数据分析过程中，则综合运用定标比超、专利分析、反求工程、PIMS 数据库等各种情报分析技术。

表 10.13　政策-技术路线图研讨会流程

研讨轮次	目的	专家
1	确定路线图的关键维度及具体的政策工具	江苏省科技厅高新处、江苏省工信厅产业政策处相关管理人员
2	分析政策—技术—产品—市场互动机制	南京理工大学公共事务学院教授、东南大学自动化学院教授
3	结合机器人产业发展实际，绘制机器人产业的政策—技术路线图基本框架	南京理工大学公共事务学院教授、东南大学自动化学院教授、南京埃斯顿公司研发人员

需要搜集的情报主要有 3 类：政策文本、学术文献、行业数据。对于政策文本的搜集主要通过以政府门户网站为主，各类行业门户网站、法律相关网站、新闻报道等渠道为辅的方式进行；学术文献则主要通过谷歌学术、Web of Science、知网等方式搜集；行业数据则通过德温特世界专利索引系统、WIND 等数据库以及国际机器人联合会（International Federation of Robotics，IFR）、中国机器人产业联盟等行业协会发布的官方数据获得。

（2）基于理论支撑的政策-技术路线图框架关键维度及政策工具选择。传统的产业技术路线图主要包括 4 个维度：市场、产品、技术及资源。通过勾勒产业发展过程的技术路径，帮助识别市场需求、领先产品、关键技术及其互动关系，从而为产业尤其是新兴产业的发展在技术选择、时间和路径设计等方面提供重要情报。但大部分产业技术路线图在时间选择上是面向未来的，以对产业发展需求、目标及产品和技术选择有较为整体的把握。政策-

技术路线图则将时间线延伸至过去（包括现在），从而将产业发展演化过程中政策与产业要素的复杂交互机制"历史"地展示出来，为未来战略路径的选择和技术预测奠定基础。

在确定政策-技术路线图框架的关键维度时，主要基于波特的钻石模型理论以及罗斯威尔等的政策工具分类理论。钻石模型指出，政策通过创造良好的产业发展环境和基础设施，支持相关产业扩张，通过科研和高等教育创造和提升生产力要素，并通过采购、设立规范等改善市场需求。因此，在政策-技术路线图框架纵向的战略要素上确立了政策、技术、市场、产品 4 个维度。罗斯威尔等根据政策对技术影响层面的不同，将产业政策工具分为供给侧、环境侧、需求侧 3 类，并指出产业创新和发展取决于技术供给、创新环境和市场需求的有效组合。经过文献梳理及讨论，专家一致认为罗斯威尔等提出的这一政策工具分类框架并不是针对某个特殊产业设计的，且其所提供的产业政策分析视角更具整体性和系统性，所以确定其作为政策技术路线图中的政策工具。

（3）政策工具模式匹配结构。主要参考 Yin 的政策工具模式匹配结构，并对每种政策工具的具体例证进行补充和完善，形成产业政策工具的模式匹配结构，如表 10.14 所示。

表 10.14　产业政策工具的模式匹配结构

典型	政策工具	例征
供给侧	公共事业	成立（培育）企业或企业联盟，直接投资，开展示范工程或项目，成立专委会，成立政府所属的研发机构，基础设施建设
	科学技术	制订和实施研发计划，成立研发中心或实验室，支持研究协会、学习型社团、专业协会，开展研究资助，制订技术发展路线图
	教育培训	提供各类教育和培训，高校及科研院所举办的研讨会，教育领域投资，人才引培，专业（学科）建设，技能培训
	信息资讯	建立各种信息网络和中心、图书馆、数据库、公共服务平台，提供咨询服务、联络服务，开展各类行业论坛或展会，提供行业信息普及宣传
环境侧	财政金融	信贷支持，贷款贴息，特许，融资担保，风险投资，购买补贴
	税收优惠	税收减免，加计扣除，绿色税制
	法律法规	专利权，生产准入，知识产权，技术标准
	政治策略	规划，号召引导，鼓励支持，创新荣誉或奖励，鼓励兼并，公共咨询
需求侧	政府采购	中央或地方政府采购合同
	服务外包	推动企业建立外包合同，加强政府与企业或民间科研机构的联系与合作
	贸易管制	贸易协定、关税和货币调节，引进国外技术
	海外机构	设立海外分支机构、海外贸易组织

（4）政策工具对产业演进的影响机制。为了能更有效地设计出机器人产业的政策技术路线图基本框架，召集第 2 轮专家会谈，就政策工具影响产业演进的机制进行分析。通过讨论，明确各类具体的政策工具对于技术、产品和市场的作用机制。

供给侧工具主要通过政府直接提供人才、技术、资金和信息等促进企业的 R&D 投入，推动企业开展技术路径选择。供给侧政策对技术的影响主要体现在政府通过政策手段直接支持平台或共性技术的发展。与此同时，政府还能通过分配稀缺的科技资源实现供给侧工具对技术演进的推动作用。例如，政府通过建设科技资源数据库，减少和避免企业在研发活动中因信息不对称而导致的"创新失败"。

环境侧工具通过设置市场规则、改变市场环境等影响产业和技术发展。环境侧工具可以通过财政金融、税收优惠、法律法规、政治策略等不同方式影响产业发展和技术演进。如非关税壁垒和技术标准等政策工具直接影响产品的功能设计和技术选择，进而导致市场偏好的变化。环境侧工具还可以通过目标规划、税收优惠和法律法规等直接影响用户市场。

需求侧工具直接作用于市场维度，可以促进新市场的扩张，进而推动技术创新和产品开发。这些政策可能提供一定的市场预期，减少新市场进入的不确定性，激发创新者的信心和决心，通过政府采购、服务外包、贸易管制、建立海外机构等手段推进研发。

（5）机器人产业的政策-技术路线图基本框架构建。经过以上分析，初步勾勒出政策对市场、产品、技术的影响机制，在此基础上，组织最后一轮专家会谈，并结合机器人产业发展实际和相关文献，构建机器人产业的政策技术路线图基本框架（图10.10）。该框架将不同的政策工具对机器人技术、产品和市场中的关键要素的交互作用均纳入进去，有利于对机器人产业演进和技术发展做出更精准的描述或预测。

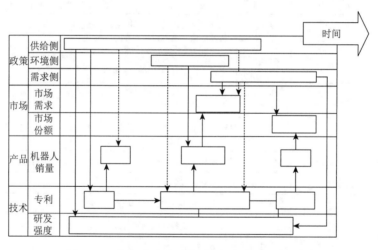

图 10.10　机器人产业政策-技术路线图基本框架

2）基于机器人产业发展阶段的政策-技术路线图构建

（1）机器人产业发展阶段划分依据。尽管将政策纳入技术路线图的研究范式为供给侧、环境侧和需求侧这3类不同的政策工具与传统技术路线图中技术、产品、市场的互动机制提供了一个分析框架，但是不同的政策工具在什么时机发挥效用却无法很好地体现。因此，将机器人产业发展的不同阶段纳入研究框架，主要通过内容分析法对关键性政策工具进行分析，并结合专利情报、逆向工程、定标比超、PIMS数据库等各类情报分析技术对产业发展过程中政策工具与产业技术创新之间的互动机制进行深入剖析。本案例主要将机器人产业发展分为先导期、摸索期、起步期、发展期和爆发期5个阶段。

①先导期（1985年以前）：机器人政策缺位，各科研单位独立进行自主研发。相比于

美国、日本、德国等经济发达体，中国是机器人行业的后起国家。20 世纪 70 年代初期，中国学者从国外杂志上首次了解到机器人技术并开展了机器人研究。然而，由于信息获取途径的匮乏和国际学术交流的滞后，中国机器人技术研发工作基本处于一种近乎封闭的自发、零星的混沌状态。20 世纪 80 年代开始，国内的一些高校和科研院所展开了机器人项目研发的起步工作。此后，逐渐形成了各类机器人技术研究中心或学术机构。作为引领机器人技术研发的顶尖科研机构，中国科学院沈阳自动化研究所于 1984 年正式启动国家机器人示范工程，主要从事人工智能和水下机器人的技术研发。但从宏观层面来看，国家还并未正式出台支持机器人研发的政策，此时的机器人技术研发主要是各单位根据各自选定的主题和技术方向开展独立性的自主研究，只有一些简单的原型机，真正的机器人产品还未出现，更谈不上机器人产业市场。

②摸索期（1986~2000 年）：国家级研发计划推动机器人技术研发，存在重研发轻市场倾向。1986 年，政府将"工业机器人开发研究项目"作为"七五"计划重大国家科研项目进行部署，为机器人技术的可持续发展奠定了坚实的基础。1986 年底，中央政府发布了"国家高技术研究与发展计划"（863 计划），将机器人技术列入其中。通过"七五""八五""九五""863 计划"中的各类供给侧政策工具的运用，中国在机器人技术与自动化工艺装备等方面取得了很大进展，缩短了同发达国家之间的差距，但在原始技术创新方面与发达国家差距较大。1986~2000 年，中国机器人专利年申请量约为 6 件，仅为日本同期的 2.1%。由于政府的施政重心依然偏向于研发类供给侧工具的使用，存在重研发轻市场的倾向，加之国内对机器人的需求量很小，所以此时机器人市场依然是日、美、德三分天下的格局，以 2000 年工业机器人销量为例，日本当年工业机器人销量为 4.7 万台、美国 1.3 万台、德国 1.2 万台，三者合计约占全球机器人 72.3% 的市场份额，而中国当年的工业机器人销量仅为 550 台，相关企业也十分边缘化。

③起步期（2001~2009 年）：研发供给侧工具出现"市场"转向，环境和需求侧工具助力市场发展。"863 计划"专家组从 2001 年开始对机器人技术发展战略进行了调整，从单纯的机器人技术研发向机器人技术与自动化工艺装备扩展。2006 年国务院发布的《国家中长期科学和技术发展规划纲要（2006—2020 年）》将智能服务机器人列为前沿技术，并同时出台了相关配套措施，从税收、金融、政府采购、人才培养、科技创新基地与平台建设等各个方面推动机器人等前沿技术的发展。尽管该阶段国家政策重点依然是基于技术研发的供给侧工具，但供给侧工具的政策效能已开始向机器人市场和企业培育倾斜，通过资金支持、信息服务、人才培养、示范工程等供给侧政策条款，强有力地拉动了国内机器人市场需求，促进机器人产业发展和技术进步。此外，这一阶段出现了环境侧和需求侧政策工具，直接和间接地促进机器人产业研发、产品创新和市场发展。从 2001 年开始，中国的机器人产业初步实现市场化发展，工业机器人销量从 2001 年的 700 台发展到 2009 年的 5 500 台，全球市场份额从 0.8% 提升到 9.2%。此外，机器人研发实力也不断增强，专利申请量稳步提升，2001 年工业机器人专利申请量为 31 件，到 2009 年已达到 455 件，年复合增长率约为 39.9%，和日本的差距不断缩小。

④发展期（2010~2012 年）：供给侧、环境侧、需求侧 3 类工具全面开花，促进机器人产业高端化发展。2010 年，国务院发布《国务院关于加快培育和发展战略性新兴产业

的决定》政策，首次将机器人列入战略性新兴产业之一，有关机器人产业的政策陆续密集出台。2011 年，国家发改委、科技部、工信部、商务部、知识产权局联合发布《当前优先发展的高技术产业化重点领域指南（2011 年度）》，将新型工业机器人、服务机器人和特种机器人列为国家优先发展的重点领域，直接推动了机器人产品的发展和产业化、市场化。2012 年，科技部出台了国内第一部机器人专项政策——《服务机器人科技发展"十二五"专项规划》。该规划综合运用供给侧、环境侧和需求侧 3 类政策工具，涉及服务机器人创新链的各类环节。与此同时，中国的制造业正从劳动密集型向高端化、智能化、绿色化转型，机器人市场需求不断提升，在产业政策和市场需求的双重驱动下，机器人市场呈现出蓬勃发展的状态，工业机器人销量从 2010 年的 1.5 万台上升到 2012 年的 2.26 万台。工业机器人专利申请量也逐年大幅提升，至 2012 年底，中国以 1 493 件的工业机器人专利申请量一举超越日本。总体而言，在"863 计划""973 计划"及各类专项规划的支持下，中国已成为名副其实的机器人产业大国。

⑤爆发期（2013 年至今）：环境侧工具占据主导，为打造机器人产业全球竞争力营造市场氛围。从 2013 年开始，政府对机器人产业的扶持力度不断加大，陆续发布一系列支持机器人发展的重要政策，如《工业和信息化部关于推进工业机器人产业发展的指导意见》《中国制造 2025》《工业机器人行业规范管理实施办法》《机器人产业发展规划（2016—2020 年）》《关于促进机器人产业健康发展的通知》等。尤其是《中国制造 2025》和《机器人产业发展规划（2016—2020 年）》这两项政策，对于促进"十三五"时期机器人产业发展壮大、使中国由制造大国向制造强国迈进具有重大的战略意义。这一阶段，环境侧政策工具开始发挥主导作用，政府通过目标规划、标准体系建设、贷款贴息、知识产权保护、生产准入、设备进口税费优惠、首台（套）重大技术装备保险补偿机制、支持符合条件的机器人企业在海内外资本市场直接融资和海外并购等不同类别的环境侧工具，为打造机器人产业的全球竞争力营造了良好的市场氛围。总体而言，政府通过综合利用环境侧、供给侧和需求侧政策工具，从战略方向、研发补贴支持、示范工程、应用推广等各个维度全面推动机器人产业的技术进步和产量上升，带来机器人产业的爆发式发展。自 2013 年起，中国超越日本，成为全球第一大机器人市场。2016 年，中国工业机器人市场销量已达到 8.7 万台，在全球机器人市场中的份额比重为 30%，超过整个欧洲市场的总和。

综合以上阐述和分析可以看出，中国机器人产业的发展、壮大与政策的激励作用密不可分。尤其是产业发展的中后期，各类政策的密集出台对机器人产业的技术、产品和市场产生了重要影响，使得机器人产业能够在激烈的全球角逐中脱颖而出，成为世界第一大机器人市场。同时，伴随着机器人产业的发展演化，政策工具也体现了不同的功能导向。在产业发展初期，政府主要通过各类研发计划或研发补助对机器人产业共性关键技术进行支持，提升机器人的技术水平，并减少信息的不对称性，体现出较强的"技术导向"。到了发展中后期，环境侧工具逐渐占据主导，并伴随着需求侧工具的配合使用，通过刺激市场需求和"利益诱导"壮大机器人市场规模，体现了明显的"市场导向"。

（2）机器人产业的政策-技术路线图构建。基于以上描述和分析，绘制了中国机器人产业的政策-技术路线图（图 10.11）。由于机器人相关数据的不全，所以在指标选取方面，结合了定性和定量两个维度。市场方面，选取国内机器人市场需求和工业机器人占全球市场份额两个指标来描述机器人产业的市场前景（其中，N/A 表示无/很少）。产品方面，选取国产品牌工业机器人销量代表机器人产业的发展状况。技术方面，则通过工业机器人的专利申请量数据（德温特创新索引数据库）以及两家龙头企业（沈阳新松和南京埃斯顿）的研发强度（WIND 数据库）来表现机器人产业的技术进步和企业的研发实力。

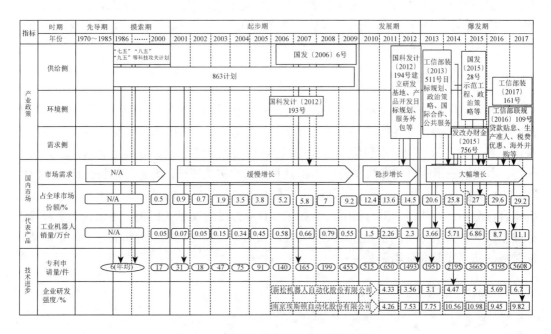

图 10.11　机器人产业的政策-技术路线图

通过研究，发现机器人产业发展和政策存在强关联性。在产业发展初期供给侧工具影响显著，到了发展中后期，环境侧工具逐渐占据主导，并伴随着需求侧工具的配合使用，使得机器人市场逐渐发展壮大，从而进一步推动机器人技术的研发和产品的迭代更新。本案例在已有研究的基础上，构建了机器人产业的政策-技术路线图，从而为深入分析机器人产业发展过程中政策与技术、产品、市场之间的作用机制提供了较为整体、全面的视角。

10.4.3　科学知识图谱的应用实例

本节以"基于科学知识图谱的东北三省区域研究热点分析"为例。应用可视化分析工具 CiteSpace 分析 2012～2016 年东北三省的研究热点和学科趋势，以 Web of Science 数据库中科学引文索引扩展版（science citation index expanded，SCI-E）、社会科学引文索引（social science citation index，SSCI）和科技会议录索引（conference proceedings citation index science，CPCI-S）三大核心数据库收录的 2012～2016 年的吉林、黑龙江、辽宁三省的文献为数据源，首先分析了发文量和高被引文献，其次采用 CiteSpace 软件进行机构合作、关键词共词和学科共现的科学知识图谱分析。

10.4.3.1 数据来源

案例数据来源于 Web of Science（WoS）核心数据库中的 SCI-E、SSCI、CPCI-S，研究数据检索与下载期为 2016 年 12 月 9 日，检索策略为：地区 = Jllin or Heilongjiang or Liaoning AND 语种 = English AND 文献类型 = Article，数据库 =（SCI-E，SSCI，CPCI-S），时间跨度 = 2012—2016，共检索并下载了 25 752 篇论文，下载的每条文献的题录都包括作者、机构、摘要、关键词、年份及参考文献等。

10.4.3.2 研究方法

科学知识图谱方法在文献计量学、信息计量学和科学计量学等领域有广泛的应用，不仅能揭示知识来源、发展规律、研究前沿及学科趋势，并且以图形和各种数据参数表达相关研究领域的知识结构关系和历史进程，其特点是避免单纯的数量分析对文献价值评估的偏差。本案例采用的研究方法主要有以下几种：①发文量统计，阐述总体科技论文产出情况；②高被引文献分析，揭示在国际影响度最高的科技论文有哪些；③合作分析主要揭示机构合作分析；④共词分析，利用数学算法和计量方法对文献关键词、主题词、学科等进行数据统计和聚类分析，这里主要采用关键词共词分析和学科共现分析方法，以获得某研究领域的热点主题和前沿趋势。

10.4.3.3 结果分析

1）发文量

据统计，2012～2016 年吉林、黑龙江、辽宁三省的发文量分别为 8 535 篇、6 492 篇、10 725 篇，如图 10.12 所示。黑龙江省在 2013 年突破千篇发文量，吉林省和辽宁省分别在 2015 年和 2014 年突破两千篇发文量，三个省从 2012 年起发文量持续稳定的增长趋势。

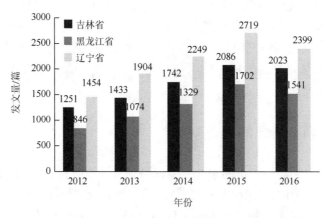

图 10.12　2012～2016 年东北三省的论文的年度分布情况

2）高被引文献分析

在 25 752 篇论文中高被引文献共 201 篇，按被引频次分布且排名前 10 位的高被引文献列于表 10.15。由表 10.15 可知中国科学院长春应用化学研究所孙旭平博士发表 3 篇论文，在纳米材料的湿化学合成及新颖结构的自组装构建方面取得了丰硕的研究成果；前 4 篇高被引文献的被引频次在 300 次以上，其他文献的被引频次在 150～200 次；中国科学院长春应用化学研究所的电化学分析国家重点实验室发表了 4 篇，主要研究学科领域是化学、医学和工程学等多学科交叉领域。

表 10.15　2012～2016 年东北三省的高被引文献列表

序号	作者	标题	被引频次	发表期刊	发表年份	学科类别
1	Peng Xiaojun，Wu Mingxing，Lin Xiao，Wang Yudi，et al.	Economical Pt-Free Catalysts for Counter Electrodes of Dye-Sensitized Solar Cells	388	Journal of the American Chemical Society	2012	Chemistry
2	Sun Xunping，Liu Sen，Tian Jingqi	Hydrothermal Treatment of Grass：A Low-Cost，Green Route to Nitrogen-Doped，Carbon-Rich，Photoluminescent Polymer Nanodots as an Effective Fluorescent Sensing Platform for Label-Free Detection of Cu(ll) Ions	376	Advanced Materials	2012	Chemistry Multidisciplinary
3	Sun Xunping，Tian Jingqi，Liu Qian	Self-Supported Nanoporous Cobalt Phosphide Nanowire Arrays：An Efficient 3D Hydrogen-Evolving Cathode over the Wide Range of pH 0-14	333	Journal of the American Chemical Society	2014	Chemistry Multidisci-plinary
4	Huang Feihe，Zhang Mingming，Xu Donghua	Self-Healing Supramolecular Gels Formed by Crown Ether Based Host-Guest Interactions	321	Angewandte Che-mie-International Edition	2012	Chemistry Multidisci-plinary
5	Zhu Chengzhou，Zhai Junfeng，Dong Shaojun	Bifunctional Fluorescent Carbon Nanodots：Green Synthesis via Soy Milk and Application as Metal-Free Electrocatalysts for Oxygen Reduction	223	Chemical Commu-nications	2012	Chemistry Multidisci-plinary
6	Huang Yingqun，Amanda N. Kallen，Zhou Xiaobo，et al.	The Imprinted H19 LncRNA Antagonizes Let-7 MicroRNAs	194	Molecular Cell	2013	Biochemistry & Molecular Biology；Cell Biology
7	Li Hongyi，Gao Huijun，Shi Peng，et al.	Fault-Tolerant Control of Markovian Jump Stochastic Systems via the Augmented Sliding Mode Observer Approach	186	Automatica	2014	Automation & Control Systems；Engineering
8	Ye Ling，Yong Ken-Tye，Liu Liwei	A Pilot Study in Non-human Primates Shows No Adverse Response to Intravenous Injection of Quantum Dots	183	Nature Nanotech-nology	2012	Nanoscience & Nanotech-nology
9	Sun Xunping，Liu Qian，Tian Jingqi	Carbon Nanotubes Decorated with CoP Nanocrystals：A Highly Active Non-Noble-Metal Nanohybrid Electrocatalyst for Hydrogen Evolution	182	Angewandte Che-mie-International Edition	2014	Chemistry Multidisci- plinary

3）机构合作分析

通过 CiteSpace 软件的机构合作分析，得到东北三省的机构合作网络图谱（图 10.13），该图谱体现了东北三省各种机构之间的合作网络关系，形成了 4 个主要的机构合作群体。

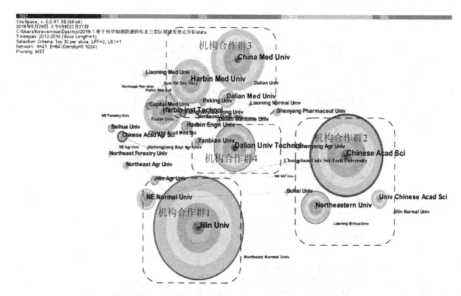

图 10.13　2012~2016 年东北三省的机构合作网络图谱

　　机构合作群体 1 以吉林大学为核心，与东北师范大学、首都医科大学、北华大学、吉林农业大学、中国科学院（指在东北的机构，下同）、北京大学之间有过合作；机构合作群体 2 以中国科学院为核心，与西北农林科技大学、长春科技学院、沈阳农业大学、吉林农业大学、大连海事大学、沈阳药科大学、东北大学、大连理工大学、吉林大学、中国科学院之间有过合作；机构合作群体 3 以中国医药大学为核心，与中山大学、中国医学科学院、首都医科大学、上海交通大学、锦州医科大学、沈阳药科大学之间有过合作；合作群体 4 以大连理工大学为核心，与西北农林科技大学、辽宁师范大学、上海交通大学、大连海事大学、延边大学、中国科学院之间有过合作。

　　4）关键词共词分析

　　用 CiteSpace 软件进一步分析东北三省的研究热点和知识结构，进行关键词共词分析，分析时间为 2012~2016 年，时间切片为 1 年，节点类型选择 Keyword，每个时间切片选择 top30，连线强度选择 cosine，网络裁剪使用 Minimum Spanning Tree。得到的关键词共词分析知识图谱如图 10.14 所示。

　　在关键词共词分析的知识图谱的基础上，对文献数据进行关键词共词知识图谱进行聚类分析，使用 LLR 算法抽取标签词，合并相似聚类，以展现东北三省区域研究的知识结构和研究热点（图 10.15）。共词知识图谱聚类分析结果如表 10.16 所示。

　　size 是聚类中所含有的关键词的数量；silhouette 为衡量整个聚类成员同质性的指标，该数值越大，则代表该聚类成员的相似性越高；mean year 代表的是该聚类中文献的平均年份，能够用来判断聚类中引用文献的远近，并列出了使用 tf×idf 和 LLR 算法得到的排

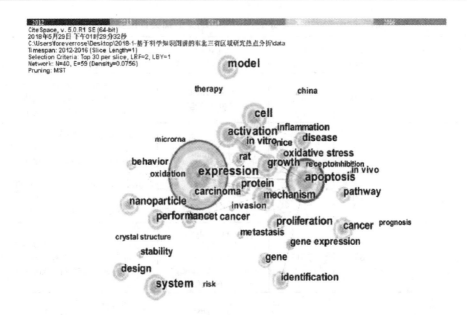

图 10.14　2012～2016 年东北三省文献的关键词共词分析知识图谱

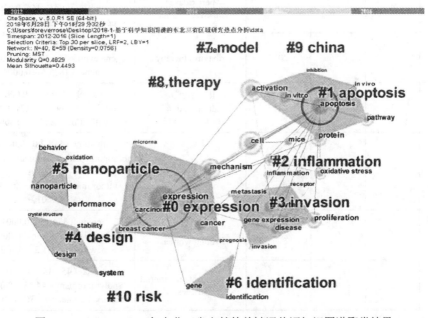

图 10.15　2012～2016 年东北三省文献的关键词共词知识图谱聚类结果

名靠前的关键词。根据表 10.16 的聚类结果,结合每个聚类内文献进行内容分析,2012～2016 年东北三省的研究热点主要有以下方面:①乳腺癌、肺癌、肿瘤癌等肿瘤疾病的抑制癌细胞增殖和细胞凋亡的研究;②心脑血管、动脉硬化等重大疾病的治疗;③消化道疾病的治疗;④高性能的新型燃料制备和研究;⑤高性能的光催化剂在能源方面的应用研究。

表 10.16　2012~2016 年东北三省文献的关键词共词聚类分析结果

聚类号 cluster lD	尺度 size	轮廓值 silhouette	年份 mean year	标识词 1 tf×idf 加权算法	标识词 2 对数似然算法（对数似然比，P 值）
0	7	0.591	2013	cd44 variant | computed tomography	expression（328.65，0.0001）； prognosis（297.12，0.0001）； microrna（227.05，0.0001）；
1	7	0.68	2012	biological label | copy number	apoptosis（286.05，0.0001）； activation（223.92，0.0001）； in vitro（219.46，0.0001）；
2	6	0.476	2012	atherogenesis | anastomosis site	inflammation（249.67，0.0001）； cell（212.51，0.0001）； mice（211.09，0.0001）；
3	5	0.635	2013	photocatalytic degradation | containing GTPase-activating protein	invasion（353.74，0.0001）； metastasis（331.8，0.0001）； growth（257.81，0.0001）；
4	4	1	2012	charge transfer | carbon nanotube	design（540.13，0.0001）； system（513.83，0.0001）； crystal structure（438.76，0.0001）；
5	4	1	2012	peroxidase | functional group	nanoparticle（456.5，0.0001）； oxidation（442.46，0.0001）； performance（348.34，0.0001）；
6	3	0.56	2012	ribavirin therapy	identification（274.75，0.0001）； gene expression（217.8，0.0001）； gene（182.66，0.0001）；
7	1	0	2012	temperature stratification | k nearest neighbor	model（511.01，0.0001）； hopf bifurcation（24.22，0.0001）； validation（22.73，0.0001）；
8	1	0	2015	induced nephrotoxicity	therapy（518.28，0.0001）； mesoporous silica nanoparticle（19.92，0.0001）； tumor microenvironment（19.92，0.0001）；
9	1	0	2012	receptor | young women	china（374.15，0.0001）； prevalence（33.36，0.0001）； new specy（31.2，0.0001）；
10	1	0	2014	reactive protein | arterial stiffness	risk（457.38，0.0001）； polymorphism（44.38，0.0001）； chinese population（36.5，0.0001）；

　　通过分析，提出了政府对未来东北三省发展政策制定的建议，在科学分析的基础上对东北三省的经济领域和科研创新领域方面的发展提出参考意见。

　　（1）随着东北三省经济实力的稳步增长，东北三省在国内外的科技地位也在不断提高。从发文量统计结果得出科技论文产出也在逐年增长，国内外的科研机构与高校之间合作已经成为当代科研的主要生产方式，从机构合作分析结果挖掘新的合作模式和核心机构，开创一种新的跨机构、跨领域、跨省份、跨国家的高精尖合作模式，为东北三省开展科学研究提供支撑决策作用，同时也为东北三省的"双创一流"大学和学科建设提供数据依据。

（2）从关键词共词和学科共现分析探测东北三省区域的研究热点和优势学科，为科技发展提供知识价值参考，为贯彻落实高校和科研机构实行以增加知识价值为导向政策提供决策参考依据。在一些关键核心技术领域取得重大突破，化学、工程和医学等若干重点领域在国际领先进入价值链中高端，同时也要开拓相对薄弱的学科领域，建立新的技术创新与研发基地，形成新产业、新技术、新业态、新模式的快速发展。

（3）从高被引文献分析中挖掘国际的关注热点学科领域，中国科学院长春应用化学研究所在纳米技术与化学领域取得了丰硕研究成果，提高了东北三省在国际国内的科研水平，吉林大学、中国科学院和中国医药大学在医学和生物学的科研成果起着主导作用，为东北三省的社会、经济、科技的发展起到重要的科研支撑作用。支持创新型大学建设，持续推进"高等学校创新能力提升计划"，争创世界一流大学、世界一流学科，推动研究领域交叉融合，组建跨学科、综合交叉的科研团队，形成一批优势学科集群和高水平科技创新基地，扩展公共科技创新供给。鼓励高校培养东三省振兴紧缺专业人才，引导大学毕业生在东三省就业创业。深化创新创业教育改革，鼓励发展中高职多层次衔接、产学研多主体联合的职业教育集团，加强校企共建师资队伍，坚持市场导向，形成多元办学格局。

参考文献

包昌火，谢新洲，2001. 竞争情报与企业竞争力[M]. 北京：华夏出版社.

陈燕，2017. 专利信息分析师操作实务[M]. 北京：清华大学出版社.

陈维军，2001. 文献计量与内容分析法的比较研究[J]. 情报科学（8）：884-886.

陈云伟，邓勇，陈方，等，2017. 引擎技术预见模型的构建及实证研究[J]. 图书情报工作 61（13）：77-86.

冯恩椿，谢兴仁，1994. 情报研究学基础[M]. 北京：科学技术文献出版社.

顾镜清，1985. 未来学概论[M]. 贵阳：贵州人民出版社.

蒋沁，王昌亚，1989. 情报研究[M]. 武汉：武汉大学出版社.

李志才，2000. 方法论全书[M]. 南京：南京大学出版社.

娄策群，2005. 信息管理学基础[M]. 北京：科学出版社.

卢泰宏，1998. 信息分析[M]. 广州：中山大学出版社.

卢晓宾，1997. 信息研究[M]. 长春：东北师范大学出版社.

罗贤春，张安珍，2002. 论信息集成分析[J]. 情报理论与实践，25（2）：102-104.

吕斌，李国秋，2018. 信息分析新论[M]. 上海：世界图书出版公司.

缪其浩，1996. 市场竞争和竞争情报[M]. 北京：军事医学科学出版社.

苗杰，倪波，2001. 面向集成竞争情报系统的数据挖掘应用研究[J]. 情报学报（8）：443-450.

勇忠，牛春华，2009. 信息分析[M]. 北京：科学出版社.

伟军，2014. 信息分析方法与应用[M]. 2 版. 北京：清华大学出版社.

伟军，蔡国沛，2010. 信息分析方法与应用[M]. 北京：清华大学出版社.

津，2005. 竞争情报[M]. 北京：科学技术文献出版社.

津，宋正凯，2006. 品牌危机中的竞争情报[J]. 情报理论与实践（3）：266-269.

月，2016. 基于波特五力模型的快递企业竞争力研究[D]. 西安：长安大学.

2017. 信息分析[M]. 北京：机械工业出版社.

2017. 信息分析方法与实践[M]. 长春：东北师范大学出版社.

2011. 现代信息分析与预测[M]. 北京：北京理工大学出版社.

普赖斯科特，斯蒂芬·H·米勒，2004. 竞争情报应用战略：企业实战案例分析[M]. 包昌火，谢新
译. 长春：长春出版社.

000. 信息分析与预测[M]. 武汉：武汉大学出版社.

04. 信息分析：基础、方法及应用[M]. 北京：科学出版社.

思一，1995. 国家关键技术选择：新一轮技术优势争夺战[M]. 北京：科学技术文献出版社.

. 情报研究与预测[M]. 南京：南京大学出版社.

3. Case study research：design and methods[M]. 3rd ed. Newbury Park：Sage Publication.

1990. The competitive advantage of nations[M]. London：Macmillan.